国家出版基金项目
NATIONAL PUBLICATION FOUNDATION

"十三五"国家重点出版物出版规划项目

光电子科学与技术前沿丛书

钙钛矿太阳电池

陈义旺　胡　婷　谈利承/编著

科学出版社
北　京

内 容 简 介

本书总结概括国内外钙钛矿太阳电池最新的研究进展，对钙钛矿太阳电池中各层的材料及印刷封装工艺进行全面系统的介绍，内容主要包括钙钛矿太阳电池的原理、界面层材料、全无机和无铅钙钛矿太阳电池、钙钛矿材料及其不同的制备方法、串联钙钛矿太阳电池、柔性钙钛矿太阳电池的印刷工艺以及钙钛矿太阳电池的封装工艺。

本书不仅适用于钙钛矿方向的研究人员，也可供从事柔性大面积电池的工业生产的技术人员参考。

图书在版编目(CIP)数据

钙钛矿太阳电池/陈义旺，胡婷，谈利承编著. —北京：科学出版社，2020.7

(光电子科学与技术前沿丛书)

"十三五"国家重点出版物出版规划项目 国家出版基金项目

ISBN 978-7-03-065376-5

Ⅰ.钙… Ⅱ.①陈…②胡…③谈… Ⅲ.钙钛矿型结构-太阳能电池 Ⅳ. TM914.4

中国版本图书馆 CIP 数据核字(2020)第 093487 号

责任编辑：张淑晓 高 微/责任校对：杜子昂
责任印制：吴兆东/封面设计：黄华斌

科 学 出 版 社 出版
北京东黄城根北街 16 号
邮政编码：100717
http://www.sciencep.com

北京建宏印刷有限公司 印刷

科学出版社发行 各地新华书店经销
*
2020 年 7 月第 一 版 开本：720×1000 1/16
2023 年 4 月第二次印刷 印张：14 1/4
字数：284 000
定价：118.00 元
(如有印装质量问题，我社负责调换)

丛书序

光电子科学与技术涉及化学、物理、材料科学、信息科学、生命科学和工程技术等多学科的交叉与融合，涉及半导体材料在光电子领域的应用，是能源、通信、健康、环境等领域现代技术的基础。光电子科学与技术对传统产业的技术改造、新兴产业的发展、产业结构的调整优化，以及对我国加快创新型国家建设和建成科技强国将起到巨大的促进作用。

中国经过几十年的发展，光电子科学与技术水平有了很大程度的提高，半导体光电子材料、光电子器件和各种相关应用已发展到一定高度，逐步在若干方面赶上了世界水平，并在一些领域实现了超越。系统而全面地整理光电子科学与技术各前沿方向的科学理论、最新研究进展、存在问题和前景，将为科研人员以及刚进入该领域的学生提供多学科、实用、前沿、系统化的知识，将启迪青年学者与学子的思维，推动和引领这一科学技术领域的发展。为此，我们适时成立了"光电子科学与技术前沿丛书"专家委员会，在丛书专家委员会和科学出版社的组织下，邀请国内光电子科学与技术领域杰出的科学家，将各自相关领域的基础理论和最新科研成果进行总结梳理并出版。

"光电子科学与技术前沿丛书"以高质量、科学性、系统性、前瞻性和实用性为目标，内容既包括光电转换导论、有机自旋光电子学、有机光电材料理论等基础科学理论，也涵盖了太阳电池材料、有机光电材料、硅基光电材料、微纳光子材料、非线性光学材料和导电聚合物等先进的光电功能材料，以及有机/聚合物光电子器件和集成光电子器件等光电子器件，还包括光电子激光技术、飞秒光谱技术、太赫兹技术、半导体激光技术、印刷显示技术和荧光传感技术等先进的光电子技术及其应用，将涵盖光电子科学与技术的重要领域。希望业内同行和读者不吝赐教，帮助我们共同打造这套丛书。

在丛书编委会和科学出版社的共同努力下，"光电子科学与技术前沿丛书"获得 2018 年度国家出版基金支持，并入选了"十三五"国家重点出版物出版规划项目。

我们期待能为广大读者提供一套高质量、高水平的光电子科学与技术前沿著作，希望丛书的出版为助力光电子科学与技术研究的深入，促进学科理论体系的建设，激发创新思想，推动我国光电子科学与技术产业的发展，做出一定的贡献。

最后，感谢为丛书付出辛勤劳动的各位作者和出版社的同仁们！

"光电子科学与技术前沿丛书"编委会

2018 年 8 月

前　言

有机-无机杂化钙钛矿太阳电池在过去的几年间得到了迅猛的发展。钙钛矿太阳电池具有质轻、价廉、可溶液加工和可大面积加工等一系列优点。基于铅卤钙钛矿的电池的光电转换效率已经超过了 25%，可以与基于碲化镉、铜铟镓硒和单晶硅的太阳电池相媲美，串联结构使得钙钛矿太阳电池的效率得到进一步提高。目前，铅元素仍然是获得高性能钙钛矿太阳电池所必需的元素。然而，有毒的铅和含铅化合物将会污染土壤和水，对生态环境造成永久的污染。此外，铅基材料在电子产品中的使用受到欧盟及很多国家的严格限制，这些都严重阻碍了钙钛矿太阳电池的市场化和商业化应用。为了避免使用有毒的铅，无铅钙钛矿材料应运而生，并成为科学家们研究的又一热点。柔性大面积的实现及电池的封装是实现钙钛矿太阳电池的市场化和商业化的关键。

基于国内外钙钛矿最新的研究进展，本书对于钙钛矿太阳电池面临的主要问题和相应的解决方法进行了详细的阐述和总结，旨在让读者对钙钛矿太阳电池形成系统的认识。本书分门别类地对钙钛矿太阳电池进行了整理，主要涉及钙钛矿材料及钙钛矿太阳电池的工作原理、界面层材料、全无机和无铅钙钛矿太阳电池、钙钛矿薄膜及其不同的制备方法、串联钙钛矿太阳电池、柔性钙钛矿太阳电池的印刷工艺以及钙钛矿太阳电池的封装工艺几个方面的内容。

本书由陈义旺教授组织南昌大学胡婷和谈利承等从事光伏材料及器件研究的教师撰写而成。撰写过程中得到黄增麒、付青霞和刘聪的大力帮助，在此表示感谢！感谢科学出版社给本书提出的宝贵意见！

鉴于编著者水平所限，本书尚有不尽完善之处，欢迎读者提出宝贵意见与建议。

编著者

2019 年 12 月

目　录

第 *1* 章

有机-无机杂化钙钛矿材料

1.1 太阳电池的研究背景与发展历程

随着人类社会的不断发展，能源需求量迅速增加，支撑着现代社会的主要能源，如煤炭、石油、天然气等传统能源已日益枯竭。此外，传统能源所带来的环境污染问题，如温室效应、空气污染和水污染等也一直困扰着世界各国。因此，研究和开发利用可再生能源来减少传统能源的使用和替代部分传统能源成为全球的热点议题。

可再生能源一般包括太阳能、生物质能、风能、水能、地热能和海洋能等。这些可再生能源的含量丰富，且对环境的污染小，是推动世界经济和人类社会发展的重要能源。其中，太阳能具有廉价、清洁无污染、应用广泛，并且取之不尽、用之不竭等特点，成为 21 世纪以来能源开发的重点。目前太阳能的主要利用途径是光热和光伏。光热是指通过太阳能收集装置将太阳能吸收并储存在熔融盐中，将光能转化成热能储存并加以利用。光伏指利用光伏电池将太阳能转化成电能存储利用。光伏是太阳能在能源领域最广泛的应用形式，其相关产业也已经从实验室成功走向市场并且正在蓬勃发展。

人类早在 19 世纪就已经开始研究光伏效应了。到目前为止，已经制备出多种太阳电池器件，其发展历史大致可以分成三个阶段。第一阶段是晶硅太阳电池，主要包括单晶硅太阳电池和多晶硅太阳电池两类。目前以硅材料为基础的无机光伏发电技术已经成熟，实现了商业化，但传统的硅太阳电池生产成本高，制备工艺相对复杂，生产过程能耗高而且会造成环境污染，这使其发展受到严重制约。由此，太阳电池发展进入第二阶段——薄膜太阳电池阶段，包括非硅基薄膜太阳电池、多晶硅薄膜太阳电池、铜铟镓硒和砷化镓薄膜太阳电池等。薄膜太阳电池比硅基太阳电池更能容忍较高的缺陷密度，在高温下能量转换效率衰减更小，并且在弱光如早晚、多云、阴天等条件下，仍然可以工作[1]。然而，薄膜太阳电池的生产成本高且需要稀缺元素，这不利于可持续发展，因此太阳电池研究进入了第三阶段。人们将研究方向转向了成本低廉、能耗相对较少、对环境污染较小、原材料丰富的新型太阳电池的研究。新型太阳电池中，较为突出的是有机太阳电池、染料敏化太阳电池(dye-sensitized solar cells, DSSCs)和钙钛矿太阳电池(perovskite solar cells, PSCs)，这些新型太阳电池具有能耗低、成本低、环境友好、原料丰富、制备工艺简单等优势。

目前，占市场主导地位的硅基太阳电池制备成本较低。根据最近的预测，从现在至 2030 年，光伏发电量将占据全球新增发电容量的 1/3。如同微电子学，硅材料的诸多优点使得它成为理想的光伏材料。然而，如果某种材料具备非常高的能量转换效率和低廉的制备成本，它就有机会取代传统太阳电池，成为下一代新型高效太阳电池。

近几年出现的一种有机-无机卤化物钙钛矿($CH_3NH_3PbX_3$，X=Cl，Br，I)就具备这两种特性，展现出广阔的应用前景。有机-无机卤素铅钙钛矿以良好的吸光系数，较长的电荷扩散长度、可调控的带隙、可溶液加工及可制备柔性、透明及叠层电池等优点备受关注。2009 年，Miyasaka 小组首次将 $CH_3NH_3PbX_3$ 钙钛矿作为光吸收剂引入到染料敏化太阳电池中，电池的能量转换效率(power conversion efficiency，PCE)最高达到了 3.8%[2]。尽管这种材料在电解质中很容易分解，在几分钟内器件的能量转换效率就降为零，仍然引起了全世界研究人员的关注。经过短短几年的发展，钙钛矿太阳电池的能量转换效率已被认证超过 25%[3]。这种效率的快速提升充分显示出钙钛矿太阳电池的发展潜力，它必将成为未来太阳电池领域发展的主流(图 1-1)。

1.2 钙钛矿太阳电池的发展

自从 2009 年日本科学家 Akihiro Kojima 教授首次制备出钙钛矿太阳电池以来，钙钛矿太阳电池得到了广泛的关注。虽然其最初的能量转换效率仅为 3.8%，但随着全世界科学家的深入研究，它的光电性能得到了不断提高[5]。2011 年，Park 教授优化了二氧化钛表面和钙钛矿的制作工艺，将 $CH_3NH_3PbI_3$ 晶格尺寸调整为 2~3 μm，效率提高到 6.5%[6]，但依旧将液相 I/I$_3^-$ 电解液用作空穴传输层，导致电池效率仅经过 10 min 就衰减了 4/5。为了解决钙钛矿太阳电池稳定性较差这一问题，需要寻找匹配的固态空穴传输材料来替代碘电解液。早在 1998 年，Grätzel 与其合作者合成了一种用于固态染料敏化太阳电池的有机空穴传输材料——2,2′,7,7′-四[N,N-二(4-甲氧基苯基)氨基]-9,9′-螺二芴(spiro-OMeTAD)，并用其替代碘电解液[7]。2012 年，Kim 教授等提出了固相电池的结构设计，将原本为液相的空穴传输材料替换为固态有机材料 spiro-OMeTAD，从而制备出第一块全固态钙钛矿太阳电池，电池转换效率达到 9.7%[8]，即使不进行封装，500 h 后转换效率的衰减仍然很小。使用固态空穴传输层材料后，钙钛矿太阳电池液态结构器件的稳定性差与

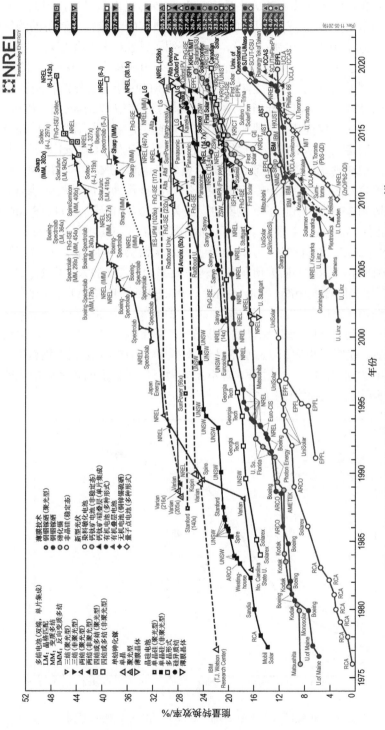

图1-1　美国国家可再生能源实验室发布的各类太阳电池的能量转换效率[4]

封装困难的问题得到了初步解决。之后 Snaith 教授等提出新设想，用氯元素替换碘元素制备钙钛矿光吸收层，并且利用简单、低成本的溶液技术制备的绝缘的三氧化二铝(Al_2O_3)替代二氧化钛(TiO_2)，从而证明了钙钛矿材料不仅可作为光吸收层，还可作为电子传输层，制作的电池器件效率为 10.9%[9]。同样在 2012 年，瑞士的 Etgar 教授等设计出一种新结构，在 $CH_3NH_3PbI_3$ 层上直接沉积制备金(Au)电极，制备出钙钛矿-二氧化钛异质结，得到能量转换效率为 7.3%的钙钛矿电池[10]。因此，钙钛矿材料不仅能用作光吸收层和电子传输层，还可用作空穴传输层。钙钛矿太阳电池制备工艺从 2013 年开始大量出现，发展迅速。Grätzel 等率先开发出了两步溶液沉积法制备钙钛矿薄膜，能量转换效率达到 15%[11]。紧接着 Snaith 教授等设计了混合蒸发工艺沉积钙钛矿薄膜，制备出被称为平面异质结结构的电池器件，效率达到 15.4%，引起了全世界的广泛关注[2]。2014 年 10 月，Snaith 组、Grätzel 组同时在 *Science* 上报道了激子传输距离大于 1 μm 的钙钛矿太阳电池。Yang 等通过掺钇(Y)修饰 TiO_2 层，改善了二氧化钛层结构，将转换效率提高至 19.3%[12]。2015 年，KRICT 研究所制备出转换效率为 20.2%的太阳电池。2016 年，Grätzel 将聚(甲基丙烯酸甲酯)(polymethyl methacrylate，PMMA)引入到钙钛矿层中作为模板调控钙钛矿的结晶，认证效率达到 21.02%[13]。2017 年，Seok 等通过引入过剩碘离子到 $FAPbI_3$ 基钙钛矿的两步分子交换制备过程，减少了所得钙钛矿薄膜的深陷阱，获得了小面积 22.1%的认证效率[14]。2017 年 10 月，钙钛矿太阳电池的认证效率达到 22.7%，经过研究者不断努力，最新认证的钙钛矿电池的能量转换效率已经达到 25.2%[4](图 1-2)。

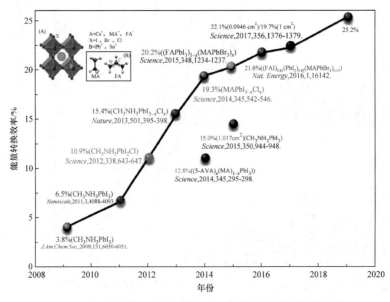

图 1-2　钙钛矿太阳电池 2008～2020 年的能量转换效率图

1.3　钙钛矿光伏材料

1.3.1　钙钛矿的晶体结构

20 世纪 20 年代，Goldsmith 在有关容忍因子(tolerance factor)的工作中首先描述了钙钛矿结构，其晶体结构为 ABX_3[15-17]，A 为 $CH_3NH_3^+$(methylamine ion，MA)、$CH(NH_2)_2^+$(formamidine ion，FA)、Cs^+、Rb^+等，其中，FA 最大，表现为黑色相，相比 MA 和 Cs^+而言，其带隙是红移最多的，此外 FA 的热稳定性比 MA 更好。因此，FA 在所有高效率的钙钛矿太阳电池中是使用最多的[13]。B 离子为 Pb^{2+}、Sn^{2+}等，X 离子为 I^-、Cl^-、Br^-等，钙钛矿结构如图 1-3 所示。Snaith 等采用原子结构模型的容忍因子(t)和八面体因子(octahedral factor，μ)来描述钙钛矿晶体结构特征，在理想条件下，为了维持晶体结构的高度对称性，A、B、X 的离子半径(表 1-1)必须满足以下条件：

$$t = (R_A + R_B) / \sqrt{2}(R_B + R_X) \tag{1-1}$$

$$\mu = R_B / R_X \tag{1-2}$$

式中，R 为离子半径。当 $0.81 < t < 1.11$、$0.44 < \mu < 0.90$ 时，晶体为稳定的正八面体钙钛矿结构。当容忍因子满足 $0.89 < t < 1.10$ 时，钙钛矿晶体是立方结构，t 的偏离会导致晶体对称性降低或者转变为斜方晶系。应用广泛的钙钛矿材料 $CH_3NH_3PbI_3$ 的 t 为 0.834($R_{CH_3NH_3^+}$=180 pm，$R_{Pb^{2+}}$=119 pm，R_{I^-}=220 pm)，Pb^{2+} 位于八面体中心，I^-位于八面体的顶角，$CH_3NH_3^+$填充于八面体三维网络形成的空隙中，从而形成正八面体对称结构[18]。

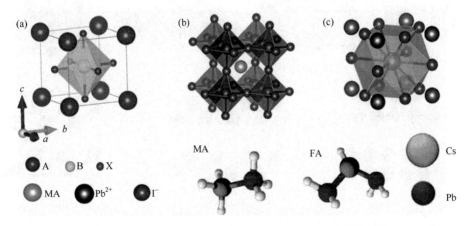

图 1-3　金属有机钙钛矿材料的结构特性：(a) 立方结构；
(b) 正八面体结构；(c) 立方八面体结构[19]

表 1-1　钙钛矿 ABX$_3$ 中 A、B 和 X 离子半径[20]

离子	离子半径/nm		离子	离子半径/nm
A		B		
CH$_3$NH$_3^+$ (MA)	0.180		Pb^{2+}	0.119
CH(NH$_2$)$_2^+$ (FA)	0.253		Sn^{2+}	0.069
Cs$^+$	0.167	X		
K$^+$	0.138		I$^-$	0.220
Rb$^+$	0.152		Cl$^-$	0.181
			Br$^-$	0.196

1.3.2　钙钛矿材料的类型

如图 1-4 所示,有机-无机钙钛矿材料中无机部分形成的网络可以有零维(0D),一维(1D)、二维(2D)和三维(3D)结构共 4 种形式。在 0D 网络结构中,八面体[PbI$_6$]$^{4-}$单元之间没有化学键相连,中间被有机插层离子分隔开。在一维情况下,两个共价键把无机部分的八面体[PbI$_6$]$^{4-}$单元连接起来,形成一维网络。在二维情况下,4 个共价键把八面体[PbI$_6$]$^{4-}$单元连接起来形成二维平面网络,有机成分的二维网络结构插入中间位置,形成二维插层晶体。在三维情况下,6 个共价键把八面体[PbI$_6$]$^{4-}$单元连接起来形成三维网络,有机网络配体插入晶格间隙位置,通过范德瓦耳斯力把有机部分与无机部分连接在一起,形成空间上交替堆叠的结构。组成成分中 A 离子的尺寸差异和形状不同致使钙钛矿具有不同维数的网络结构。在这四种不同的结构中,量子阱结构在畸变较小的情况下形成,其中无机部分为

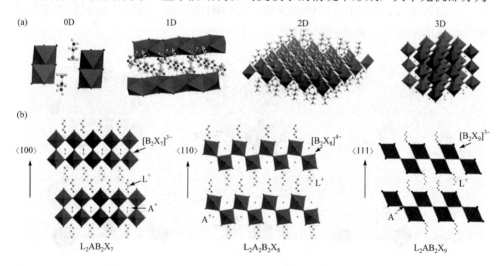

图 1-4　(a) 钙钛矿不同维度的晶体结构；(b) 不同角度的三维钙钛矿及二维有机-无机钙钛矿结构示意图[21]

势阱，有机部分为势垒，由于电子和空穴在无机骨架上的势能较小，激发、传输等行为都发生在无机骨架部分。对于三维有机-无机钙钛矿材料，其无机部分的势阱通道是材料中载流子传输的有效保证。相比于层状的低维钙钛矿结构，三维钙钛矿结构由于它的高效率得到了更多研究者的关注。在三维结构钙钛矿中，$CH_3NH_3PbI_3$ 是最常用的钙钛矿材料。在钙钛矿太阳电池的不断发展中，钙钛矿的材料也在不断地更替，对 ABX_3 中不同原子的替换都可能改变钙钛矿的组成和对称性，这对钙钛矿的带隙结构、光电性能及稳定性都有很大的影响。

1. 混合阳离子钙钛矿

通过改变钙钛矿中的阳离子 A，钙钛矿材料的器件性能和稳定性均会发生改变。阳离子交换对光学带隙的影响很小[22]，这与密度泛函理论(density functional theory，DFT)计算结果一致，这证明 MA/FA 不会对靠近频带边缘的电子状态起作用[23]。然而，较大的 FA 离子会使晶格膨胀并改变$[PbI_6]^{4-}$八面体的倾角，导致带隙从 $MAPbI_3$ 的约 1.59 eV 略微下降到 $FAPbI_3$ 的 1.45~1.52 eV[24, 25]。从光吸收的角度来看，这种更小的带隙更适合单结光伏器件。在室温下，$FAPbI_3$ 为立方体或四方结构($P3m1$)[26]，非常接近立方体[27]，实验观察到的纯相结构通常在比 MA 基类似物更高的退火温度下形成[28]。然而，一个主要问题是大尺寸的 FA 导致在钙钛矿形成过程中 PbI_2 层之间嵌入的能垒更高，这可以通过较高的退火温度来消除。此外，室温下的立方(或拟立方)α 相易于转化为六方对称($P6_3mc$)的黄色多晶相，不适用于光伏应用[29, 30]。Park 等用 $HN{=}CH(NH_3)^+(FA^+)$ 替换 $CH_3NH_3^+(MA^+)$，分别用 $FAPbI_3$ 和 $MAPbI_3$ 作为吸光材料制备钙钛矿太阳电池，发现 $FAPbI_3$ 钙钛矿材料稳定性优于 $MAPbI_3$[31]。Snaith 等将 $FAPbI_3$ 和 $MAPbI_3$ 的薄膜分别置于 150 ℃的环境中，1 小时后，$MAPbI_3$ 降解为黄色的 PbI_2，而 $FAPbI_3$ 依然保持深棕色，显示出更好的热稳定性[32]。Weller 等对含不同 A 位阳离子的钙钛矿热分解稳定性进行了更准确的测量，发现含 FA 的钙钛矿均比含 MA 的钙钛矿热分解温度高 50 ℃以上[28]。不过，据报道，$FAPbI_3$ 对湿度的稳定性比 $MAPbI_3$ 差[33]，黑色 α 相的 $FAPbI_3$ 在室温下容易转变成黄色 β 相，表明 $FAPbI_3$ 的分解会加速钙钛矿太阳电池的衰减[34]。

无机 Cs 原子部分取代 FA 原子会形成更加稳定的黑色相，将 $FAPbI_3$ 和 $FA_{0.9}Cs_{0.1}PbI_3$ 钙钛矿太阳电池暴露在持续的光照条件下(100 mA/cm²)19 h，$FAPbI_3$ 电池效率衰减了 85.9%，而 $FA_{0.9}Cs_{0.1}PbI_3$ 电池效率衰减了 65%，同时将两个器件置于 85%的相对湿度、室温下，$FA_{0.9}Cs_{0.1}PbI_3$ 也表现出比 $FAPbI_3$ 更好的性能，这表明 Cs 的加入提高了 $FAPbI_3$ 钙钛矿的稳定性[35]。最近，双阳离子 MA/FA 混合物的成功制备表明，少量 MA 诱导 FA 钙钛矿优先结晶成其光敏黑色相，导致形成热稳定性和结构稳定性优于纯 MA 或 FA 的化合物和复合物[36]。上述结论对 Cs/FA 混合物同样适用[25, 37]，Cs/FA 能够抑制卤化物分离，可应用于串联电池中[38]。然后，按照这种方法进一步合成 Cs/MA/FA 混合阳离子钙钛矿以改善晶体质量[25]。如图 1-5(a)所示，双阳离子 MA/FA 钙钛矿的 XRD 图表明其存在具有光活性的有害黄相杂质，添加 Cs 后，黄相杂质得到有效的抑制[39]。如图 1-5(b)所示，通过计算 Li、Na、K、Rb、Cs、MA 和 FA 的容忍因子，发现只有 Cs、MA 和 FA 建立了黑色钙钛矿相，得到 RbCsMAFA 材料，在小面积上实现了 21.6% 的稳定效率。基于这种钙钛矿材料，研究人员制备了一种聚合物未包裹型钙钛矿器件，在 85 ℃ 全太阳光下辐照 500 h，还可以保持 95% 的性能[39]。从图 1-5(b)的插图可以发现，随着加热温度的升高，$CsPbI_3$ 薄膜出现了黑相，而 $RbPbI_3$ 薄膜并未出现黑相，表明 Cs 和 Rb 确实是光敏钙钛矿和非光敏钙钛矿之间的分界线。与 Rb 相似，Na、K 原子也被引入到钙钛矿结构中，Zhou 等调研了碱金属 Cs、Rb、K 的多元级联掺杂对晶体堆叠取向的影响。通过精细的掺杂实现可控的取向调控，揭示了微结构层次的择优取向，极大地影响钙钛矿材料的光电特性，证实了平行于基底的 (001) 晶面族的择优取向将会促进载流子在薄膜内的高速迁移，从而提高载流子在钙钛矿与传输层界面处的传输速率和收集效率。同时建立了清晰明确的钙钛矿多晶微结构、器件性能与载流子传输特性三者之间潜在的构效关系，为当前电池突破效率瓶颈提供了新的设计思路[40]。Nam 等报道了将 K 原子引入到 Cs 基钙钛矿中[41]。另外，添加少量的比 FA 离子半径更大的分子也是一个选择。已经有报道，将咪唑鎓离子(imidazolium ion，IA)(258 pm)和乙胺离子(ethylamin ion，EA)(274 pm)应用到钙钛矿中[42]。

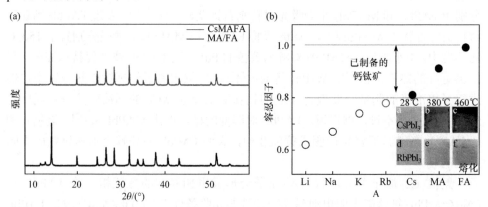

图 1-5　有机-无机钙钛矿结构：(a) 混合 MA/FA 和 Cs MAFA 钙钛矿；(b) $APbI_3$ 钙钛矿(A= Li，Na，K，Rb，Cs，MA，FA)的容忍因子(钙钛矿的容忍因子在 0.8～1 之间，Rb 元素非常接近这个极限，这使它成为构建钙钛矿晶格的最佳候选元素)[39]

2. 混合阴离子钙钛矿

金属卤化物钙钛矿材料最大的优点之一是能够通过组分的改变来调控其光电特性。钙钛矿 $MAPbI_3$ 中的碘离子可以被氯离子和溴离子替代[43]，而且这三种卤化物钙钛矿都能够生长出相应的单晶材料：MAPbCl₃、MAPbBr₃ 和 MAPbI₃[44]。随着卤化物离子尺寸的增大，带隙会降低，MAPbCl₃、MAPbBr₃ 和 MAPbI₃ 的带隙分别为 2.97 eV、2.24 eV 和 1.53 eV。多晶结构的带隙值一般会稍高一点，MAPbCl₃ 和 MAPbBr₃ 的带隙分别为 3.1 eV 和 2.3 eV[45, 46]，MAPbI₃ 为 1.6 eV[24]。在室温下，氯化物和溴化物钙钛矿均为立方结构($Pm3m$)[43]，在较低温度下转变为四方结构，即对于 MAPbCl₃ 为(119 ± 1) ℃[47]，对于 MAPbBr₃ 为(62 ± 1) ℃[48]。MAPbI₃ 钙钛矿在低的相对湿度下(<50%)没有表现出很明显的衰减，但是在大于 55%的相对湿度下，钙钛矿开始出现衰减的现象，钙钛矿薄膜由黑棕色逐渐变成黄色[49]。研究表明，将 Br/Cl 引入到钙钛矿中可以提高器件的稳定性。Sargent 等成功制备了 MAPbBr₃ 和 MAPbCl₃ 两种钙钛矿太阳电池，相比 MAPbI₃ 钙钛矿而言，MAPbBr₃ 和 MAPbCl₃ 钙钛矿的稳定性都有所提高，7 天后对钙钛矿进行 XRD 表征，结果显示 MAPbBr₃ 有微量的 PbI₂ 对应的峰出现，MAPbCl₃ 没有 PbI₂ 对应的峰出现，而 MAPbI₃ 钙钛矿有一个很明显 PbI₂ 对应的峰出现，这表明 Cl 和 Br 形成的立方相结构对钙钛矿的稳定性发挥了有利的作用[50]。

尽管 MAPbBr₃ 和 MAPbCl₃ 钙钛矿的稳定性有所提高，但是由于两者的带隙更大，能量转换效率与 MAPbI₃ 相比更低。因此，在实际实验中，将 Br 或者 Cl 少量地取代 I 能同时实现高效和高稳定的钙钛矿太阳电池。Math 等用连续沉积的方法制备了少量 Cl 取代 I 的 MAPbI₃₋ₓClₓ 钙钛矿太阳电池，增强了钙钛矿的光伏性能[51]。实际上，将少量 Cl 引入到 MAPbI₃ 中能够使四方相在室温下转向更稳定的 MAPbI₃₋ₓClₓ 晶相[52]。Wu 等制备的 MAPbI₃₋ₓClₓ 钙钛矿在 35%的相对湿度环境下表现出很好的稳定性[53]。基于 MAPbI₃₋ₓClₓ 的柔性钙钛矿太阳电池在相对湿度为 50%环境下弯曲 1000 次仍能稳定工作 96 h[54]。最近，Dai 等第一次报道了用逐层沉积(layer-by-layer)的方法制备致密的 MAPbI₃₋ₓClₓ 钙钛矿太阳电池，首先用热蒸发法沉积 50 nm PbCl₂，再将 PbCl₂ 薄膜浸入 MAI 的异丙醇溶液(10 mg/mL)形成一层 MAPbI₃₋ₓClₓ 钙钛矿薄膜。相似的第二层 PbCl₂ 用热蒸发沉积，再浸入 MAI 的异丙醇溶液中形成第二层 MAPbI₃₋ₓClₓ 钙钛矿，这个过程被重复多次以形成致密的 MAPbI₃₋ₓClₓ 钙钛矿薄膜[55, 56]，钙钛矿薄膜制备过程如图 1-6(a)所示。在这种方法中，含量 6%~8%的 Cl 是对钙钛矿薄膜有利的，通过这种方法制备的钙钛矿太阳电池在没有封装的条件下，放置在氩气氛围的手套箱中 30 天仍能保持原有效率的 95%，而通过一步法制备的钙钛矿在同样条件下只能保持原有效率的 65%[图 1-6(b)]。把两种钙钛矿放置在空气中 21 天后发现，前者表现出缓慢的衰减，而通过一步法制备的钙钛矿薄膜由黑棕色完全转变为黄色，即已经分解成 PbI₂，如图 1-6(c)所示，原因是致密且无孔洞的钙钛矿薄膜有利于提高器件的稳定性。Seok 等以 Br 替代 I，实现低耗、高效且稳定的钙钛矿太阳电池，MAPb$(I_{1-x}Br_x)_3$(x =0, 0.06)钙钛矿在 55%相对湿度下的 PCE 发生严重的衰减，而

MAPb$(I_{1-x}Br_x)_3$(x=0.20, 0.29)钙钛矿却能够保持原有的 PCE，如图 1-6(d)所示。基于 MAPb$(I_{1-x}Br_x)_3$($x\geqslant0.2$)的钙钛矿对湿度的低敏感性与其致密和稳定结构有

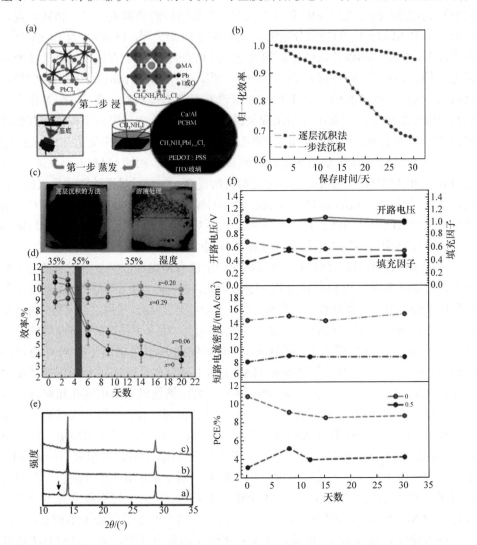

图 1-6　(a) 钙钛矿薄膜的制备过程；(b) 用逐层沉积的方法制备的 MAPbI$_{3-x}$Cl$_x$ 和用一步法制备的 MAPbI$_{3-x}$Cl$_x$钙钛矿的 PCE 衰减过程；(c) 用前面两种方法制备的 MAPbI$_{3-x}$Cl$_x$ 放置在空气中 21 天之后的图片[56]；(d) MAPb$(I_{1-x}Br_x)_3$(x=0, 0.06, 0.20, 0.29)钙钛矿太阳电池在没有封装的条件下放置在35%相对湿度环境下20天和55%相对湿度环境下1天的PCE稳定性变化[49]；(e) MAPbI$_2$Br(前驱体 MABr：PbI$_2$=1：1，钙钛矿的 XRD 图，a)在空气中制备，b)在手套箱中制备，c)1.2：1 在空气中制备[57]；(f) MAPb$(I_{1-x}Br_x)_{3-y}$Cl$_y$ (x=0 或 0.5)钙钛矿的开路电压(open-circuit voltage, V_{OC})、短路电流密度(short-circuit current density, J_{SC})、填充因子(filling factor, FF)、PCE 随时间的变化，器件均是黑暗条件下保存在氮气气氛的手套箱中[58]

关,更小半径的 Br 原子代替 I 原子导致了晶格参数的减小及立方相的转变[59]。Mosca 等调研基于不同比例的 I 和 Br 的 $MAPb(I_{1-x}Br_x)_3$ 晶体结构,当 x 小于 0.57 时,钙钛矿结构是四方相的,其他时候表现为立方相。$MAI:PbBr_2$ 最合适比是 3:1,形成 PCE 最高为 13.1%的 $MAPbI_2Br$ 钙钛矿太阳电池。更重要的是这种结构的钙钛矿的稳定性也是很好的。图 1-6(e) 所示为在不同环境下制备的不同比例的 $MAPbI_2Br$ (前驱体 $MABr:PbI_2=1:1$ 或 1.2:1)钙钛矿的 XRD 图。当 $MABr:PbI_2=1:1$ 时,在不同的环境下制备出来的钙钛矿的稳定性相差很大。XRD 图中出现一个清晰的 PbI_2 的峰,这表明 $MAPbI_2Br$ 在空气中并不稳定,很容易分解成 PbI_2。当 $MAPbI_2Br$ 钙钛矿在空气中制备加入稍微过量的 MABr 时,却没有出现 PbI_2 的峰。原因是当 Br^- 过量时,钙钛矿在空气中是更加稳定的[60]。

将 Br^- 部分取代 I^- 时,钙钛矿的稳定性将明显提高。下面以三元卤素的 $MAPb(I_{1-x}Br_x)_{3-y}Cl_y$ 钙钛矿为例,通过改变 I^- 和 Br^- 的比例,研究对钙钛矿的器件性能和稳定性的影响。为了精确计算 Br 含量对 $MAPb(I_{1-x}Br_x)_{3-y}Cl_y$ 的各个光伏性能参数的影响,所有的器件均放置在氮气气氛的手套箱中。当 x=0 时,$MAPbI_{3-y}Cl_y$ 的 PCE 在 30 天后降低了 20%,当 x=0.5 时,PCE 增加了 37%[58, 61]。

3. 低维钙钛矿

1) 低维钙钛矿分子结构

随着钙钛矿太阳电池取得突破性进展,其缺点也更加突出,尤其是材料的不稳定性已成为此类电池发展的最大"绊脚石"[62]。传统的钙钛矿结构为 ABX_3,八面体晶胞紧密排列结合成整个钙钛矿的晶体。如今研究者们设想将钙钛矿沿 $\langle 100 \rangle$ 晶向"切开",形成一段段小的八面体无机层,把有机胺离子(比三维钙钛矿的 A 位阳离子稍大的离子)作为配体交替地插入,替代(或部分替代)原有的 A 位离子,这样较大的有机胺层与无机层之间相互交替,就形成了低维结构(图 1-7)。有机胺层与无机层之间及有机胺层内部存在的范德瓦耳斯力,使得钙钛矿的结构不容易被破坏,并且部分有机胺本身具有疏水性,因而钙钛矿太阳电池的耐湿性

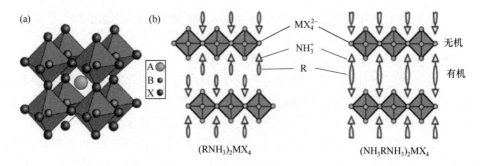

图 1-7　(a) 三维钙钛矿晶体结构[63];(b) 使用不同有机胺离子插层所形成的二维钙钛矿结构[64]

大大提高；同时，低维钙钛矿因高的形成能[65]、超低的自掺杂效应及更低的离子迁移率等特点[66]，在光伏器件中可以获得前所未有的高稳定性。

常见的低维钙钛矿的通式为$(RNH_3)_2A_{n-1}M_nX_{3n+1}$，其中 RNH_3 代表有机胺离子，A 对应于三维钙钛矿中原有的 A 位阳离子，M 为金属阳离子，X 为卤素阴离子，n 表示每一层分开的钙钛矿层中八面体的层数，也统称为低维钙钛矿的层数。插层的有机胺不仅可以是单胺，还可以是双胺甚至多胺，选择具有不同氨基数的有机胺，就会形成不同的层间结构(图 1-8)，若选择双胺，那么结构通式就变成$(NH_3RNH_3)A_{n-1}M_nX_{3n+1}$。从图 1-8 可以看出，当 $n=1$ 时，无机层中的八面体只有一层，这时可以将 $n=1$ 的低维钙钛矿称为二维钙钛矿结构；随着 n 的增大，无机层逐渐变厚，这时的低维钙钛矿$(n\geqslant2)$也可以称为准二维钙钛矿结构；当 n 逐渐增大到无穷$(n=\infty)$时，无机层已经厚到可以将有机胺层完全忽略，这样无穷层数的钙钛矿就趋近于三维钙钛矿结构。从晶向上来划分，不同的晶向有不同的结构通式：常见的用于太阳电池中的低维钙钛矿$(RNH_3)_2A_{n-1}M_nX_{3n+1}$为〈100〉晶向，此类型的低维钙钛矿在 n 较小$(n\leqslant10)$时也称 Ruddlesden-Popper 结构钙钛矿；其他的晶向还有〈110〉、〈111〉[67]。低维钙钛矿具有不同的晶向，主要是由于不同结构的有机胺与无机层的自组装方式不同。

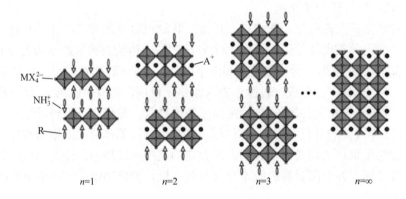

图 1-8 不同 n 值的$(RNH_3)_2A_{n-1}M_nX_{3n+1}$钙钛矿分子结构示意图[64]

低维钙钛矿最初于 2014 年运用到太阳电池中，得到了 4.37%的能量转换效率[68]，仅经过三年时间，效率就已提升至 13.7%[69]。它的优点十分突出：显著提升了薄膜和器件的稳定性；可以通过调节前驱体中各组分的配比来改变层数，以及尝试选择不同的有机配体，来实现钙钛矿薄膜和器件的光学及电学性质的可调性；通过简单的一步旋涂(spin-coating)法就能够制备出高质量的低维钙钛矿薄膜。然而，与三维钙钛矿相比，低维的钙钛矿材料具有较大的光学带隙[70]，虽然这可以为电池结构带来更大的可调范围，但插入体积偏大的有机胺所导致的介电失配的空间限制,使激子的迁移率大大降低,这是低维钙钛矿太阳电池效率难以提高的根本原因之一。因此,需要将合适的有机胺添加到三维钙钛矿结构中进行自组装,并且找到适宜的薄膜制备工艺,才可以得到稳定且高效的低维钙钛矿光伏器件。

2) 有机胺的选择和无机层中钙钛矿层数的优化

最早报道的较高效率的低维钙钛矿太阳电池中运用了苯乙胺(phenylethylamine,PEA)作为有机阻挡层(图 1-9)。Smith 等[68]将 $n=3$ 的钙钛矿薄膜(PEA)$_2$(MA)$_2$Pb$_3$I$_{10}$与最常见的三维 MAPbI$_3$ 钙钛矿进行比较,两者带隙的实测结果分别为 2.1 eV 和 1.61 eV,两者的薄膜形貌和薄膜性质也有很大差别。此外,Smith 等对固体和粉末低维钙钛矿进行了粉末 X 射线衍射(powder X-ray diffraction,PXRD)分析,测试结果表明,粉末钙钛矿存在少量对应于 1、2、4、5 层数的钙钛矿特征峰,说明所得的钙钛矿并非只存在 $n=3$ 的结构,而是掺杂了少量其他层数结构的低维钙钛矿。尽管最终的器件效率很低,但如图 1-9(b)所示,在相对湿度(relative humidity,RH)为 52%的环境下储存了 46 天的低维钙钛矿薄膜相比于同样条件下的三维钙钛矿薄膜显示出高强度的钙钛矿特征峰,展现了高耐湿性。

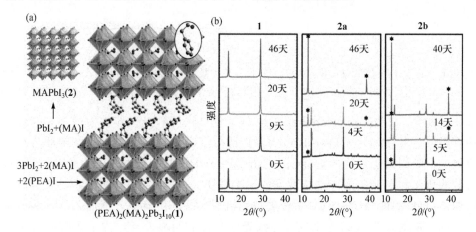

图 1-9　(a)三维钙钛矿 MAPbI$_3$ 和 $n=3$ 的低维钙钛矿(PEA)$_2$(MA)$_2$Pb$_3$I$_{10}$ 的结构示意图;
(b)经过不同天数后低维钙钛矿(左)和三维钙钛矿(右)薄膜的 XRD 谱[68]
*表示碘化铅的峰

加入 PEA 后的钙钛矿带隙明显增大,光吸收范围变小,光生载流子大大减少,而且苯乙胺自身携带苯环,苯环之间的位阻也会在一定程度上影响电荷传输,所以当选择 PEA 作为插层的有机胺时,往往通过增加无机层的厚度来弥补缺陷以提高效率,同时也可保留良好的稳定性。因此,PEA 常出现在高 n 值的低维钙钛矿太阳电池中。Quan 等[65]试图将三维钙钛矿的维度降低,以得到较稳定的钙钛矿结构。计算表明,对传统的三维钙钛矿而言,相对于形成钙钛矿晶体,分解成 PbI_2 和 MAI 会更加稳定一些,其中甲胺离子(methylamine ion,MA)的亲水性和挥发性使得 $MAPbI_3$ 更容易因湿度和热量而发生降解,并且钙钛矿的分解不是在内部自发进行,而是由表面开始。相对而言,低维钙钛矿中的有机胺层间存在范德瓦耳斯力,若要从钙钛矿中去除苯乙胺碘盐(phenylethylamine iodized salt,PEAI),所需的能量就比仅去除 MAI 高,薄膜的解吸附速率大大降低,从而使钙钛矿的分解速率降低为原来的 1/1000。从图 1-10 可以看出,如预期一样,低维度的钙钛矿无论是薄膜还是器件都展现出高稳定性,并且足够厚的层数($n=60$)使得电池的认证效率依旧达到了 15.3%。

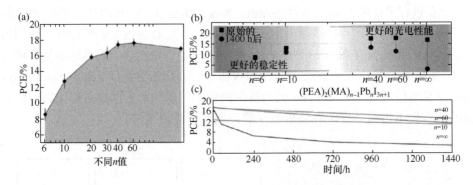

图 1-10 (a) 不同 n 值的 $(PEA)_2(MA)_{n-1}Pb_nI_{3n+1}$ 光伏器件的能量转换效率分布;(b) 器件性能和稳定性随层数变化的示意图;(c) 不同层数的器件随时间推移的能量转换效率演变[65]

现如今,丁胺(butyl amine,BA)成为低维钙钛矿光伏器件中最常见的较大的有机胺。其中,正丁胺(n-BA)作为直链分子,链长适宜,且不像苯环具有大位阻的、阻碍激子扩散的官能团。Cao 等[71]分析了在低层数范围内($n=1,2,3,4$)层数的变化对钙钛矿晶体结构取向的影响规律。如图 1-11(a)所示,随着层数的增加,(111)晶面开始出现,丁胺层与无机层之间产生竞争,从而改变了晶体生长方向。同时,层数的变化也会导致光学表征的明显差异,由于丁胺相对含量不同,八面体层数的增多会使带隙变小,吸收光谱和荧光光谱产生相应的红移[图 1-11(b)]。观察图 1-11(c)可以发现,将薄膜在相对湿度为 40% 的环境中放置两个月,三维钙钛矿薄膜已经明显分解出大量的黄色碘化铅(PbI_2),而 $n=1\sim4$ 的钙钛矿薄膜展现了很强的耐湿性,颜色没有发生任何变化。此外,当 n 值很小($n\leqslant2$)时,有机层中的丁胺离子会进行电荷筛选并捕获长寿命激子,抑制光生电子-空穴对的分离,从而增加其复合概率,因此低层数的钙钛矿可以很好地应用到发光二极管中。

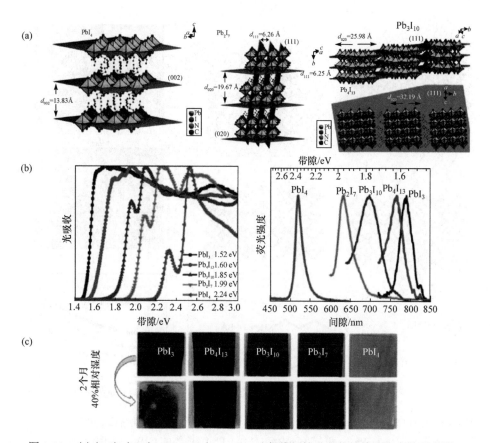

图 1-11　(a) $(BA)_2(MA)_{n-1}Pb_nI_{3n+1}$ (n=1, 2, 3, 4)低维钙钛矿晶体结构及取向的示意图；(b) $(BA)_2(MA)_{n-1}Pb_nI_{3n+1}$ (n=1, 2, 3, 4)低维钙钛矿薄膜吸收曲线和荧光光谱对比；(c)暴露于40%相对湿度环境中两个月的三维钙钛矿和低维钙钛矿薄膜外观的前后对比[71]

　　Chen 等[72]选用异丁胺(iso-BA)作为插层的有机胺，并与普遍运用在低维钙钛矿中的正丁胺进行比较，两者的 XRD 峰位一致，但 iso-BA 的(111)峰比(202)峰更强。掠入射广角 X 射线散射(grazing incidence wide angle X-ray scattering, GIWAXS)分析显示，$(iso$-BA$)_2(MA)_3Pb_4I_{13}$ 薄膜的 GIWAXS 图相比 $(n$-BA$)_2(MA)_3Pb_4I_{13}$ (图 1-12)薄膜存在更多零散的布拉格点，说明薄膜中晶粒高度取向。在相同条件下，$(iso$-BA$)_2(MA)_3Pb_4I_{13}$ 比 $(n$-BA$)_2(MA)_3Pb_4I_{13}$ 有更高的载流子迁移率，使得器件的电流密度显著提升，同时也得到了更高的能量转换效率。

　　上述研究中采用的 PEA、n-BA、iso-BA 均属于单胺，Yao 等[73]则尝试用多胺阳离子聚合物聚乙烯亚胺(PEI)作为插层的有机胺。在低维钙钛矿中，有机-无机结构之间的强相互作用有助于减小整个凝聚体的带隙。单胺阳离子只能分别组装到一个无机层上，层间会形成范德瓦耳斯间隙，而插层的多胺阳离子覆盖了相邻

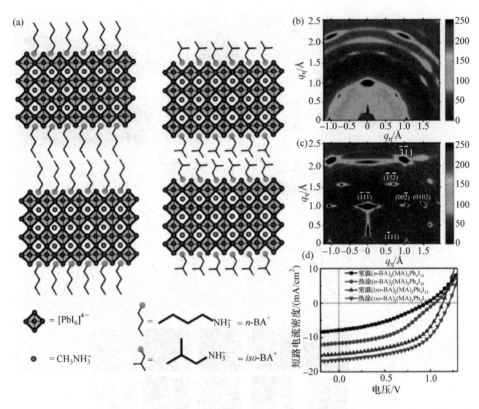

图 1-12 (a) 以异丁胺(iso-BA)和正丁胺(n-BA)作为有机胺层的低维钙钛矿的分子结构示意图；(b) (n-BA)$_2$(MA)$_3$Pb$_4$I$_{13}$ 和 (c) (iso-BA)$_2$(MA)$_3$Pb$_4$I$_{13}$ 薄膜的 GIWAXS 图；(d) 不同薄膜制备方法对应的低维钙钛矿器件的 J-V 曲线[72]

无机层之间的整个空间，一个多胺阳离子同时连接在两个相邻的无机层上并进行自组装结合，使层间相互作用增强，光学带隙减小。此外，相较于普通的脂肪胺或芳香胺，聚合物分子可以更好地起到疏水作用，从而进一步提升薄膜和器件的整体耐湿性。另外，基于未来实际光伏应用对器件尺寸的需求，他们还通过研究证实了利用低维钙钛矿制造大面积电池的优势，采用一步旋涂方法，将传统三维钙钛矿 MAPbI$_3$ 与 PEI 插层的低维钙钛矿(PEI)$_2$(MA)$_{n-1}$Pb$_n$I$_{3n+1}$ (n = 5, 7) 分别沉积在 3.5 cm×3.5 cm 的基底上，研究者发现除耐湿性外，大尺寸器件中低维钙钛矿薄膜还展现出更多的优势：① 薄膜均一性明显优于三维钙钛矿薄膜；② 电池 PCE 与小尺寸电池相比只略有降低，且高于三维钙钛矿太阳电池(三维钙钛矿 2.32 cm^2 的电池效率只有其 0.04 cm^2 电池的 30%)，且大尺寸电池中，低维钙钛矿明显高于三维钙钛矿的 PCE；③ 50 个样品的 PCE 标准偏差比三维钙钛矿太阳电池小得多，说明器件可重复性方面优势明显。由此可见，以聚合物多胺作为有机层是形成稳定的钙钛矿太阳电池的一条可发展的路径，但大分子自组装后产生的空间位阻更大，也会限制激子的扩散，导致器件的短路电流大大降低。

1.4　有机-无机杂化钙钛矿材料的性质

有机-无机杂化钙钛矿之所以具有广泛的应用前景，是因为它们具有的特殊性能：光吸收强、带隙可调、扩散长度长、双极性电荷传输及载流子迁移率高[10, 45, 74-80]。

1.4.1　吸收

有机-无机杂化钙钛矿材料表现出强的光吸收性能，这可以大大减小薄膜厚度，有效促进电荷载流子的收集[5, 10]。仅 500 nm 厚的钙钛矿薄膜就可以实现对整个可见光谱的吸收，远小于其他太阳电池活性层所需的至少 2 μm 的厚度限制。文献中报道的 $CH_3NH_3PbI_3$ 和 $CH_3NH_3SnI_3$ 的吸收峰都是尖锐的峰，这表明其是直接带隙材料[11, 76, 80]。基于 $CH_3NH_3PbI_3$ 的器件通常可以实现 300～800 nm 的光谱吸收。文献已经报道的，Sn 基卤化物钙钛矿可以将光吸收扩展到近红外区域 1000 nm 的吸收。此外，杂化 $CH_3NH_3Sn_xPb_{1-x}I_3$ 器件已经进一步将吸收从 1000 nm 增加到 1300 nm，其中，x 在 0.3～1.0 之间增加，对应的价带从 –5.12 eV 移动到 –4.73 eV，导带从 –3.81 eV 移动到 –3.63 eV[81]（图 1-13）。价带的偏移大于导带的偏移，有效地减小了带隙。$CH_3NH_3PbI_3$ 和 $CH_3NH_3PbI_{3-x}Cl$ 的吸收光谱几乎相同，其中 $CH_3NH_3PbI_3$ 起始位置位于 800 nm 左右，而 $CH_3NH_3PbI_yBr_{3-y}$ 在接近 700 nm 时开始产生吸收[9, 82]。基于 $FAPbI_3$ 器件的带隙只有 1.48 eV，在 850 nm 附近有吸收峰。在 $FAPbI_yBr_{3-y}$ 中掺入 Br 可用于调节带隙，当 $y = 0$（Br 含量 100%）时带隙增加到 2.23 eV，对应从约 550 nm 开始的吸收谱[图 1-14(a)][32]。从图 1-14(b)中可以看到 $CH_3NH_3PbI_3$ 的吸收起始点很尖锐，Urbach 能量为 15 meV[83]。

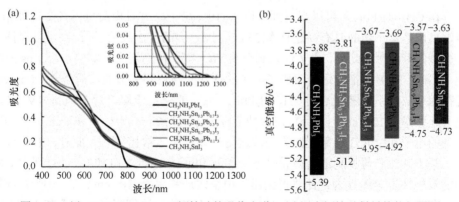

图 1-13　(a) $CH_3NH_3Sn_xPb_{1-x}I_3$ 钙钛矿的吸收光谱；(b) 混合钙钛矿材料的能级图[81]

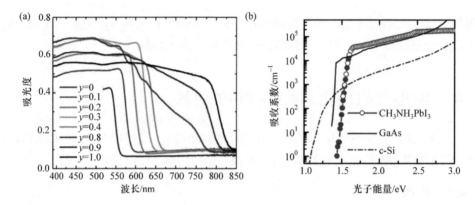

图 1-14　(a)FAPbI$_y$Br$_{3-y}$ 器件在不同 I 和 Br 比例时的吸收光谱[32]；(b)钙钛矿薄膜和 GaAs、单晶硅(c-Si)的吸收系数[83]

1.4.2　载流子扩散长度

通过瞬态光致发光测量可以得到 CH$_3$NH$_3$PbI$_3$ 的电子和空穴的载流子扩散长度大于 100 nm，杂化卤化物 CH$_3$NH$_3$PbI$_{3-x}$Cl$_x$ 中电子和空穴的载流子扩散长度超过 1 μm[84, 85]。然而，研究证明 CH$_3$NH$_3$PbI$_3$ 中的空穴比电子更容易被有效地提取，所以电子传输层对 CH$_3$NH$_3$PbI$_3$ 是必不可少的[86]，而在 CH$_3$NH$_3$PbI$_{3-x}$Cl$_x$ 中，在没有介孔电子传输层的情况下，电子和空穴的扩散长度超过 1 μm。最近，Dong 等研究发现，由于单晶薄膜中载流子迁移率增加、寿命缩短和缺陷数量减少，在 1 个太阳光照射下，CH$_3$NH$_3$PbI$_3$ 单晶中的扩散长度可以超过 175 μm。此外，FA 器件的扩散长度介于 CH$_3$NH$_3$PbI$_3$ 和 CH$_3$NH$_3$PbI$_{3-x}$Cl$_x$ 之间。以上这些研究都证明了有机-无机杂化钙钛矿具有比较长的扩散长度。

1.4.3　载流子迁移率

在 CH$_3$NH$_3$PbI$_3$ 中可以观察到近瞬态的电荷产生，并且电荷可以在 2 皮秒(ps)内解离成基本平衡的具有高迁移率[25 cm^2/(V·s)]的自由载流子,最高可以保持几十微秒的寿命[87]。此外，电子注入到介孔 TiO$_2$ 电子传输层中只需要小于 1 ps 的时间，然而，TiO$_2$ 本征的迟滞阻碍了电子的迁移并导致不平衡的电荷传输。Ponseca 等在太赫兹频率范围测量到 CH$_3$NH$_3$PbI$_3$ 钙钛矿的空穴迁移率为 7.5 cm^2/(V·s)，电子迁移率为 12.5 cm^2/(V·s)，在微秒范围内分别为 2 cm^2/(V·s)和 1 cm^2/(V·s)，得到的电子和空穴迁移率之比为 2，这与计算结果非常相符[20]。此外，有研究发现，基于钙钛矿薄膜制造出薄膜晶体管(thin film transistor，TFT)，通过观察薄膜中的双极性半导体行为，计算得到器件中空穴迁移率为 10^{-5}cm^2/(V·s)[88]。纯钙钛矿薄膜中的空穴迁移率和电子迁移率是差不多的，这解释了为什么基于 Al$_2$O$_3$

的器件的效率与基于 TiO_2 的器件相当。

1.4.4　铁电性能

铁电材料具有强对称性，在光伏领域有很大应用前景，这主要是由于自发极化可以增强光激发时的电荷载流子的分离，并增加载流子寿命和获得超过带隙的电压[89]。有机-无机杂化钙钛矿通过诱导内部电场的铁电畴可以显示出自发电极化，可以促进光激发电荷载流子的分离，有效地减少重组并促进电荷提取。自发电极化起因于 B 阳离子在 BX_6 八面体中的中心位置的偏移，从而导致对称性的破坏。这种效应归因于有机阳离子的不对称性，可以有效防止在结构中存在任何反转中心。晶体结构的柔性允许极性有机阳离子的旋转，导致了从顺电性到铁电性的转变。这种效应可以增强电子-空穴分离效率，并改善载流子的迁移率、电荷提取效率和器件的性能[75]。

铁电畴可以解释混合钙钛矿中产生自由载流子的原因[90]。Frost 等提出了"铁电高速公路"的概念：给定类型的电荷载流子可以不受相反电荷的载流子的影响而行进。这反过来又可以减少复合，并且可以解释为什么钙钛矿具有长的载流子扩散长度。由于通过离子漂移可以形成 p-i-n 结，在混合钙钛矿中也可以观察到可转换的光电流。因此，这些器件会产生依赖于扫描速度的光电流，进而造成滞后现象的出现[91]。

薄膜上施加的电场可以看作是干扰薄膜中 MA 离子极性的外力。在正向和反向扫描之间观察到 J-V 曲线不对称，这可能是由 MA 离子对电场的响应和再分布导致的。这些铁电畴将导致电子和空穴在电场区域内的不平衡电荷传输。通过压电力显微镜观察铁电畴，可以看到铁电畴在直流（direct-current，DC）偏压极化下的可逆翻转[92]。

此外，Chen 等在假设正向偏压极化可以通过将偶极子从高度有序状态分解为随机状态来减少滞后效应的前提下，证实了钙钛矿材料的偏压极化效应，其中反向偏压极化导致严重的滞后效应。虽然弛豫过程很快，但是实验证实 MA 离子的旋转和振动在器件性能中起重要作用[93]。Bertoluzzi 等通过测量光电压衰减，以阐明耦合的电子结构现象，为此他们观察到两个不同的衰变阶段[94]。在毫秒时间尺度上观察到快速瞬变，这是大多数太阳能装置的常见响应时间。然而，在 $10 \sim 100$ s 时间尺度上观察到幂律标度，通常用于聚合物或玻璃状材料的弛豫。此外，Gottesman 等提出缓慢的极化响应是由于 $I \rightarrow Pb$ 电荷转移引起的结合能减少，其消耗了 I 携带的负电荷。由于 MA 和 I 主要是由氢键结合的，所以激发将导致氢键的吸引力减小，允许极性 MA 离子更自由地旋转，从而导致偶极子有序化和无机骨架的结构变化[95]。控制铁电畴的形成可能是一个有趣的话题，对没有滞后的设备和关于铁电性对钙钛矿材料的影响的详细研究对于未来的材料设计很有意义。

1.5 钙钛矿太阳电池的工作原理

钙钛矿太阳电池一般由透明导电基底、载流子传输层、钙钛矿层及金属电极组成。钙钛矿层吸收光子产生电子-空穴对，由于钙钛矿材料的激子束缚能很小，如 $CH_3NH_3PbX_3$ 的激子束缚能仅有 (19 ± 3) meV[96]，在室温下就能分离为自由的载流子，随后生成的自由载流子分别被传输层材料传输出去再被电极收集，形成电流再到外电路做功，完成整个光电转换的过程。详细的钙钛矿太阳电池工作原理如图 1-15 所示[97]。钙钛矿太阳电池的工作过程大致可以分为以下几个步骤：① 激子的产生及分离；② 自由载流子的传输；③ 载流子的收集及电流的产生。

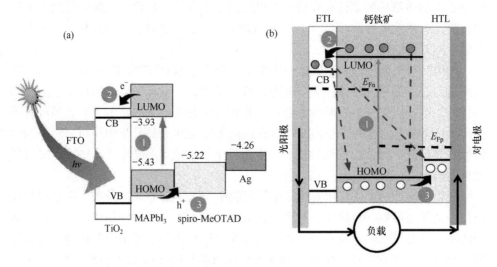

图 1-15　钙钛矿太阳电池工作原理图[97]

FTO 表示氟掺杂氧化锡

1.5.1 激子的产生及分离

在钙钛矿太阳电池中，太阳光被钙钛矿层吸收，钙钛矿材料作为直接带隙半导体具有较高的光吸收系数(约 10^5 cm^{-1})[9, 84]，通常大约 300 nm 厚的钙钛矿材料即充分吸收入射光子，相比于吸光层需要几微米甚至上百微米厚的无机半导体电池来说，大大减低了电池的成本。钙钛矿层吸收光子而产生激子，由于非常低的库仑力束缚，在室温下激子随后迅速分离成自由的电子和空穴。

1.5.2 自由载流子的传输

分离后的自由载流子在钙钛矿材料中传输，钙钛矿中的载流子传输距离很长，大约为 1 μm。相比之下，有机聚合物中的激子传输距离只有 10～20 nm[98]，大大增加了复合的概率并限制了吸光层的厚度。较长的载流子传输距离保证了自由载流子能够在较厚的钙钛矿层中传输，并到达钙钛矿层与传输层的界面，然后通过传输层传输出去。其中电子传输层起到传输电子、阻挡空穴的作用；而空穴传输层则起到传输空穴、阻挡电子的作用。

1.5.3　载流子的收集及电流的产生

通过传输层传输出去的电子和空穴分别被电极收集形成电流及电压，电极的选择也很重要，合适的电极功函数能够降低载流子注入的能级势垒，形成良好的欧姆接触，通常可以通过界面工程的手段来改善[99, 100]。

1.5.4　载流子复合过程

在钙钛矿太阳电池的工作中还存在着载流子的复合过程，如图 1-15 所示，式 (1-3)～式 (1-8) 都表示器件工作中的复合。载流子在钙钛矿层中会发生复合，在钙钛矿层与传输层的界面处以及电子传输层和空穴传输层的界面处也会发生复合，而这些复合过程都会严重影响钙钛矿太阳电池的效率[101]。

电子注入：

$$e^-_{钙钛矿} + TiO_2 \longrightarrow e^-_{TiO_2} \tag{1-3}$$

空穴注入：

$$h^+_{钙钛矿} + HTM \longrightarrow HTM^+ \tag{1-4}$$

发光：

$$e^-_{钙钛矿} + h^+_{钙钛矿} \longrightarrow h\nu \tag{1-5}$$

载流子在钙钛矿层中复合：

$$e^-_{钙钛矿} + h^+_{钙钛矿} \longrightarrow \bigtriangledown \tag{1-6}$$

载流子在界面处复合：

$$e^-_{TiO_2} + h^+_{钙钛矿} \longrightarrow \bigtriangledown \tag{1-7}$$

$$e^-_{钙钛矿} + HTM^+ \longrightarrow \bigtriangledown \tag{1-8}$$

1.6　小结

　　钙钛矿太阳电池作为一种新型高效的全固态光伏器件，被认为是当前最有发展前景的太阳电池之一，目前已认证达到 25.2%的能量转换效率。钙钛矿器件光伏性能和稳定性与钙钛矿层材料密切相关。因此设计具备稳定性结构和适合带隙的钙钛矿材料是获得高效高稳定性钙钛矿太阳电池的关键。

参 考 文 献

[1] Jackson P, Hariskos D, Lotter E, Paetel S, Wuerz R, Menner R, Wischmann W, Powalla M. New world record efficiency for Cu(In,Ga)Se₂ thin-film solar cells beyond 20%. Progress in Photovoltaics: Research and Applications, 2011, 19 (7): 894-897.

[2] Liu M, Johnston M B, Snaith H J. Efficient planar heterojunction perovskite solar cells by vapour deposition. Nature, 2013, 501(7467): 395-398.

[3] Jeon N J, Na H, Jung E H, Yang T Y, Lee Y G, Kim G, Shin H W, Il Seok S, Lee J, Seo J. A fluorene-terminated hole-transporting material for highly efficient and stable perovskite solar cells. Nature Energy, 2018, 3 (8): 682-689.

[4] NREL. Best research-cell efficiencies. https://www.nrel.gov/pv/assets/pdfs/best-research- cellefficiencies. 20191106.pdf.

[5] Kojima A, Teshima K, Shirai Y, Miyasaka T. Organometal halide perovskites as visible-light sensitizers for photovoltaic cells. Journal of the American Chemical Society, 2009, 131 (17): 6050-6051.

[6] Im J H, Lee C R, Lee J W, Park S W, Park N G. 6.5% Efficient perovskite quantum-dot-sensitized solar cell. Nanoscale, 2011, 3 (10): 4088-4093.

[7] Bach U, Lupo D, Comte P, Moser J E, Weissörtel F, Salbeck J, Spreitzer H, Grätzel M. Solid-state dye-sensitized mesoporous TiO₂ solar cells with high photon-to-electron conversion efficiencies. Nature, 1998, 395: 583-585.

[8] Kim H S, Lee C R, Im J H, Lee K B , Moehl T , Marchioro A, Moon S J, Baker R H, Yum J H, Moser J E, Grätzel M, Park N G. Lead iodide perovskite sensitized all-solid-state submicron thin film mesoscopic solar cell with efficiency exceeding 9%. Scientific Reports, 2012, 2: 591.

[9] Lee M M, Teuscher J, Miyasaka T, Murakami T N, Snaith H J. Efficient hybrid solar cells based on meso-superstructured organometal halide perovskites. Science, 2012, 338 (6107): 643-647.

[10] Etgar L, Gao P, Xue Z S, Peng Q, Chandiran A K, Liu B, Nazeeruddin M K, Grätzel M. Mesoscopic CH₃NH₃PbI₃/TiO₂ heterojunction solar cells. Journal of the American Chemical Society, 2012, 134 (42): 17396-17399.

[11] Burschka J, Pellet N, Moon S J, Humphry-Baker R, Gao P, Nazeeruddin M K, Grätzel M. Sequential deposition as a route to high-performance perovskite-sensitized solar cells. Nature, 2013, 499: 316-319.

[12] Zhou H P, Chen Q, Li G, Luo S, Song T B, Duan H S, Hong Z R,You J B, Liu Y S, Yang Y. Interface engineering of highly efficient perovskite solar cells. Science, 2014, 345(6196): 542-546.

[13] Bi D Q, Yi C Y, Luo J S, Décoppet J D, Zhang F, Zakeeruddin Shaik M, Li X, Hagfeldt A, Grätzel M. Polymer-templated nucleation and crystal growth of perovskite films for solar cells with efficiency greater than 21%. Nature Energy, 2016, 1: 16142.

[14] Yang W S, Park B W, Jung E H, Jeon N J, Kim Y C, Lee D U, Shin S S, Seo J, Kim E K, Noh J H, Seok S I. Iodide management in formamidinium-lead-halide-based perovskite layers for efficient solar cells. Science, 2017, 356 (6345): 1376-1379.

[15] Smith I C, Hoke E T, Solis-Ibarra D, McGehee M D, Karunadasa H I. A layered hybrid perovskite solar-cell absorber with enhanced moisture stability. Angewandte Chemie International Edition, 2014, 126 (42): 11414-11417.

[16] Eperon G E, Paternò G M, Sutton R J, Zampetti A, Haghighirad A A, Cacialli F, Snaith H J. Inorganic caesium lead iodide perovskite solar cells. Journal of Materials Chemistry A, 2015, 3 (39): 19688-19695.

[17] Pietruszka R, Witkowski B S, Zimowski S, Stapinski T, Godlewski M. New members of the national academy of sciences new fellows of the royal society. Angewandte Chemie International Edition, 2015, 54 (26): 7478-7479.

[18] Yin W J, Shi T T, Yan Y F. Unique properties of halide perovskites as possible origins of the superior solar cell performance. Advanced Materials, 2014, 26 (27): 4653-4658.

[19] Correa-Baena J P, Abate A, Saliba M, Tress W, Jesper Jacobsson T, Grätzel M, Hagfeldt A. The rapid evolution of highly efficient perovskite solar cells. Energy & Environmental Science, 2017, 10 (3): 710-727.

[20] Amat A, Mosconi E, Ronca E, Quarti C, Umari P, Nazeeruddin M K, Grätzel M, De Angelis F. Cation-induced band-gap tuning in organohalide perovskites: Interplay of spin-orbit coupling and octahedra tilting. Nano Letters, 2014, 14 (6): 3608-3616.

[21] Shi E Z, Gao Y, Finkenauer B P, Akriti, Coffey A H, Dou L T. Two-dimensional halide perovskite nanomaterials and heterostructures. Chemical Society Reviews, 2018, 47 (16): 6046-6072.

[22] Yang W S, Noh J H, Jeon N J, Kim Y C, Ryu S, Seo J, Seok S I. High-performance photovoltaic perovskite layers fabricated through intramolecular exchange. Science, 2015, 348 (6240): 1234-1237.

[23] Correa-Baena J P, Abate A, Saliba M, Tress W, Jesper Jacobsson T, Gratzel M, Hagfeldt A. The rapid evolution of highly efficient perovskite solar cells. Energy & Environmental Science, 2017, 10 (3): 710-727.

[24] Jesper Jacobsson T, Correa-Baena J P, Pazoki M, Saliba M, Schenk K, Gratzel M, Hagfeldt A. Exploration of the compositional space for mixed lead halogen perovskites for high efficiency solar cells. Energy & Environmental Science, 2016, 9 (5): 1706-1724.

[25] Saliba M, Matsui T, Seo J Y, Domanski K, Correa-Baena J P, Nazeeruddin M K, Zakeeruddin S M, Tress W, Abate A, Hagfeldt A, Gratzel M. Cesium-containing triple cation perovskite solar

cells: Improved stability, reproducibility and high efficiency. Energy & Environmental Science, 2016, 9 (6): 1989-1997.

[26] Saidaminov M I, Abdelhady A L, Maculan G, Bakr O M. Retrograde solubility of formamidinium and methylammonium lead halide perovskites enabling rapid single crystal growth. Chemical Communications, 2015, 51 (100): 17658-17661.

[27] Pang S P, Hu H, Zhang J L, Lv S L, Yu Y M, Wei F, Qin T S, Xu H X, Liu Z H, Cui G L. NH$_2$CH=NH$_2$PbI$_3$: An alternative organolead iodide perovskite sensitizer for mesoscopic solar cells. Chemistry of Materials, 2014, 26 (3): 1485-1491.

[28] Weller M T, Weber O J, Frost J M, Walsh A. Cubic perovskite structure of black formamidinium lead iodide, α-[HC(NH$_2$)$_2$]PbI$_3$, at 298 K. The Journal of Physical Chemistry Letters, 2015, 6 (16): 3209-3212.

[29] Stoumpos C C, Malliakas C D, Kanatzidis M G. Semiconducting tin and lead iodide perovskites with organic cations: Phase transitions, high mobilities, and near-infrared photoluminescent properties. Inorganic Chemistry, 2013, 52 (15): 9019-9038.

[30] Koh T M, Krishnamoorthy T, Yantara N, Shi C, Leong W L, Boix P P, Grimsdale A C, Mhaisalkar S G, Mathews N. Formamidinium tin-based perovskite with low E_g for photovoltaic applications. Journal of Materials Chemistry A, 2015, 3 (29): 14996-15000.

[31] Lee J W, Seol D J, Cho A N, Park N G. High-efficiency perovskite solar cells based on the black polymorph of HC(NH$_2$)$_2$PbI$_3$. Advanced Materials, 2014, 26 (29): 4991-4998.

[32] Eperon G E, Stranks S D, Menelaou C, Johnston M B, Herz L M, Snaith H J. Formamidinium lead trihalide: A broadly tunable perovskite for efficient planar heterojunction solar cells. Energy & Environmental Science, 2014, 7 (3): 982-988.

[33] Koh T M, Fu K W, Fang Y N, Chen S, Sum T C, Mathews N, Mhaisalkar S G, Boix P P, Baikie T. Formamidinium-containing metal-halide: An alternative material for near-IR absorption perovskite solar cells. The Journal of Physical Chemistry C, 2014, 118 (30): 16458-16462.

[34] Binek A, Hanusch F C, Docampo P, Bein T. Stabilization of the trigonal high-temperature phase of formamidinium lead iodide. The Journal of Physical Chemistry Letters, 2015, 6 (7): 1249-1253.

[35] Deepa M, Salado M, Calio L, Kazim S, Shivaprasad S M, Ahmad S. Cesium power: Low Cs$^+$ levels impart stability to perovskite solar cells. Physical Chemistry Chemical Physics, 2017, 19 (5): 4069-4077.

[36] Yang T Y, Gregori G, Pellet N, Grätzel M, Maier J. The significance of ion conduction in a hybrid organic-inorganic lead-iodide-based perovskite photosensitizer. Angewandte Chemie International Edition, 2015, 127 (27): 8016-8021.

[37] Lee J W, Kim D H, Kim H S, Seo S W, Cho S M, Park N G. Formamidinium and cesium hybridization for photo- and moisture-stable perovskite solar cell. Advanced Energy Materials, 2015, 5 (20): 1501310.

[38] McMeekin D P, Sadoughi G, Rehman W, Eperon G E, Saliba M, Hörantner M T, Haghighirad A, Sakai N, Korte L, Rech B, Johnston M B, Herz L M, Snaith H J. A mixed-cation lead mixed-halide perovskite absorber for tandem solar cells. Science, 2016, 351 (6269): 151-155.

[39] Saliba M, Matsui T, Domanski K, Seo J Y, Ummadisingu A, Zakeeruddin S M, Correa-Baena J P, Tress W R, Abate A, Hagfeldt A, Grätzel M. Incorporation of rubidium cations into perovskite solar cells improves photovoltaic performance. Science, 2016, 354 (6309): 206-209.

[40] Zheng G H J, Zhu C, Ma J Y, Zhang X N, Tang G, Li R G, Chen Y, Li L, Hu J S, Hong J W, Chen Q, Gao X Y, Zhou H P. Manipulation of facet orientation in hybrid perovskite polycrystalline films by cation cascade. Nature Communications, 2018, 9 (1): 2793.

[41] Nam J K, Chai S U, Cha W, Choi Y J, Kim W, Jung M S, Kwon J, Kim D, Park J H. Potassium incorporation for enhanced performance and stability of fully inorganic cesium lead halide perovskite solar cells. Nano Letters, 2017, 17 (3): 2028-2033.

[42] Kieslich G, Sun S, Cheetham A K. An extended tolerance factor approach for organic-inorganic perovskites. Chemical Science, 2015, 6 (6): 3430-3433.

[43] Sadhanala A, Ahmad S, Zhao B, Giesbrecht N, Pearce P M, Deschler F, Hoye R L Z, Gödel K C, Bein T, Docampo P, Dutton S E, de Volder M F L, Friend R H. Blue-green color tunable solution processable organolead chloride-bromide mixed halide perovskites for optoelectronic applications. Nano Letters, 2015, 15 (9): 6095-6101.

[44] Liu Y C, Yang Z, Cui D, Ren X D, Sun J K, Liu X J, Zhang J R, Wei Q B, Fan H, Yu F Y, Zhang X, Zhao C M, Liu S Z. Two-inch-sized perovskite CH$_3$NH$_3$PbX$_3$ (X= Cl, Br, I) crystals: Growth and characterization. Advanced Materials, 2015, 27 (35): 5176-5183.

[45] Dong Q F, Fang Y J, Shao Y C, Mulligan P, Qiu J, Cao L, Huang J S. Electron-hole diffusion lengths >175 μm in solution-grown CH$_3$NH$_3$PbI$_3$ single crystals. Science, 2015, 347 (6225): 967-970.

[46] Shi D, Adinolfi V, Comin R, Yuan M, Alarousu E, Buin A, Chen Y, Hoogland S, Rothenberger A, Katsiev K, Losovyj Y, Zhang X, Dowben P A, Mohammed O F, Sargent E H, Bakr O M. Low trap-state density and long carrier diffusion in organolead trihalide perovskite single crystals. Science, 2015, 347 (6221): 519-522.

[47] Leguy A M A, Goni A R, Frost J M, Skelton J, Brivio F, Rodriguez-Martinez X, Weber O J, Pallipurath A, Alonso M I, Campoy-Quiles M, Weller M T, Nelson J, Walsh A, Barnes P R F. Dynamic disorder, phonon lifetimes, and the assignment of modes to the vibrational spectra of methylammonium lead halide perovskites. Physical Chemistry Chemical Physics, 2016, 18 (39): 27051-27066.

[48] Onoda Yamamuro N, Matsuo T, Suga H. Dielectric study of CH$_3$NH$_3$PbX$_3$ (X = Cl, Br, I). Journal of Physics and Chemistry of Solids, 1992, 53 (7): 935-939.

[49] Noh J H, Im S H, Heo J H, Mandal T N, Seok S I. Chemical management for colorful, efficient, and stable inorganic-organic hybrid nanostructured solar cells. Nano Letters, 2013, 13 (4): 1764-1769.

[50] Buin A, Comin R, Xu J, Ip A H, Sargent E H. Halide-dependent electronic structure of organolead perovskite materials. Chemistry of Materials, 2015, 27 (12): 4405-4412.

[51] Dharani S, Dewi H A, Prabhakar R R, Baikie T, Shi C, Yonghua D, Mathews N, Boix P P, Mhaisalkar S G. Incorporation of Cl into sequentially deposited lead halide perovskite films for highly efficient mesoporous solar cells. Nanoscale, 2014, 6 (22): 13854-13860.

[52] Wang Q, Lyu M Q, Zhang M, Yun J H, Chen H J, Wang L Z. Transition from the tetragonal to cubic phase of organohalide perovskite: The role of chlorine in crystal formation of $CH_3NH_3PbI_3$ on TiO_2 substrates. The Journal of Physical Chemistry Letters, 2015, 6 (21): 4379-4384.

[53] Sheikh A D, Bera A, Haque M A, Rakhi R B, Gobbo S D, Alshareef H N, Wu T. Atmospheric effects on the photovoltaic performance of hybrid perovskite solar cells. Solar Energy Materials and Solar Cells, 2015, 137: 6-14.

[54] Li R, Xiang X, Tong X, Zou J Y, Li Q W. Wearable double-twisted fibrous perovskite solar cell. Advanced Materials, 2015, 27 (25): 3831-3835.

[55] Xu J T, Chen Y H, Dai L M. Efficiently photo-charging lithium-ion battery by perovskite solar cell. Nature Communications, 2015, 6: 8103.

[56] Chen Y H, Chen T, Dai L M. Layer-by-layer growth of $CH_3NH_3PbI_{3-x}Cl_x$ for highly efficient planar heterojunction perovskite solar cells. Advanced Materials, 2015, 27 (6): 1053-1059.

[57] Kulkarni S A, Baikie T, Boix P P, Yantara N, Mathews N, Mhaisalkar S. Band-gap tuning of lead halide perovskites using a sequential deposition process. Journal of Materials Chemistry A, 2014, 2 (24): 9221-9225.

[58] Suarez B, Gonzalez-Pedro V, Ripolles T S, Sanchez R S, Otero L, Mora-Sero I. Recombination study of combined halides (Cl, Br, I) perovskite solar cells. The Journal of Physical Chemistry Letters, 2014, 5 (10): 1628-1635.

[59] Aharon S, Cohen B E, Etgar L. Hybrid lead halide iodide and lead halide bromide in efficient hole conductor free perovskite solar cell. The Journal of Physical Chemistry C, 2014, 118 (30): 17160-17165.

[60] Fedeli P, Gazza F, Calestani D, Ferro P, Besagni T, Zappettini A, Calestani G, Marchi E, Ceroni P, Mosca R. Influence of the synthetic procedures on the structural and optical properties of mixed-halide (Br, I) perovskite films. The Journal of Physical Chemistry C, 2015, 119 (37): 21304-21313.

[61] Wang Z, Shi Z J, Li T T, Chen Y H, Huang W. Stability of perovskite solar cells: A prospective on the substitution of the A cation and X anion. Angewandte Chemie International Edition, 2017, 56(5): 1190-1212.

[62] Niu G D, Li W Z, Meng F Q, Wang L D, Dong H P, Qiu Y. Study on the stability of $CH_3NH_3PbI_3$ films and the effect of post-modification by aluminum oxide in all-solid-state hybrid solar cells. Journal of Materials Chemistry A, 2014, 2 (3): 705-710.

[63] Green M A, Ho-Baillie A, Snaith H J. The emergence of perovskite solar cells. Nature Photonics, 2014, 8: 506.

[64] Mitzi D B. Templating and structural engineering in organic-inorganic perovskites. Journal of the Chemical Society, Dalton Transactions, 2001, 1: 1-12.

[65] Quan L N, Yuan M, Comin R, Voznyy O, Beauregard E M, Hoogland S, Buin A, Kirmani A R, Zhao K, Amassian A, Kim D H, Sargent E H. Ligand-stabilized reduced-dimensionality perovskites. Journal of the American Chemical Society, 2016, 138 (8): 2649-2655.

[66] Zhumekenov A A, Burlakov V M, Saidaminov M I, Alofi A, Haque M A, Turedi B, Davaasuren B, Dursun I, Cho N, El-Zohry A M, Bastiani M D, Giugni A, Torre B, Fabrizio E D, Mohammed

O F, Rothenberger A, Wu T, Goriely A, Bakr O M. The role of surface tension in the crystallization of metal halide perovskites. ACS Energy Letters, 2017, 2（8）: 1782-1788.

[67] Mitzi D B, Wang S, Feild C A, Chess C A, Guloy A M. Conducting layered organic-inorganic halides containing 〈110〉-oriented perovskite sheets. Science, 1995, 267（5203）: 1473-1476.

[68] Smith I C, Hoke E T, Solis-Ibarra D, McGehee M D, Karunadasa H I. A layered hybrid perovskite solar-cell absorber with enhanced moisture stability. Angewandte Chemie International Edition, 2014, 53（42）: 11232-11235.

[69] Zhang X, Ren X D, Liu B, Munir R, Zhu X J, Yang D, Li J B, Liu Y, Smilgies D M, Li R P, Yang Z, Niu T Q, Wang X L, Amassian A, Zhao K, Liu S Z. Stable high efficiency two-dimensional perovskite solar cells via cesium doping. Energy & Environmental Science, 2017, 10（10）: 2095-2102.

[70] Kamminga M E, Fang H H, Filip M R, Giustino F, Baas J, Blake G R, Loi M A, Palstra T T M. Confinement effects in low-dimensional lead iodide perovskite hybrids. Chemistry of Materials, 2016, 28（13）: 4554-4562.

[71] Cao D H, Stoumpos C C, Farha O K, Hupp J T, Kanatzidis M G. 2D Homologous perovskites as light-absorbing materials for solar cell applications. Journal of the American Chemical Society, 2015, 137（24）: 7843-7850.

[72] Chen Y N, Sun Y, Peng J J, Zhang W, Su X J, Zheng K B, Pullerits T, Liang Z Q. Tailoring organic cation of 2D air-stable organometal halide perovskites for highly efficient planar solar cells. Advanced Energy Materials, 2017, 7（18）: 1700162.

[73] Yao K, Wang X F, Xu Y X, Li F, Zhou L. Multilayered perovskite materials based on polymeric-ammonium cations for stable large-area solar cell. Chemistry of Materials, 2016, 28（9）: 3131-3138.

[74] Liu M Z, Johnston M B, Snaith H J. Efficient planar heterojunction perovskite solar cells by vapour deposition. Nature, 2013, 501（7467）: 395-398.

[75] Frost J M, Butler K T, Brivio F, Hendon C H, van Schilfgaarde M, Walsh A. Atomistic origins of high-performance in hybrid halide perovskite solar cells. Nano Letters, 2014, 14（5）: 2584-2590.

[76] Bernal C, Yang K S. First-principles hybrid functional study of the organic-inorganic perovskites $CH_3NH_3SnBr_3$ and $CH_3NH_3SnI_3$. The Journal of Physical Chemistry C, 2014, 118（42）: 24383-24388.

[77] Dualeh A, Moehl T, Tétreault N, Teuscher J, Gao P, Nazeeruddin M K, Grätzel M. Impedance spectroscopic analysis of lead iodide perovskite-sensitized solid-state solar cells. ACS Nano, 2014, 8（1）: 362-373.

[78] Giorgi G, Fujisawa J I, Segawa H, Yamashita K. Small photocarrier effective masses featuring ambipolar transport in methylammonium lead iodide perovskite: A density functional analysis. The Journal of Physical Chemistry Letters, 2013, 4（24）: 4213-4216.

[79] Shen J M, Kung M C, Shen Z L, Wang Z, Gunderson W A, Hoffman B M, Kung H H. Generating and stabilizing Co（Ⅰ）in a nanocage environment. Journal of the American Chemical Society, 2014, 136（14）: 5185-5188.

[80] Brivio F, Walker A B, Walsh A. Structural and electronic properties of hybrid perovskites for high-efficiency thin-film photovoltaics from first-principles. APL Materials, 2013, 1 (4): 042111.

[81] Ogomi Y, Morita A, Tsukamoto S, Saitho T, Fujikawa N, Shen Q, Toyoda T, Yoshino K, Pandey S S, Ma T, Hayase S. $CH_3NH_3Sn_xPb_{(1-x)}I_3$ Perovskite solar cells covering up to 1060 nm. The Journal of Physical Chemistry Letters, 2014, 5 (6): 1004-1011.

[82] Qiu J H, Qiu Y C, Yan K Y, Zhong M, Mu C, Yan H, Yang S H. All-solid-state hybrid solar cells based on a new organometal halide perovskite sensitizer and one-dimensional TiO_2 nanowire arrays. Nanoscale, 2013, 5 (8): 3245-3248.

[83] de Wolf S, Holovsky J, Moon S J, Löper P, Niesen B, Ledinsky M, Haug F J, Yum J H, Ballif C. Organometallic halide perovskites: Sharp optical absorption edge and its relation to photovoltaic performance. The Journal of Physical Chemistry Letters, 2014, 5 (6): 1035-1039.

[84] Stranks S D, Eperon G E, Grancini G, Menelaou C, Alcocer M J P, Leijtens T, Herz L M, Petrozza A, Snaith H J. Electron-hole diffusion lengths exceeding 1 micrometer in an organometal trihalide perovskite absorber. Science, 2013, 342 (6156): 341-344.

[85] Xing G C, Mathews N, Sun S, Lim S S, Lam Y M, Grätzel M, Mhaisalkar S, Sum T C. Long-range balanced electron- and hole-transport lengths in organic-inorganic $CH_3NH_3PbI_3$. Science, 2013, 342 (6156): 344-347.

[86] Edri E, Kirmayer S, Henning A, Mukhopadhyay S, Gartsman K, Rosenwaks Y, Hodes G, Cahen D. Why lead methylammonium tri-iodide perovskite-based solar cells require a mesoporous electron transporting scaffold (but not necessarily a hole conductor). Nano Letters, 2014, 14 (2): 1000-1004.

[87] Ponseca C S, Savenije T J, Abdellah M, Zheng K, Yartsev A, Pascher T, Harlang T, Chabera P, Pullerits T, Stepanov A, Wolf J P, Sundström V. Organometal halide perovskite solar cell materials rationalized: Ultrafast charge generation, high and microsecond-long balanced mobilities, and slow recombination. Journal of the American Chemical Society, 2014, 136 (14): 5189-5192.

[88] Heo J H, Im S H, Noh J H, Mandal T N, Lim C S, Chang J A, Lee Y H, Kim H J, Sarkar A, Nazeeruddin M K, Grätzel M, Seok S I. Efficient inorganic-organic hybrid heterojunction solar cells containing perovskite compound and polymeric hole conductors. Nature Photonics, 2013, 7: 486-491.

[89] Grinberg I, West D V, Torres M, Gou G, Stein D M, Wu L, Chen G, Gallo E M, Akbashev A R, Davies P K, Spanier J E, Rappe A M. Perovskite oxides for visible-light-absorbing ferroelectric and photovoltaic materials. Nature, 2013, 503: 509-512.

[90] D'Innocenzo V, Grancini G, Alcocer M J P, Kandada A R S, Stranks S D, Lee M M, Lanzani G, Snaith H J, Petrozza A. Excitons versus free charges in organolead tri-halide perovskites. Nature Communications, 2014, 5: 3586.

[91] Xiao Z G, Yuan Y B, Shao Y C, Wang Q, Dong Q F, Bi C, Sharma P, Gruverman A, Huang J S. Giant switchable photovoltaic effect in organometal trihalide perovskite devices. Nature Materials, 2014, 14 (2): 193-198.

[92] Kutes Y, Ye L H, Zhou Y Y, Pang S P, Huey B D, Padture N P. Direct observation of ferroelectric domains in solution-processed CH₃NH₃PbI₃ perovskite thin films. The Journal of Physical Chemistry Letters, 2014, 5（19）: 3335-3339.

[93] Chen H W, Sakai N, Ikegami M, Miyasaka T. Emergence of hysteresis and transient ferroelectric response in organo-lead halide perovskite solar cells. The Journal of Physical Chemistry Letters, 2015, 6（1）: 164-169.

[94] Bertoluzzi L, Sanchez R S, Liu L, Lee J W, Mas-Marza E, Han H, Park N G, Mora-Sero I, Bisquert J. Cooperative kinetics of depolarization in CH₃NH₃PbI₃ perovskite solar cells. Energy & Environmental Science, 2015, 8（3）: 910-915.

[95] Gottesman R, Haltzi E, Gouda L, Tirosh S, Bouhadana Y, Zaban A, Mosconi E, de Angelis F. Extremely slow photoconductivity response of CH₃NH₃PbI₃ perovskites suggesting structural changes under working conditions. The Journal of Physical Chemistry Letters, 2014, 5（15）: 2662-2669.

[96] Grätzel M. The light and shade of perovskite solar cells. Nature Materials, 2014, 13（9）: 838-842.

[97] Marchioro A, Teuscher J, Friedrich D, Kunst M, van de Krol R, Moehl T, Grätzel M, Moser J E. Unravelling the mechanism of photoinduced charge transfer processes in lead iodide perovskite solar cells. Nature Photonics, 2014, 8（3）: 250-255.

[98] Vacar D, Dogariu A, Heeger A J. Interaction range for photoexcitations in luminescent conjugated polymers. Advanced Materials, 1998, 10（9）: 669-672.

[99] Liu Y, Bag M, Renna L A, Page Z A, Kim P, Emrick T, Venkataraman D, Russell T P. Understanding interface engineering for high-performance fullerene/perovskite planar heterojunction solar cells. Advanced Energy Materials, 2016, 6（2）: 1501606.

[100] Chang C Y, Huang W K, Chang Y C, Lee K T, Chen C T. A solution-processed n-doped fullerene cathode interfacial layer for efficient and stable large-area perovskite solar cells. Journal of Materials Chemistry A, 2016, 4（2）: 640-648.

[101] Berhe T A, Su W N, Chen C H, Pan C J, Cheng J H, Chen H M, Tsai M C, Chen L Y, Dubale A A, Hwang B J. Organometal halide perovskite solar cells: Degradation and stability. Energy & Environmental Science, 2016, 9（2）: 323-356.

第 *2* 章

钙钛矿太阳电池的电荷传输材料

2.1 空穴传输材料

在钙钛矿太阳电池中，空穴传输材料的使用仍是不可缺少的。钙钛矿在光照条件下可以产生空穴，但它们的含量很低。为了提取有效的电荷，空穴传输层是必需的。固态空穴传输材料有三大类：有机小分子、共轭聚合物和无机空穴传输材料。

2.1.1 有机空穴传输材料

1. spiro-MeOTAD

最常使用的经典空穴传输材料（hole transport material, HTM）是 2,2′,7,7′-四[*N,N*-二（4-甲氧基苯基）氨基]-9,9′-螺二芴（spiro-MeOTAD，也常写作 spiro-OMeTAD）。在 2006 年第 214 届电化学会议上，Kojima 等首次报道了钙钛矿太阳电池，以钙钛矿材料为敏化剂，在类似于染料敏化太阳电池的器件结构中使用液体电解质，并在 2009 年以 3.8%的效率发表[1]。Park 等用固态空穴传输材料 spiro-MeOTAD 来取代液体电解质应用在钙钛矿太阳电池中[2]，取得了一次重大飞跃，PCE 和稳定性大大提高。从此，科研人员的注意力开始转向钙钛矿太阳电池。在几年内，器件 PCE 突飞猛进，基于 spiro-MeOTAD 的钙钛矿太阳电池认证效率已经超过 20%[3]。

原始 spiro-MeOTAD 薄膜导电性比较低，通常需要添加剂（如双三氟甲烷磺酰亚胺锂（LiTFSI）、4-叔丁基吡啶（TBP）、FK209）来加强 spiro-MeOTAD 薄膜的电学性质[4]。spiro-MeOTAD 的非晶特性和相对较高的玻璃化转变温度使其在光电子和有机半导体领域得到应用。Bach 等首次把 spiro-MeOTAD 引入到染料敏化太阳电池中，与染料吸收剂形成一个有效的异质结层，提供一个高产率的光子感生电流[5]。Burschka 等使用 LiTFSI 掺杂 spiro-MeOTAD，在固态染料敏化太阳电池中取得了当时的最高效率(7.2%)[6]。同样，spiro-MeOTAD 被应用在钙钛矿太阳电池

中，效率突破 22% 并且稳定性大大增强[7, 8]。2012 年，spiro-MeOTAD 结合金属卤
化物钙钛矿敏化剂，获得了优异的短路电流密度和开路电压[5]。除此之外，
spiro-MeOTAD 也被应用到光探测器。据报道，spiro-MeOTAD 可以与 Sb_2S_3 形成
高质量的 p-n 结，从而应用到可见光探测器[9]。同样，spiro-MeOTAD 结合氧化锌
纳米棒(ZnO)具有增强的传感特性。

　　添加 12% 的 LiTFSI 可以使 spiro-MeOTAD 的迁移率提高两个数量级[10]。这种
迁移率的提高是由空穴传输层体系无序的增加而导致的，Li^+ 的存在可以拓宽状态
密度及屏蔽深库仑陷阱。之后，TBP 也被作为添加剂和 LiTFSI 一起加入到 spiro-
MeOTAD 中，使得器件参数明显提高。这是由于 TBP 的加入，溶液的极性增加，
导致了更好的润湿性，提高了 LiTFSI 的溶解度，使空穴传输层薄膜更均匀。最近，
Juarez-Perez 等采用二维傅里叶变换红外(Fourier transform infrared spectrometer,
FTIR)显微镜和静电力显微镜(electrostatic force microscopy, EFM)再次验证 TBP
对钙钛矿太阳电池的作用[11]。结果显示，TBP 对空穴传输层在宏观和微观尺寸上
都有调控的作用。Wang 等也证明了 TBP 有着形貌控制的作用，在溶液中也可以
防止 LiTFSI 的聚集[12]。然而 spiro-MeOTAD、LiTFSI 和 TBP 混合溶液的导电性比
较容易受到掺杂剂浓度的影响而发生变化，而且对环境条件敏感[13]。因此，基于
Co(III)的复合物被作为一种 p 型掺杂剂加入到 spiro-MeOTAD 中，以获得一种稳
定的空穴传输材料。少量的基于 Co(III)的复合物(如 FK102、FK209、FK269 等)
与 TBP、LiTFSI 共掺杂到 spiro-MeOTAD 可以提高染料敏化太阳电池和钙钛矿太
阳电池的性能 [14-16]。究其原因有人提出：① 对于 spiro-MeOTAD 而言，钴掺杂剂
产生了额外的电荷载流子，导致导电性增强；② 钴掺杂剂导致氧化 spiro-MeOTAD
的形成，甚至在黑暗的条件下也可发生。2, 3, 5, 6-四氟-7, 7, 8, 8-四氰二甲基对苯醌
(F4-TCNQ)被广泛用于发光二极管来减小空穴注入势垒[17]。Chen 等在固态染料敏
化太阳电池中采用 F4-TCNQ 作为掺杂剂[18]。F4-TCNQ 添加后形成极化子电荷传
输复合体，增强了空穴传输材料的电导率并减小了电荷复合。Huang 等在钙钛矿
太阳电池中采用 F4-TCNQ 作为唯一的掺杂剂，避免使用吸湿性的 LiTFSI 掺杂剂。
基于 F4-TCNQ 掺杂 spiro-OMeTAD 的钙钛矿太阳电池取得了 10.6% 的 PCE，LiTFSI
掺杂电池的 PCE 为 12.7%。同样地，Luo 等使用 F4-TCNQ 掺杂 spiro-MeOTAD 并
应用在钙钛矿太阳电池中，取得了与使用 LiTFSI 和 TBP 掺杂剂相当的 PCE。

　　为了获得较高的 PCE，需要最小化载流子复合和在整个器件的相邻功能层之间
最大化载流子萃取效率。实现这一目标的关键步骤是优化所有界面的能级排列[19]。
在钙钛矿层和 spiro-MeOTAD 层结合的情况下，钙钛矿的价带顶与 spiro-MeOTAD
的 HOMO 能级之间的偏差应该足够小，电压才能比较高[20]。

　　spiro-MeOTAD 的能级受到很多因素的影响，如掺杂浓度、环境条件等。针孔
的存在也是一个影响因素，它影响 spiro-MeOTAD 空穴传输材料的电学性质，如

导电性和迁移率。Hawash 等的 X 射线光电子能谱（X-ray photoelectron spectroscopy, XPS）结果表明，在新制备的 spiro-MeOTAD 薄膜中，LiTFSI 掺杂剂优先分布在空穴传输层的底部，这会使空穴传输材料的电学性质比较差，从而导致器件效率降低[21]。与空气接触时，spiro-MeOTAD 薄膜中的针孔有利于环境中水分的进入和扩散，这有利于 LiTFSI 掺杂剂在整个 spiro-MeOTAD 薄膜中分布得更均匀，导致 PCE 提高。如果在空气中暴露时间过长，器件效率会降低[22, 23]。通过针孔促进 LiTFSI 在空穴传输材料薄膜中的重新分布被认为是空气暴露后空穴传输材料电性能显著增强的主要原因。

spiro-MeOTAD 兼容多种溶液制备技术，如旋涂法、浸涂法和狭缝挤出涂布法等。Qin 等报道了基于狭缝挤出涂布法制备的 spiro-MeOTAD 的钙钛矿太阳电池，其平均 PCE 为 8.4%，最高 PCE 达到了 11.7%[24]。然而，由于 spiro-MeOTAD 的结晶化，薄膜形貌和润湿性比较差，所以器件效率比较低。Hu 等使用 spiro-MeOTAD 溶液进行浸涂[25]，浸涂是为了制备纤维状的太阳电池，基于纤维状结构的器件效率达到 5.4%。

spiro-MeOTAD 的厚度对其性能也有影响。2012 年，Kim 等和 Lee 等首次将 spiro-MeOTAD 空穴传输材料应用于钙钛矿太阳电池，空穴传输层厚度分别约为 580 nm 和 240 nm 时，取得了 9.7%[8]和 10.9%[26]的 PCE。2013 年，在钙钛矿太阳电池中，优化的 spiro-MeOTAD 薄膜厚度大约为 350 nm，PCE 达到 12%[27]。2014 年，为了确定 spiro-MeOTAD 的最佳厚度，Dualeh 等进行了系统的研究[28]，发现 136 nm 为最佳厚度。同年，Zhou 等应用 250 nm 的 spiro-MeOTAD 薄膜取得了 16.6% 的 PCE[29]。Marinova 等也对 spiro-MeOTAD 的厚度进行了系统的研究[30]。他们发现 200 nm 的 spiro-MeOTAD 空穴传输材料可以增加电荷载体收集，并提高光吸收效率，这归因于其光滑的 HTM/电极界面。他们还指出钙钛矿层厚度为 400 nm 的空穴传输材料才能获得高电压。2015 年，Ahn 等使用大约 200 nm 的 spiro-MeOTAD，钙钛矿太阳电池取得了 18.3% 的高效率[31]。已报道的高效率的钙钛矿太阳电池通常采用 200 nm 的厚度。然而，也有报道的非常高效率的钙钛矿太阳电池采用了非常厚的 spiro-MeOTAD 层（大约 600 nm），获得了 20.1% 的平均 PCE[32]。

2. 共轭聚合物

除了经典的 spiro-OMeTAD 和其他具有类似性能的小分子外，基于聚合物的空穴传输材料也在钙钛矿太阳电池中得到了应用。因此，大多数在有机太阳电池中研究的经典聚合物首先被用来检测它们在钙钛矿太阳电池中的适用性。聚-[双(4-苯基)(2,4,6-三甲基苯基)胺](PTAA)是第一种在钙钛矿太阳电池中测试的聚合物[33]，并且保持着在所有聚合物空穴传输材料中的最高效率[34]。在 2013 年的一项开创性工作中，Seok 等用 PTAA 作为空穴传输材料制备钙钛矿太阳电池，部分渗透的

PTAA 在介孔结构的钙钛矿太阳电池中形成锯齿状结构，得到一个非常有竞争力的 12% 的效率。经过优化，并随着新的混合钙钛矿层的出现，效率已超过 20%。聚(3-己基噻吩)(P3HT) 也被作为空穴传输层(hole transport layer, HTL)应用在钙钛矿太阳电池中，但初始结果并不令人满意。Hodes 等和 Qiu 等采用 MAPbBr$_3$/P3HT的结构，报道的 PCE 低于 1%[35, 36]。当 P3HT 与 MAPbI$_3$ 或 MAPbI$_{3-x}$Cl$_x$ 吸收层结合时，PCE 从 6.7% 提高到 13% 以上，证明了 P3HT 的有效性[37, 38]。采用电聚合的工艺沉积聚噻吩空穴传输层，被应用在反式平面结构的钙钛矿太阳电池中，得到了 11.8% 的 PCE。含芴和茚-芴的聚芳基胺衍生物(PF8-TAA 和 PIF8-TAA)由于比较高的 HOMO 能级而被报道。采用 PIF8-TAA 作为空穴传输层，在基于 MAPbBr$_3$的钙钛矿太阳电池中取得了 6.7% 的 PCE，并测量出 1400 mV 的高开路电压[39]。Yang 等采用三种聚芴衍生物(PFO、TFB 和 PFB)作为空穴传输层制备了钙钛矿太阳电池[40]。其中，TFB 在介孔结构的钙钛矿太阳电池中非常有效，通过一步法制备钙钛矿层，PCE 达到了 12.8%。Xiao 等采用两步循环伏安法电聚合得到了一种特殊的高度支化结构的聚苯胺(PANI)，增加了与钙钛矿的接触面积[41]。利用这种可以渗透 MAPbI$_3$ 和锂盐的纳米孔结构，PCE 为 7.34%。Yan 等使用三种由电聚合沉积的结构简单的聚合物 PPP、PT、PPN 作为空穴传输层，使得钙钛矿太阳电池的 PCE 得到提高[42]。其中通过优化，使器件在 PPP 厚度仅为 11 nm 的情况下取得了 15% 的 PCE。此外，Grätzel 等还开发了一种新型的 2,4-二甲氧基取代三芳基胺低聚物 S197，并在介孔结构的钙钛矿太阳电池中取得了 12% 的 PCE[43]，性能与基于 PTAA 的器件相似。共轭聚合物空穴传输材料的结构式见图 2-1。

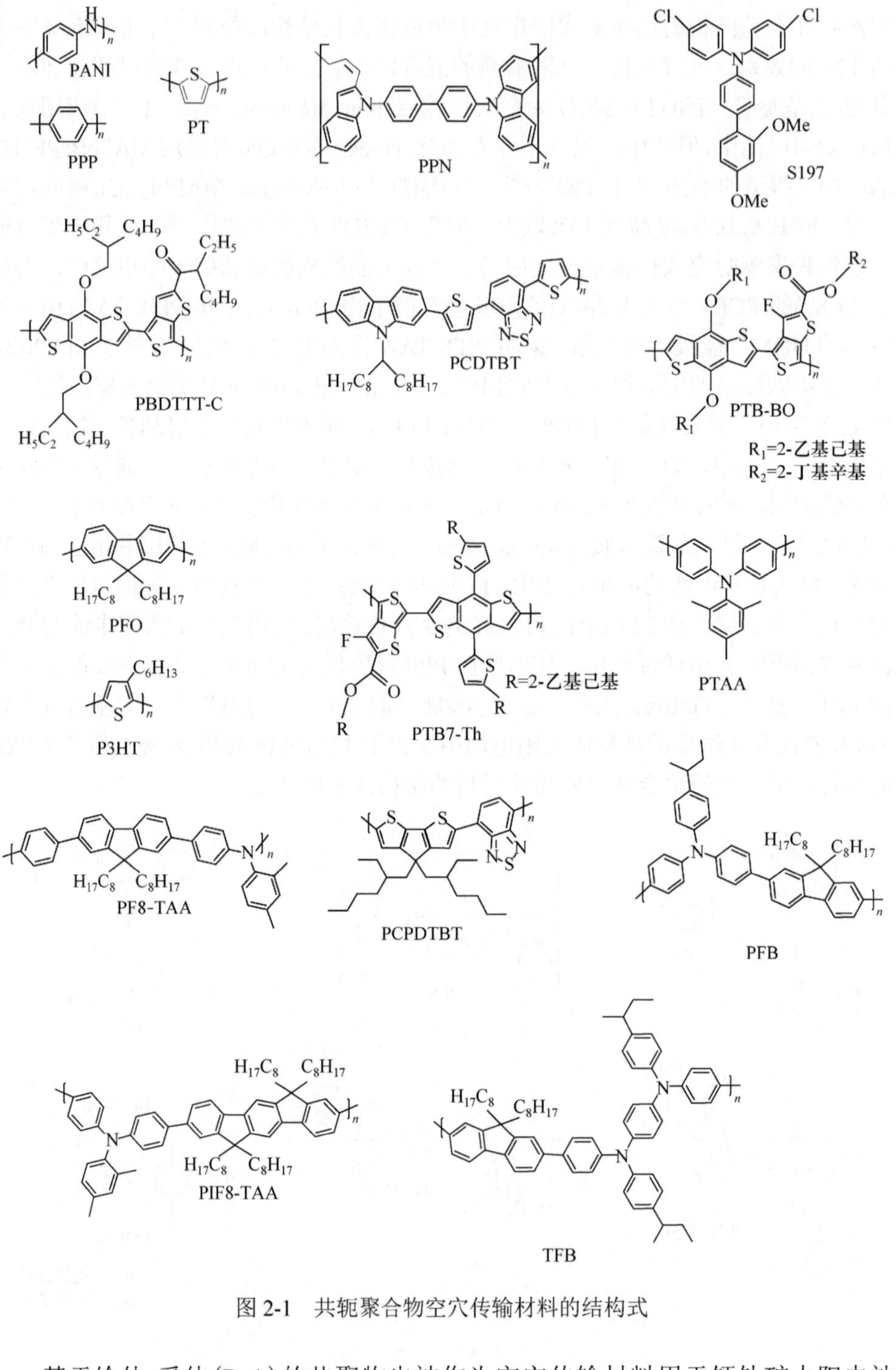

图 2-1 共轭聚合物空穴传输材料的结构式

基于给体-受体(D-A)的共聚物也被作为空穴传输材料用于钙钛矿太阳电池

中。苯并噻二唑被用作受体，咔唑或环戊二噻吩被用作给体来设计 PCDTBT 和 PCPDTBT，在介孔结构的钙钛矿太阳电池中 PCE 分别为 4.2%和 5.3%。经过进一步修饰，Qiu 等和 Park 等采用了两种新的基于吡咯并吡咯二酮的聚合物 PCBTDPP 和 PDPPDBTE，在钙钛矿太阳电池中分别取得了 5.6%和 9.2%的效率，且使用 PCBTDPP[44]或 PDPPDBTE[45]提高了器件的长期稳定性。随后，Lee 等[46]使用 PTB7-Th 作为空穴传输层，额外增加了一层 MoO₃，在平面结构的钙钛矿太阳电池中取得了 11.04%的效率，开路电压大于 1 V。Yang 和 Sun 等[47]在无电子传输层的平面结构中使用无任何掺杂剂的 PBDTTT-C 作为空穴传输层，取得了 9%的效率。在其他 D-A 聚合物中，PTB-BO 和 PTB-DCB21 被报道[48]，相比之下，侧链中引入 3,4-二氯苄基有助于减少电荷载流子复合。基于无任何添加剂的 PTB-DCB21 和 PTB-BO 的钙钛矿太阳电池，PCE 分别为 8.7%和 7.4%。近年来，Qiao 等开发了一种基于吡咯并吡咯二酮的聚合物(PDPP3T)作为空穴传输材料，在介孔结构的器件中取得了 12.3%的效率。在空穴传输材料中避免使用 *t*-BP 和锂盐作为 P 掺杂剂，可以增强器件的稳定性。尽管有许多关于聚合物空穴传输材料的报道，这些材料主要功能是电荷传输而不是光吸收。因此，在钙钛矿的吸收范围之外，开发可以吸收电磁光谱的聚合物空穴传输材料是非常重要的。这将使其高吸收系数和宽吸收的特点被利用，从而对器件的外部量子效率做出额外的贡献。共轭聚合物空穴传输材料的结构式(图 2-1)。

3. PEDOT∶PSS

聚(3,4-乙二氧噻吩)∶聚(苯乙烯磺酸盐)(PEDOT∶PSS)的化学结构如图 2-2 所示，是一种由带正电荷共轭 PEDOT 和带负电荷饱和 PSS 组成的聚合物电解质。PSS 是一种聚合物表面活性剂，有助于在水和其他溶剂中分散和稳定 PEDOT。在实际应用方面，PEDOT∶PSS 是最成功的导电化合物。商业化 PEDOT∶PSS 水分散液是一种深蓝不透明溶液。通过旋涂、刮涂、狭缝挤出、喷射沉积、喷墨打印、丝网印刷等不同的溶液加工技术可以容易在刚性或柔性基底上形成连续的薄膜。PEDOT∶PSS 薄膜光滑，表面粗糙度一般小于 5 nm(依赖于沉积技术)。在可见光范围内，PEDOT∶PSS 薄膜几乎是透明的。例如，100 nm 厚的薄膜在 550 nm 处的透光率(T)可以超过 90%。PEDOT∶PSS 的电导率在 $10^{-2} \sim 10^3$ S/cm 范围内，受合成条件、加工添加剂或后处理的影响。PEDOT∶PSS 薄膜具有 4.9～5.2 eV 的功函数。良好的导电性和较高的功函数常能以快速的动力学诱导自发的电荷转移，从而提供具有催化性能的 PEDOT∶PSS。在物理和化学性质上，PSS 在空气中具有良好的光电稳定性。由于上述特性，PEDOT∶PSS 在能量转换和存储领域得到了广泛的应用。

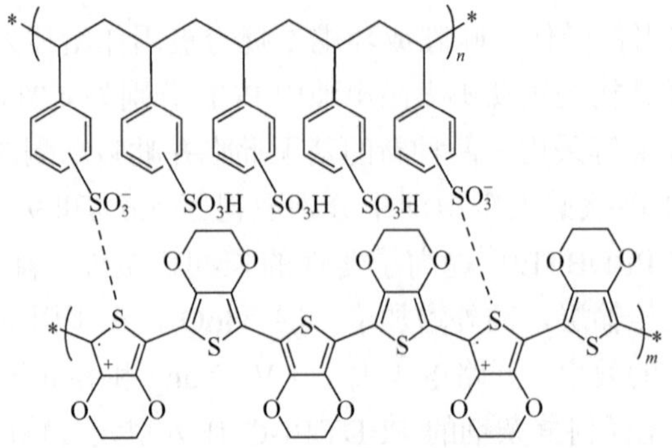

图 2-2　PEDOT：PSS 的化学结构

　　在反式平面钙钛矿太阳电池中，空穴传输层对空穴的提取和转移起着关键作用。为了实现高效、低成本的反式钙钛矿太阳电池，科研工作者投入了大量精力来发展高性能的空穴传输层。直到现在，PEDOT：PSS 仍然是最受欢迎的空穴传输材料，因为它具有良好的加工性、高热稳定性、良好的机械柔韧性、足够的光学透明性及合适的能级。同时，可以通过改变 PEDOT：PSS 溶液的黏度、沉积速率等来改变 PEDOT：PSS 薄膜的厚度。Yip 等采用多巴胺自由基修饰的 PEDOT：PSS 作为空穴传输层，增强了空穴提取能力和钙钛矿薄膜的结晶度，抑制了电荷载流子的复合，器件效率由 16.2% 提升至 18.5%[49]。宋延林等制备了纳米多孔的 PEDOT：PSS 支架作为空穴传输层，弯曲时可以释放机械应力并提高了钙钛矿薄膜的结晶质量。基于纳米多孔的 PEDOT：PSS 支架的反式器件呈现出优越的光伏性能和机械稳定性，其最佳 PCE 达到 19.66%，柔性大面积器件 (1.01 cm^2) 也取得了 12.32% 的效率[50]。

2.1.2　无机空穴传输材料

　　无机材料由于具有高的稳定性、高的空穴迁移率和低的制造成本等优势，被广泛用作钙钛矿太阳电池的空穴传输材料。

　　1. 氧化镍

　　氧化镍 (NiO_x) 是一种 p 型宽带隙的半导体，有很高的功函数 (大约 5.1 eV) 和比较深的价带 (5.4 eV)，是目前钙钛矿领域使用最为广泛的金属氧化物类空穴传输材料。NiO_x 具有较宽可调的带隙，可与钙钛矿材料和 ITO 电极分别形成欧姆接触。与基于 PEDOT：PSS 的器件相比，NiO_x 与相邻层良好的能级匹配也有助于钙钛矿太阳电池获得更高的 V_{OC} 和更好的器件性能。其次，较高的导带能级 (−1.8 eV) 也可有效阻挡电子向阳极扩散，减少激子复合，提高空穴提取效率。除此之外，NiO_x 拥有优异的载流子迁移能力、优异的稳定性和光学透明性。

　　NiO_x 晶格是由 Ni^{2+} 位和 O^{2-} 位组成的八面体立方岩盐结构。纯化学计量的 NiO_x

电导率低至 10^{-12} S/cm，是一种优异的绝缘体。NiO_x 的 p 型导电性源于两个正电荷补偿，这得益于 Ni^{2+} 空位的作用。并且，可以通过调整 Ni^{2+}、O^{2-} 空位浓度，对 NiO_x 的逸出功在 4.5～5.6 eV 之间进行调控。这也是近年来诸多针对 NiO_x 的研究的理论依据。

2008 年，Irwin 等[51]首次证明 NiO_x 可作为有效的空穴传输层替代 PEDOT：PSS 应用于有机光伏材料太阳电池领域。NiO_x 具有非常适合 P3HT：$PC_{61}BM$ 体系的带隙，并且可提供与 P3HT 的欧姆接触，同时又具有足够高的导带以用作电子阻挡层，所以器件性能得到明显提高。V_{OC}、J_{SC}、FF 和 PCE 分别由 PEDOT：PSS 体系的 0.624 V、9.54 mA/cm、40.4%、2.40% 提高到 NiO_x 体系的 0.638 V、11.3 mA/cm^2、69.3%、5.16%，能量转换效率提高了 1.15 倍。2011 年，Steirer 等[52]开发了一种相对简单的溶液工艺，在玻璃/ITO 电极上沉积 NiO_x 薄层。NiO_x 由于具有良好的光学透明性、化学稳定性、空穴迁移能力，以及通过不同的等离子体表面处理后具有 5.0～5.6 eV 的可调功函数，可作为 $CH_3NH_3PbI_3$ 钙钛矿材料的空穴传输层[53]。

2014 年，Jeng 等[54]通过改进 NiO_x 的制备方法，并提高钙钛矿前驱体溶液的旋涂转速，使 $CH_3NH_3PbI_3$ 成膜质量显著改善，表面覆盖率由 85% 提高至 93%。当器件结构为玻璃/ITO/NiO_x/$CH_3NH_3PbI_3$/$PC_{61}BM$/BCP/Al 时得到的 PCE 为 7.8%。这证明了 NiO_x 在钙钛矿领域具有巨大的发展潜能。进而，高效 NiO_x 空穴传输层的制备方法成为研究重点，如热蒸发、溅射和溶液工艺。其中，溶液加工方法对于低成本、大规模卷对卷生产是最理想的选择。Manders 等提出了一种前驱体溶液制备 NiO_x 的方法，NiO_x 空穴传输层是通过在 275 ℃ 温度下对前驱体薄膜进行退火来制备的[63]。通过乙醇胺(MEA)与四水合乙酸镍[$Ni(CH_3COO)_2 \cdot 4H_2O$]在乙醇中形成配合物，然后在 275℃ 下热分解形成高质量的 NiO_x 薄膜[55]。这种方法被广泛应用，然而，高温热退火工艺阻碍了 NiO_x 在柔性光电器件中的应用，因此需要一种较低加工温度的制备方法。

使用高质量的胶体纳米粒子(nanoparticles，NP)可以显著降低 NiO_x 传输层的加工温度。Jin 等[56]展示了一种基于配体保护的简便策略，用于合成不稳定的胶体 NiO_x 纳米晶体。Jiang 等[57]使用 $Ni(NO_3)_2 \cdot 6H_2O$ 和 NaOH 作为原料，通过化学沉淀法获得 NiO_x NP，并对其成分进行了分析。实际上，这种方法制得的 NiO_x 是一种三元混合物。三种组分分别为 NiOOH、Ni_2O_3 和 NiO，它们的摩尔比为 1.13：1.22：1。Yin 等[58]使用同样的合成方法，用 $NiCl_2$ 取代 $Ni(NO_3)_2 \cdot 6H_2O$ 制备 NiO_x NP。当采用玻璃/ITO/NiO_x/$CH_3NH_3PbI_3$/$PC_{61}BM$/BCP/Ag 的器件结构时，PCE 为 16.47%，而采用柔性 PEN/ITO/NiO_x/$CH_3NH_3PbI_3$/$PC_{61}BM$/BCP/Ag 的器件结构时，PCE 为 13.43%(图 2-3)。基于 NiO_x NP 的器件参数都明显优于基于 PEDOT：PSS 空穴传输层的器件，除此之外，由于 PEDOT：PSS 本身的酸性及亲水性，器件的长期稳定性也远不如 NiO_x 体系[59]。

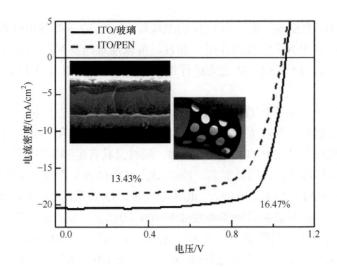

图 2-3 NiO$_x$基钙钛矿太阳电池器件电流密度-电压曲线图[67]

2017 年，Jaramillo 等[60]阐明了水溶液处理的 NiO$_x$（W-NiO$_x$）纳米粒子稳定化的机制，并在刚性基底上制备了钙钛矿太阳电池，器件效率为 16.6%且无迟滞效应。不幸的是，使用低温 W-NiO$_x$制备的钙钛矿太阳电池的稳定性仍然不如基于高温处理的电荷传输层的器件。一个重要的原因是在制备过程中，W-NiO$_x$表面倾向于吸附配体（水分子、残留硝酸盐、氢氧化物和钠离子），降低了器件的稳定性[61]。这些配体难以在低温过程中除去。因此，需要制备不含配体的 NiO$_x$纳米粒子来改善低温处理的钙钛矿太阳电池的长期稳定性。2018 年，韩礼元等[62]通过简单的有机溶剂方法，将 NiO$_x$分散在乙醇溶液中形成稳定的墨水，制备了高质量、无配体的 NiO$_x$ 纳米晶体。将其作为空穴传输材料应用在刚性和柔性平面钙钛矿器件（1.02 cm^2）中，分别表现出 18.49%和 15.89%的 PCE。此外，NiO$_x$纳米晶体表面吸附的羟基和 H$_2$O 分子很少，从而产生了高稳定性的器件。在 85 ℃和 85%相对湿度下进行的湿热实验中，500 h 之后仍能保持 90%的初始性能。

尽管基于溶液法制备的 NiO$_x$ 纳米粒子已经可以使用低温退火工艺用于器件制备，但是由于纳米粒子比较大的表面积与体积比，形成的纳米粒子层不稳定并且易于聚集。之前，基于溶液燃烧法已经被开发并用于低温金属氧化物的沉积。与传统的溶胶-凝胶工艺相比，溶液燃烧法可以在更低的退火温度下制备出薄膜均匀性和结晶度更好的金属氧化物薄膜。其独特的自身能量产生和放热反应提供较低的跃迁能量，以驱动金属氧化物晶格的形成，从而消除了转化过程中所需的高热能[63]。不同于溶胶-凝胶法是吸热的并且需要外部热能，燃烧过程不需要高温退火达到 400 ℃来去除有机配体[64]。因此，它与低温柔性基底和卷对卷印刷工艺兼容。Liu 等[65]采用低温（150～250 ℃）溶液燃烧方法制备 NiO$_x$ 层作为钙钛矿太阳电池中的空穴传输层。结果表明，与溶胶-凝胶法合成的 NiO_x 相比，燃烧法制备的 NiO_x 空穴传输层提供了更强的电荷提取能力、更好的能级排列和更高的光致发光猝灭效率。通过采用改进的两步沉积法已经制备出 PCE 超过 20%的高性能平面异质结钙钛矿太阳电池。使用 PEDOT：PSS 和高温溶胶-凝胶合成的 NiO_x 作为空穴传输层的器件尚未达到这么高的 PCE。

到目前为止，基于溶液合成的 NiO_x 空穴传输层的钙钛矿太阳电池的效率已经大大提高，但仍然低于 n-i-p 结构器件的效率，其主要受 FF 和 J_{SC} 的限制。改善性能的关键问题之一是提高 NiO_x 的导电性。低电导率会导致空穴提取减少和电荷载流子复合增多。化学计量的 NiO_x 是绝缘的，而在未掺杂的 NiO_x 中观察到的 p型导电性通常归因于镍空位（V_{Ni}）。然而，由于镍空位比较大的电离能，未掺杂的 NiO_x 中的空穴密度受到限制，但空穴密度可以通过加入具有更浅受体水平的外在掺杂剂来增加。常见的用于 NiO_x 的掺杂剂有 Li、Cu、Mg、Co、Cs，以及 NO_x 与 Li、Cu 共掺杂等。已经证明的高效钙钛矿太阳电池如下：Cu：NiO_x（最佳 PCE 为 17.30%）[61]，Li、Cu 共掺杂 NiO_x（14.53%）[67]，Mg、Li 共掺杂 NiO_x（18.3%）[68]。此外，Chen 等[69]采用简单的溶液法制备了铯掺杂的氧化镍（Cs：NiO_x）薄膜，并应用在反式平面钙钛矿太阳电池中（图 2-4）。Cs：NiO_x 薄膜呈现出更好的电导率和更高的功函数。与未掺杂 NiO_x 相比，基于 Cs：NiO_x 空穴传输层的器件效率明显提高，最高效率达到 19.35%，而且表现出很好的稳定性。这归因于有效的空穴提取能力和更好的能级匹配。

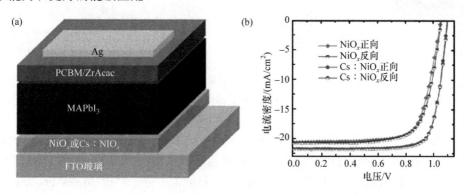

图 2-4　(a)基于 NiO_x 或 Cs：NiO_x 的钙钛矿太阳电池器件结构图及 (b)电流密度-电压曲线图[77]

另一个关键问题与钙钛矿的低结晶度和 NiO_x 与钙钛矿之间的接触不良有关。表面改性是一种简单而有效的方法，可以改善钙钛矿和空穴/电子传输层之间的连接和电荷载流子的转移，因此可以得到更高的 FF 和 J_{SC} 等方面的电池性能。Bai 等[70]选择含有羟基和氨基的二乙醇胺（diethanolamine，DEA）作为 NiO_x 和钙钛矿之间的界面改性剂[图 2-5(a)]，以改善 NiO_x/钙钛矿之间的接触及钙钛矿结晶。由于

Ni 基化合物倾向于与氨基络合，Pb 基化合物可以与羟基发生相互作用，所以 DEA 通过分子吸附形成一个良好的偶极层，与 NiO_x 和钙钛矿表现出强烈的相互作用，不仅增强了界面接触，而且提高了钙钛矿结晶质量和空穴提取效率。相比于标准器件，基于 DEA 修饰的 NiO_x 的器件性能显著提高，PCE 达到 15.9%，V_{OC}、J_{SC}、FF 分别为 0.95 V、20.9 mA/cm^2 和 80%。Jen 等[61]采用一系列苯甲酸自组装单分子层来钝化 NiO_x 纳米粒子的表面缺陷[图 2-5(b)]。结果发现对溴苯甲酸可以起到表面钝化的作用，减少了缺陷引起的复合以及 NiO_x 纳米粒子与钙钛矿之间的能级偏移，增加了钙钛矿的结晶度。与标准器件(PCE 为 15.5%)相比，基于对溴苯甲酸修饰的 NiO_x 纳米粒子的钙钛矿太阳电池取得了 18.4% 的 PCE，在柔性 PET 基底上最高 PCE 达到了 16.2%。除此之外，一种含有膦酸的有机分子受到广泛关注，如烷基膦酸、膦酸和 4-氰基苯基膦酸，可以通过羟基化 NiO_x 表面和膦酸酯基团之间的电荷转移来调节 NiO_x 的功函数。

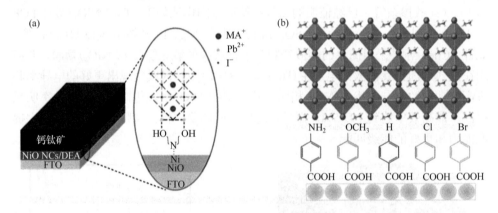

图 2-5　(a) DEA 单层修饰 NiO 纳米晶体薄膜的示意图[78]；(b) 一系列苯甲酸自组装单分子层修饰 NiO 纳米粒子薄膜的示意图[69]

2018 年，Chen 等[71]提出另一种分子掺杂机制，一种 p 型掺杂剂 2, 2-(全氟萘-2, 6-亚基)二甲腈(F6TCNNQ)被成功地用于掺杂钙钛矿太阳电池的 NiO_x 空穴传输层。F6TCNNQ 是一种强电子受体分子，最低未占分子轨道(lowest unoccupied molecubar orbital，LUMO)能级(5.37 eV)与 NiO_x 的价带顶(valence band maximum，VBM，5.21 eV)匹配良好。结合理论计算和实验表征结果，发现 F6TCNNQ 是一种有效的 p 型掺杂剂，可以提高 NiO_x 空穴传输层的 VBM 和费米能级，并通过增加内部空穴浓度来提高 NiO_x 薄膜的导电性。这有利于减小 NiO_x 和钙钛矿之间的能级偏移，显著提高了空穴提取效率，并降低了 NiO_x 钙钛矿界面处的接触电阻。采用 $CH_3NH_3PbI_3$ 光吸收层，与单一的 NiO_x(18.19%)相比，基于 F6TCNNQ 掺杂的 NiO_x 的倒置平面最佳能量转换效率提升至近 20%(图 2-6)。引人注目的是，使用 Cs^+、

HC（NH）$_2^+$和 CH₃NH₃⁺（CsFAMA）混合阳离子钙钛矿吸收层，可以拓宽光子吸收，最佳能量转换效率从 19.6%提高到 20.86%。

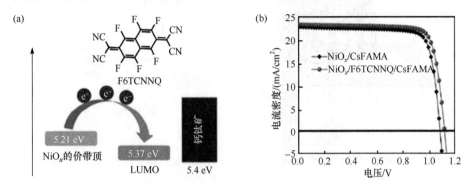

图 2-6 （a）NiO$_x$ 和 F6TCNNQ 分子掺杂剂的能级排列和化学结构；（b）基于 NiO$_x$ 和 NiO$_x$/F6TCNNQ 的器件电流密度-电压曲线图[79]

2. 硫氰酸亚铜

在各种无机的空穴传输材料中，硫氰酸亚铜（CuSCN）是一种极其廉价的 p 型半导体，具有高的空穴迁移率、良好的稳定性、可匹配的功函数和在可见红外区域高透明度等优点[72]。沉积 CuSCN 的方法包括溶液法、刮涂法、电沉积法、旋涂法和喷涂法[73-78]。在这些方法中，溶液法是最简单的。然而，大多数对 CuSCN 溶解度高的溶剂会降解钙钛矿层[79]。由于缺乏能溶解 CuSCN 但不能溶解钙钛矿的溶剂，所以基于 CuSCN 的钙钛矿太阳电池一般多采用反式结构，并取得了一定的成功[74]。Ito 等首次将 CuSCN 引入介孔结构的钙钛矿太阳电池中，通过刮涂法沉积获得的 PCE 最大值为 4.86%[80]。进一步优化空穴传输层厚度为 600～700 nm，PCE 提升至 12.4%，如图 2-7 所示，19.7mA/cm² 的高电流密度得益于钙钛矿中有效的电荷传输及 CuSCN 有效的空穴提取[73]。此外，Bian 和 Liu 等利用 CuSCN 在平面结构钙钛矿太阳电池中实现了 16.6%的 PCE[74]（图 2-8）。他们利用一步快速沉积结晶法对 MAPbI₃ 的形成进行了优化，并通过电沉积将空穴传输层厚度减小到 57 nm。Grätzel 等利用一种快速去除溶剂的方法制备了致密的 CuSCN 层，促进了电荷的提取和收集[81]，基于此空穴传输层的钙钛矿太阳电池的稳定效率超过了 20%。

3. 碘化亚铜

在探索钙钛矿太阳电池新的无机空穴传输材料的过程中发现，碘化亚铜（CuI）作为空穴导体，具有廉价、稳定、可溶液加工的无机空穴导体性能。如图 2-9 所示，CuI 的价带位置与钙钛矿相匹配[82]，同时其具有较高的 p 型电导率以及与钙钛矿层兼容的溶液沉积方法。

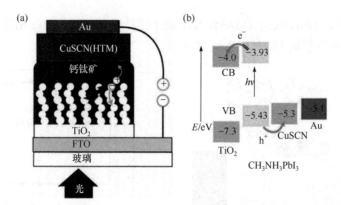

图 2-7 (a)器件结构和(b)显示电子注入和空穴提取的能级图[73]

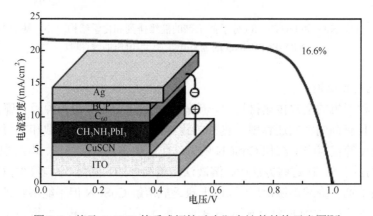

图 2-8 基于 CuSCN 的反式钙钛矿太阳电池的结构示意图[74]

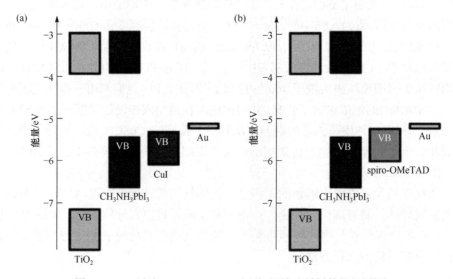

图 2-9 CuI(a)和 spiro-OMeTAD(b)与钙钛矿材料的能级图[82]

　　无机铜基 p 型半导体有 CuSCN 和 CuI。这些铜基空穴导体因具有可溶液加工的优势，在染料敏化和量子点敏化太阳电池领域应用前景广阔，该类半导体除了是高电导率的宽带隙半导体外，许多报道也指出其与 spiro-OMeTAD 相比，存在更多的优异性能。2014 年，Christians 等首次使用 CuI 作为无机空穴传输材料，通过化学沉积法制备钙钛矿太阳电池，使用 Au 电极获得了 6.0% 的 PCE[82]。虽然与最好的 spiro-OMeTAD 器件相比，开路电压仍然很低，但阻抗光谱显示，CuI 表现出比 spiro-OMeTAD 高两个数量级的电导率，从而实现了更高的填充因子。目前高纯度 spiro-OMeTAD 的商业价格是金和铂的十倍以上，对于商业化应用而言成本太高，而采用价格低廉的 CuI 作为空穴层无疑会成为钙钛矿太阳电池的一大竞争优势。随后，2015 年 Sepalage 等报道了使用石墨作为电极和 CuI 作为空穴传输材料的电池的效率高达 7.5%[83]。但是，通过使用化学方法在钙钛矿太阳电池中沉积的 CuI 体现出一些不足之处。通常，通过化学方法在钙钛矿上沉积 CuI 薄膜容易产生一些小晶粒，这将增加空穴-电子复合。在从空穴传输材料到金属触点的空穴输送过程中，CuI 膜中的晶界有效地起到附加的连续电阻的作用。此外，钙钛矿对溶剂和溶解的材料具有敏感性[84]。在 CuI 的化学沉积过程中，Cu^+ 和 I^- 会扩散到钙钛矿层中从而导致器件退化。乙腈也通常用作 CuI 的溶剂，这对钙钛矿层具有非常大的破坏性。已有文献尝试用二丙基硫醚/氯苯混合物代替乙腈，但由于该混合物容易与钙钛矿发生快速反应，在应用 CuI 时，就需要确保二正丙基硫化物不会影响钙钛矿层。2016 年，Gharibzadeh 等提出通过简单而廉价的气固反应方法在钙钛矿层上沉积 CuI 薄膜，即通过在钙钛矿表面上热蒸发 Cu 薄膜，然后在室温下使 Cu 层与碘蒸气反应，形成 CuI 层[85]。该方法制备的 CuI 薄膜具有更好的均匀性、致密性，且极大地缩短了沉积时间。基于此方法制备的钙钛矿太阳电池，获得了约 32 mA/cm^2 的高短路电流密度及 7.4% 的 PCE。该方法给 CuI 的商业化应用提供了极大的可能性。低成本空穴传输材料 CuI 为钙钛矿的商业化应用带来了希望，未来基于 CuI 的研究也将聚集在能否降低有机铅卤化物钙钛矿太阳电池中的电荷重组及提高电压。

4. 铜的氧化物

　　氧化亚铜(Cu_2O)和氧化铜(CuO)是著名的 p 型半导体[86-89]，Cu_2O 和 CuO 的低价带可以与 $CH_3NH_3PbI_3$ 很好地匹配，在钙钛矿太阳电池中用作空穴传输材料时能量损失最小。传统的制取 Cu_2O 膜的方法有电沉积法、热氧化法、溅射法和金属有机化学气相沉积法。这些方法既复杂，成本又高，需要先进的设备，并开发新的方法来降低制造成本。

　　Zuo 和 Ding 报道了一种简便的低温制备 Cu_2O 和 CuO 薄膜的方法[90]，并将其用作钙钛矿太阳电池中的空穴传输材料。通过在氢氧化钠溶液中对 CuI 薄膜进行原位转化制备了 Cu_2O 膜，进而在空气中加热 Cu_2O 薄膜制成 CuO 薄膜。与使用

PEDOT：PSS 的电池相比，使用 Cu_2O 和 CuO 作为空穴传输材料的钙钛矿太阳电池获得了更高的开路电压、短路电流和 PCE。基于 Cu_2O 和 CuO 的钙钛矿太阳电池 PCE 分别为 13.35% 和 12.16%。此外，鉴于 Cu_2O 的钙钛矿太阳电池具有更好的稳定性，采用 ITO/HTM/ $CH_3NH_3PbI_3$/$PC_{61}BM$/Al 的电池结构，研究了基于 Cu_2O 和 PEDOT：PSS 空穴传输层的太阳电池的稳定性。这些太阳电池在空气中进行测试，并储存在氮气手套箱中。基于 Cu_2O 的钙钛矿太阳电池的平均效率从 11.02% 下降到 9.96%，保持了初始效率的 90% 以上，而基于 PEDOT：PSS 的钙钛矿太阳电池在储存 70 天后，PCE 平均水平由 10.11% 下降到 6.79%，只有初始效率的 67% 以上。这是由于 PEDOT：PSS 的吸湿性和酸性特性导致器件稳定性降低。相比于 PEDOT：PSS 和 CuO，简易的低温制备方法以及在钙钛矿太阳电池中的高性能使得 Cu_2O 在实际应用中更有前途。

2.2　电子传输材料

电子传输层为电池器件中的重要组成部分，电子传输材料是指能够传输电子载流子的材料，通常是具有较高的光谱吸收系数、较大的介电常数和较小的激子束缚能的半导体材料，可以避免电荷积累对器件寿命的影响，可有效地起到传输电子并阻挡空穴的作用。

2.2.1　金属氧化物电子传输材料

1. 二氧化钛

作为一种重要的无机纳米半导体材料，TiO_2 有良好的耐热性、耐化学腐蚀性、无毒性、难溶性、高的折光系数和稳定的物理化学性能等特点。同时因其优良的光学性能和气敏、压敏、光敏等敏感性质，并且对紫外(UV)线的吸收能力更强，在光催化剂、敏感元件、太阳电池等方面，TiO_2 纳米材料应用前景都十分广阔。

纳米 TiO_2 作为一个 n 型半导体具有禁带宽度合适、光电化学稳定性良好、制作工艺简单等特点，目前广泛应用于染料敏化、量子点和钙钛矿等太阳电池中[91]。纳米 TiO_2 导带 (conduction band, CB) 为 –4.1 eV，带隙较大（锐钛矿相为 –3.2 eV，金红石相为 –3.0 eV）。其导带略低于 $MAPbI_3$（–3.9 eV），保证了激子的分离及电子从钙钛矿吸收层快速地注入到 TiO_2 电子传输层中，其价带顶处于非常低的位置，这使 TiO_2 具有出色的空穴阻隔性能。以 TiO_2 作为电子传输层获得了目前钙钛矿太阳电池的最高效率，并且 TiO_2 材料具备无毒、成本低、抗腐蚀、稳定性良好、折射率高（2.4～2.5）等诸多优势，使其成为目前最受欢迎也是研究最深的电子传输材料。依据 TiO_2 在钙钛矿太阳电池中的作用来区分，其可分为两类，作为框架的介孔 TiO2 层和传输电子的致密 TiO2 层，它们的晶体尺寸、粒子大小和制备方法等会明显影响电池的光伏性能。目前研究者主要通过开展 TiO2 层的界面修饰、掺杂及不同制备方法等工作，在光学透明性、电荷传输性质和相容性方面不断改进 TiO2 使其获得更好的性能。

　　根据有无骨架层可以将基于 TiO2 的钙钛矿太阳电池分为两种结构。如图 2-10 所示，一种是介孔结构(mesoporous structure)，它通常拥有一层介孔 TiO2 薄膜(少部分研究应用 ZrO2、Al2O3)，即所谓的骨架层或介孔层，如果没有致密层或者致密层厚度过薄，FTO 不能被介孔的 TiO2 完全覆盖，钙钛矿薄膜与其直接接触，进而导致 FTO 表面电子-空穴复合率增加、电流泄漏严重等问题；如果致密层厚度过厚，电子从钙钛矿层传输到导电基底之前就被复合。另一种是平面结构(planar structure)，除去少部分的无空穴传输层结构，绝大多数钙钛矿层是在电子传输层(electron transport layer, ETL)与空穴传输层之间，形成一种类三明治结构，这种结构采用致密 TiO2 层作为电子传输层，制造工艺和结构简单，但相对来讲还是不如介孔结构稳定。迄今，大多数先进的高性能介孔钙钛矿太阳电池的结构采用介孔 TiO2 层[92]。

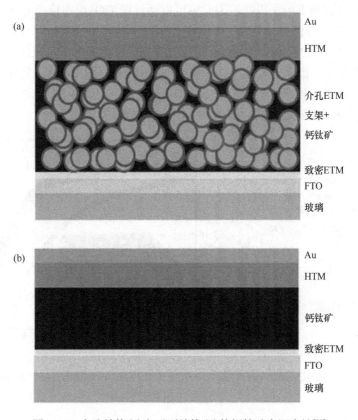

图 2-10　介孔结构(a)和平面结构(b)的钙钛矿太阳电池[92]

致密 TiO_2 薄膜最先用于平面钙钛矿太阳电池，由于钙钛矿薄膜形态不均匀，漏电流现象严重，器件性能非常差。平面结构器件通常还会有电流滞后等问题，即不同的扫描方向下电流-电压曲线是不重叠的[93, 94]。尽管现在迟滞现象的固有机制仍存在争议，但许多研究认为迟滞效应与器件界面的电荷积累相关。Miyasaka 等和 Wu 等指出，FTO/TiO_2 和 $TiO_2/MAPbI_3$ 的界面势垒会导致平面钙钛矿太阳电池的迟滞现象[95, 96]。另外，电子和空穴的提取不平衡也被认为是电流迟滞现象的关键因素之一[97, 98]，电荷积累会使界面处的钙钛矿结构发生强烈扭曲并引起明显的迟滞现象。

为了抑制由 TiO_2 引起的电荷积累，科研人员采用多种策略来降低 TiO_2/钙钛矿界面处电子提取的损失，并降低由 TiO_2 层中的缺陷引起的深陷阱密度。其中，界面钝化和钙钛矿前驱体掺杂是最常使用的策略。Zhou 等采用钇掺杂的 TiO_2 促进载流子传输，获得了 19.3% 的高器件效率，但仍然发现正反扫描有 3% 的滞后现象。锂等其他离子掺杂致密 TiO_2 也能起到明显的迟滞减小的效果。另外有报道称，碳量子点(carbon quantum dots，CQDs)可以增加 $MAPbI_{3-x}Cl_x$ 和 TiO_2 界面之间的电子耦合，并且有助于电子提取，因此也可以通过在 TiO_2 膜中掺杂 CQDs 来大大抑制滞后现象[99]。界面修饰这一方向通常采用富勒烯衍生物材料，C_{60}-SAM[100]、$PC_{61}BM$、PCBB-2CN-2CB、PCBDAN 等材料都已经被证实可以减弱迟滞现象，并且减小缺陷密度，改善光稳定性，提高能量转换效率(图 2-11)。另外也可通过使用独特的夹层类结构(如 TiO_2/Au-NP/ TiO_2)来改善电荷的注入。总之，这些材料在现有的研究中对提高电池性能都达到了比较好的效果。

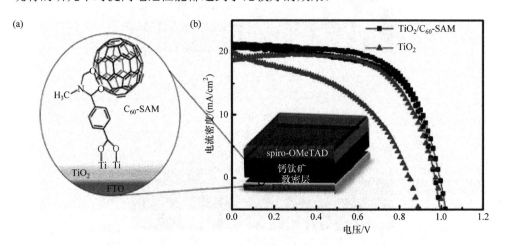

图 2-11　(a)富勒烯自组装单层(C_{60}-SAM)功能化的 TiO_2；(b)钙钛矿太阳电池器件的电流密度-电压特性[100]

目前已经开发出用来沉积致密 TiO_2 层的策略包括气溶胶喷雾热解[101]、旋涂[102]、溶胶-凝胶化学[103]、热氧化[104]、原子层沉积(atomic layer deposition，ALD)[105]、磁控溅射[106]和电子束蒸发[107]。在这些方法中，气溶胶喷雾热解、旋涂和 ALD 是最为常用的。其中气溶胶喷雾热解和旋涂这两种可溶液加工处理的方法操作工艺简单，制造成本也相对较低。通常，使用 TiO_2 前驱体的乙醇溶液如二异丙醇二(乙酰丙酮)二钛(Tiacac)进行喷雾热解。通过 TiO_2 前驱体的分解和氧化，在加热的 FTO 基底上原位生长致密 TiO_2。TiO_2 前驱体也可以通过旋涂沉积在 FTO 基底上，这个过程中可以通过改变前驱体浓度、旋涂的转速和加速度来控制所得致密层的厚度。相比之下，气溶胶喷雾热解法得到的薄膜质量更高，有更好的覆盖率和空穴阻挡性质，而旋涂工艺得到的致密 TiO_2 层可能仍然包含相对高密度的纳米级针孔，影响电子的传输进而降低效率。但是旋涂法和气溶胶喷雾热解法都需 500 ℃高温退火，以使 TiO_2 转变为锐钛矿相，提高传输电子的能力。而且相变过程中的热收缩会在薄膜表面留下孔洞，使得粒子间的连接性变差。如果不做这一处理，就会出现电子迁移率低和高密度陷阱态的问题，进而影响电池的效率和稳定性(在 UV 照射下)。同时，高温的制备方法也限制了钙钛矿太阳电池的商业化应用。因此，低温制备致密锐钛矿 TiO_2 也逐渐成为钙钛矿太阳电池的重要研究方向之一。

而低温制造 TiO_2 致密层的方法主要有：ALD、锐钛矿 TiO_2 粒子分散旋涂法、低温等离子增强原子层沉积法(plasma enhanced atomic layer deposition，PEALD)和低温化学浴沉积法等。Yang 等使用低于 150 ℃的烧结温度来制造掺钇的 TiO_2 薄膜，获得 19.3%的高效率。采用化学浴工艺和 185 ℃后退火工艺制备 Nb 掺杂的 TiO_2 薄膜，相应的效率超过 19%，在空气中储存 1200 h 或在手套箱中于 80 ℃退火 20 h 后，仍然保持初始效率的 90%[108]。然而，TiO_2 的退火过程仍超过 150 ℃，高于聚对苯二甲酸乙二醇酯(PET)和聚萘二甲酸乙二醇酯(PEN)基底的玻璃化转变温度。Grätzel 及其团队采用化学浴沉积法，在 70 ℃下沉积精确计算好的纳米晶 TiO_2(金红石)层，所得器件的效率为 13.7%[109]。Wang 等还报道了在 70 ℃的低温下加工的无定形 WO_x/TiO_x 复合材料电子传输层，相应的器件效率为 13.45%[110]。Jeong 等开发了紫外辅助溶液工艺，在低温(<50 ℃)下制备致密的 Nb 掺杂 TiO_2(UV-Nb：TiO_2)电子传输层，同时应用于刚性和柔性基底的效率分别为 19.57%和 16.01%[111]。

介孔 TiO_2 的应用最早是在 1991 年，Grätzel 教授研究小组把纳米 TiO_2 多孔薄膜应用到染料敏化太阳电池(DSSCs)中，使得染料敏化太阳电池的能量转换效率有了大幅度提高[112]。Miyasaka 等在 2009 年第一个使用介孔 TiO_2 作为电子传输层成功应用在钙钛矿太阳电池中。在介孔结构钙钛矿太阳电池中，拥有介孔结构的金属氧化物层沉积在致密金属氧化物层的上层。由于介孔 TiO_2 拥有大的比表面积来吸附钙钛矿材料，其既可作为钙钛矿层渗透的支架与钙钛矿材料充分接触，保证最大程度的光生电荷分离和电荷注入，又可提供钙钛矿薄膜定向生长的空间，有助于钙钛矿成核和结晶，并增加了钙钛矿和电子传输层之间的界面接触面积，以有效地促进光生电子的提取、传输和收集[113]。特别是在两步法制备钙钛矿时，先在致密层上沉积介孔层，有助于上层 PbI_2 向钙钛矿的完全转化。

通常，利用丝网印刷或旋涂稀释的 TiO_2 浆料来制备介孔 TiO_2 层。然而，要得到高性能的钙钛矿太阳电池，对介孔 TiO_2 支架的膜厚、粒径、孔径、晶相及表面粗糙度的必要调整是至关重要的。在早期研究中，Miyasaka 及其同事使用介孔层的厚度为 8~12 μm，能量转换效率(PCE)仅为 3.8%。Kim 等研究了介孔层厚度增加对器件性能的影响，他们将介孔 TiO_2 的厚度从 600 nm 增加到 1400 nm，TiO_2 多孔材料中暗电流和传输电阻也会随之线性增加，从而减小开路电压和填充因子，但仍旧保持了相应的短路电流密度。发展到现在，介孔层厚度也越来越趋于几百以至几十纳米的薄层介孔，从另一角度来看，钙钛矿材料的高吸收系数和长的电荷载流子扩散长度的特征也允许介孔层厚度的适当减小。从粒径角度来分析，TiO_2 粒子尺寸不但影响前驱体的渗透以及钙钛矿晶体与 TiO_2 之间的紧密接触，而且对钙钛矿和 TiO_2 界面的电荷传输动力学也有影响。Wang 等研究了锐钛矿 TiO_2 纳米粒子(不同粒径范围为 15~30 nm)对基于 ZrO_2 绝缘层和碳电极的介孔钙钛矿太阳电池器件性能的尺寸效应，发现串联电阻(R_s)和复合电阻(R_{rec})均随着 TiO_2 纳米粒子尺寸的增加而减小[113]。Sung 等制得基于直径为 50 nm 的球形 TiO_2 纳米粒子的钙钛矿太阳电池，获得了 17.19%的能量转换效率，与具有较小 TiO_2 纳米粒子的钙钛矿太阳电池相比，电子注入效果较差，但电子寿命延长[114]。若钙钛矿完全填充 TiO_2 孔隙，则可以有效避免 TiO_2 与空穴传输层的直接接触，减少电子复合。介孔 TiO_2 中的大孔径也更有利于钙钛矿粒子的填充，已经有研究表明各种纳米结构材料，包括纳米棒[115-117]、纳米管[118, 119]、纳米纤维[120]、纳米线[121, 122]和纳米粒子[123-125]，由于容易形成介孔结构并且拥有大的表面积，可以防止界面电荷的积累，更好地作为电子传输层材料。

结晶形成的混合相晶态及氧空位通常会导致 TiO_2 内有许多缺陷。浅陷阱的存在对电荷传输至关重要，并且有利于提高电导率，然而 TiO_2 的迁移率在 0.1~4 $cm^2/(V \cdot s)$ 的范围内，远低于钙钛矿的迁移率，深陷阱不仅降低了其准费米能级和电导率，而且还充当电子和空穴的复合位点[126]，导致了光电流和光电压的减小。目前改变 TiO_2 电性能的一种有效方法是掺杂，这可以通过替换 Ti^{4+} 或 O^{2-} 来实现[127]。金属离子掺杂 TiO_2 可增强导电性、降低电流的迟滞效应并延长器件寿命，目前已有各种金属离子掺杂的 TiO_2，包括 $Mg^{[128]}$、$Nb^{[108]}$、$Y^{[29]}$、$Al^{[129]}$、$Li^{[130]}$和 $F^{[131]}$ 等，离子掺杂的 TiO_2 可用于提高介孔结构钙钛矿太阳电池的能量转换效率，Al 的掺杂还进一步消除了氧空位，提高了器件稳定性。此外，金属离子掺杂的 TiO_2 可以通过控制形貌，调节光学带隙[132]，并改变导带/价带位置[128]，控制电子传输层和吸收层之间的能带匹配，进而可以有效地增加电荷传输并减少电荷复合。

研究发现，基于 TiO_2 的钙钛矿太阳电池在 UV 照射下具有不稳定性，这是由于 TiO_2 表面的深陷阱吸附了空气中的氧自由基，但又处于不稳定状态，在 UV 光诱导下便发生解吸，引起性能的下降。目前，研究者也已经进行了许多尝试来应对这个问题，例如，用 Sb_2S_3[133]对 TiO_2 进行表面改性或直接阻止 UV 光到达介孔 TiO_2[134]。为了促进 TiO_2 界面处的电子选择，除了表面钝化介孔 TiO_2 中的氧空位和缺陷外，Carlo 等在 TiO_2 上制备了 Li 掺杂的氧化石墨烯，也保证了吸收层与介孔 TiO_2 形成更好的能级匹配[135]。另外，特殊的 TiO_2 纳米管由于其自密封性能在光浸泡测试中非常稳定，也是一种适于制备稳定的钙钛矿太阳电池的方法[136]。

2. 二氧化锡

SnO_2 作为一种很有前途的电子传输材料，具有高迁移率、宽带隙、深导带和价带等优点，在许多钙钛矿太阳电池中得到了很好的研究。多项独立研究表明，SnO_2 对钙钛矿太阳电池的性能提升优于 TiO_2 对钙钛矿太阳电池的性能提升，尤其是在器件稳定性方面。和 TiO_2 类似，SnO_2 既可以作为致密层，也可以作为介孔层，并应用在钙钛矿太阳电池中。SnO_2 比传统的 TiO_2 表现出更好的光学和电学性能，且与钙钛矿能级更加匹配，并提高了稳定性，这使其在概念上更有可能成为高效钙钛矿太阳电池的候选材料。它在可见光区域的优异的光学透明性使其非常适合在太阳能转换设备和光伏电池领域应用[137]。

SnO_2 作为电子传输层，最先应用在染料敏化太阳电池中。与基于 TiO_2 的染料敏化太阳电池相比，其效率相对较差[138-141]，因此得到的关注较少。它也被尝试在一些其他的薄膜光伏器件中用作电子传输层，如 Sb_2S_3 太阳电池[142]。方国家团队把 SnO_2 应用在钙钛矿太阳电池中，取得了 17.2%的效率[143]。此后，SnO_2 电子传输材料引起了越来越多的关注，也取得了快速的进步[144, 145]。最近，方国家团队利用优化的 SnO_2 量子点(quantum dots，QDs)在平面钙钛矿太阳电池获得了 20.79%的高效率[146]。Anaraki 及同事开发了一种化学浴后处理的 SnO_2，获得了接近 21%的效率[147]。Jiang 等使用 SnO_2 纳米粒子应用在平面钙钛矿太阳电池中，取得了 20.9%的认证效率[148]。广泛的研究表明，基于 SnO_2 的钙钛矿太阳电池的性能优于基于 TiO_2 的钙钛矿太阳电池，尤其是在器件稳定性方面，说明 SnO_2 作为电子传输材料在钙钛矿太阳电池中有着巨大的潜力和前景[149]。

目前在钙钛矿太阳电池中应用的 SnO_2 的相位是四方金红石结构，这是自然界的 SnO_2 最重要的形式。金红石 SnO_2 有正方的空间基团，D_{4h}^{14} 对称，属于四方晶系。晶格参数为 $\alpha = \beta = \gamma = 90°$，$a = b = 0.473$ nm，$c = 0.318$ nm。每个单元包含 6 个原子(2 个锡和 4 个氧)，如图 2-12(a)所示[150]。SnO_2 典型的能带结构如图 2-12(b)所示。文献报道的 SnO_2 的带隙范围从–3.5 eV 到–4.0 eV 以上(对于非晶态 SnO_2，甚至高达–4.4 eV），这取决于其特定的合成条件[151]。SnO_2 的导带约为–4.5 eV，低于所有钙钛矿材料的导带(–3.4～–3.9 eV)，如 $MAPbI_3$、$FAPbI_3$、$SMAPbBr_3$ 和 $CsSnI_3$。然而，SnO_2 较低的导带可能会减小钙钛矿和 SnO_2 电子传输层之间的肖特基势垒的内建电势，从而降低钙钛矿太阳电池的电压。这个问题可以通过表面改性来解决。此外，SnO_2 的导带主要来源于轨道 Sn5s-O2p 相互作用。这导致了一个大的导带分散，产生了高的电子迁移率。SnO_2 价带的顶部主要由 O(p) 态组成，价带较深，约为–9 eV。图 2-12(c) 为基于 SnO_2 电子传输层的钙钛矿太阳电池的结构示意图。SnO_2 与钙钛矿之间能级匹配，保证了高质量的 p-n 异质结。而且，SnO_2 较高的电子迁移率也有助于从钙钛矿提取电子。研究表明，与基于 TiO_2 的器件 (0.89 V) 相比，SnO_2/钙钛矿异质结可以获得更高的内建电势(0.94 V)，这抑制了电荷复合，从而提高了电压和填充因子[152]。高质量的 SnO_2/钙钛矿异质结改进了 R_s、R_{sh} 等参数[153]。R_s 和 R_{sh} 的改善是 SnO_2/钙钛矿界面载流子得到抑制的标志，导致器件开路电压明显提高[154]。

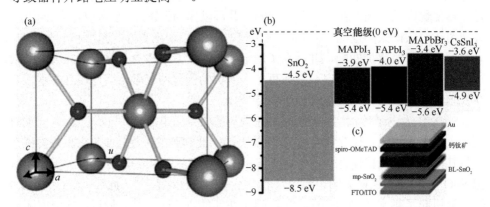

图 2-12　(a) 金红石结构中 SnO_2 正方晶胞的键合几何形状[144]；(b) 异质结 SnO_2/钙钛矿的能级图(相对于真空能级)；(c) 典型的基于 SnO_2 电子传输层的器件结构示意图[150]

SnO_2 的带隙宽，反射率小于 2，在玻璃中具有 90% 的优良透光率。在前期的工作中，我们观察到 SnO_2 薄膜的透光率高于 TiO_2 薄膜，甚至可以提高掺氟的氧化锡(FTO)玻璃的透光率。SnO_2 比 TiO_2 吸收更少的紫外光，使得基于 SnO_2 的器件具有更好的光稳定性。此外，相比于 TiO_2，SnO_2 具有 100 倍以上的电子迁移率 [高达 240 $cm^2/(V \cdot s)$] 和一个更深的导带[155]。在制备电子传输层的过程中，通常需要高温处理去除有机物或添加剂。然而，高温处理过程会消耗更多的生产成本和能源回收时间。基于塑料基底的柔性器件只能低温处理。因此，低温过程制备电子传输层应该通过改进制造工艺或开发新的工艺路线来实现。TiO_2 也可以在低温过程制备，例如，Grätzel 等和 Snaith 等分别在 70 ℃ 和 150 ℃ 制备 TiO_2[109, 156]。

然而低温制备 TiO_2 比较复杂，其结晶也非常困难。幸运的是，SnO_2 的情况完全不同。低温处理已成为沉积 SnO_2 电子传输层的较好选择。其原因是由于退火效应，高温处理 SnO_2 的器件性能下降，导致差的界面接触和电学性质，与邻近的钙钛矿能级不匹配。此外，低温处理 SnO_2 操作简单、成本低，是一种高效的钙钛矿太阳电池电子传输材料。Fang 等首次开发了一种低温溶液制备 SnO_2 电子传输层的方法，并应用在平面钙钛矿太阳电池中[143]。基于低温处理 SnO_2 的钙钛矿太阳电池平均效率达到了 16.02%，电压达到了 1.11 V，甚至优于 TiO_2。低温处理的 SnO_2 电子传输层的优异性能随后被许多其他组的研究所证明[145, 153]。总之，低温处理的 SnO_2 电子传输层以其低成本、易于制备和在钙钛矿太阳电池中的优异性能，受到了越来越多的关注。

钙钛矿太阳电池的稳定性与周围环境密切相关，包括大气环境和钙钛矿的接触层。钙钛矿最常用的接触层，如 TiO_2 或 ZnO，在几十小时存储之后，无论器件存储在什么气氛中，效率显著降低到初始值的 10%～30%。这种不稳定性主要归因于 TiO_2 的光不稳定性和 ZnO 表面残留的—OH，—OH 会造成钙钛矿吸收层分解。而具有相对较宽带隙的 SnO_2 能够吸收更少的紫外光，具有更好的器件稳定性。此外，SnO_2 的低吸湿性也有助于提高钙钛矿太阳电池的稳定性。许多研究表明基于 SnO_2 的钙钛矿太阳电池在实际应用中具有更好的稳定性和更大的潜力。

目前，已经探索出十多种不同的方法制备 SnO_2，主要包括溶胶-凝胶法、ALD 技术、双燃料燃烧、化学浴沉积、电沉积、电子束蒸发、水热法、球磨法等。在这些制备方法中，最常用的是溶胶-凝胶法和 ALD 技术。SnO_2 纳米粒子或量子点通过 SnO_2 溶胶-凝胶来制备。溶胶-凝胶通过水解和聚合金属前驱体得到。在制备薄膜过程中，该工艺是自发的而且具有很大的潜力，特别是在获得高质量的 SnO_2 电子传输层方面。实际上，大多数基于 SnO_2 电子传输层的高效钙钛矿太阳电池都是通过低温溶胶-凝胶工艺制备的。SnO_2 的前驱体溶胶-凝胶制备好后，旋涂在基底上，在一定温度下热处理 SnO_2 电子传输层，如图 2-13(a)所示。ALD 技术是一种常用的沉积方法，被用来生成高质量的无机金属氧化物薄膜[157]。ALD 的这种自限表面反应可以产生连续的、致密的、几乎没有针孔的薄膜，具有良好的表面覆盖度。图 2-13(b)显示了 SnO_2 的一个 ALD 循环的示意图。在 H_2O 或 O_2 等离子体辅助的情况下，自限性反应发生在—OH 终止的表面和锡-前驱体之间(第一个半循环)，其中共反应剂是 H_2O。净化步骤避免了在 ALD 过程中产生寄生化学气相沉积作用，通过重复 ALD 循环，实现了对薄膜厚度的精确控制。尽管如此，旋涂方法和 ALD 技术仅限于实验室研究，不利于大规模地制备。Fang 等在钙钛矿太阳电池中用电子束蒸发 SnO_2 作为电子传输层[158]，以探索可能的商业可行性。图 2-14(c)为采用电子束蒸发技术沉积 SnO_2 的过程。在电子束蒸发过程中，SnO_2 目标源被蒸发为其蒸气对等物，随后在 FTO 顶部冷凝成致密的薄层。通过改变基底支架的位置，可以一次制作数百个 FTO 基底。旋转基底支架，使 SnO_2 薄膜均匀形成，厚度可精确控制，使薄膜沉积质量高、重复性好。这是一种低成本、大规模的制造技术，可以加工 SnO_2 薄膜进行商业化应用[158]。

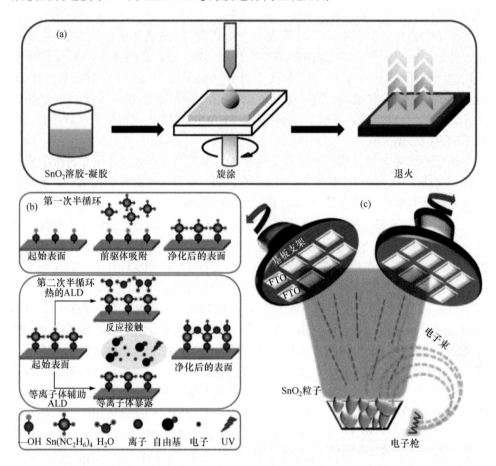

图 2-13　(a)用 SnO_2 前驱体溶胶-凝胶溶液制备 SnO_2 电子传输层的原理图；(b)二元化合物(如 SnO_2)的一个 ALD 循环的示意图；(c)采用电子束蒸发技术沉积 SnO_2 过程示意图[158]

致密层是决定钙钛矿太阳电池性能的关键。一般情况下，为了得到高效的钙钛矿太阳电池，致密层应满足以下几个要求：透明度高、致密、无针孔、带隙合适、电子收集和空穴阻挡能力良好。SnO_2 几乎拥有所有这些优势。此外，它还具有良好的光学和化学稳定性，与钙钛矿能级匹配，在低温下易于制备。致密层的电子收集能力及其能带结构与相邻钙钛矿的相容性及其电学性能(包括迁移率和电导率)密切相关。如图 2-12(b)所示，SnO_2 合适的导带可以提供从钙钛矿层到 SnO_2 有效的电子转移，深的价带可以有效地阻挡空穴。此外，原始 SnO_2 的电子迁移率高达 240 cm²/(V·s)，比 TiO₂ 高 100 倍以上，电导率高达 10³ Ω·cm，具有较高的电子收集效率和传输能力。Fang 等对基于 SnO₂ 和 TiO₂ 致密层的钙钛矿太阳电池的器件性能进行了比较研究，发现基于 SnO₂ 的钙钛矿太阳电池的电子收集效率高于基于 TiO₂ 的钙钛矿太阳电池，特别是 SnO₂ 钙钛矿太阳电池的 V_{OC} 和 J_{SC} 明显高于 TiO₂ 钙钛矿太阳电池。此外，一些高效的基于 SnO₂ 的钙钛矿太阳电池的电压高达 1.14 V 和 1.19 V，这接近甚至超过了大部分器件，而且接近了热力学最大电压(约 1.32 V)[159]。这表明基于 SnO₂ 的钙钛矿太阳电池具有极好的电荷选择性和较少的载流子复合[145]。

　　SnO₂ 的电子收集效率可以用稳态光致发光(photoluminescence，PL)和时间分辨光致发光(time resolved photoluminescence，TRPL)来测试，荧光衰退来源于电荷载流子传输通过界面。如图 2-14(a)所示，在相同的实验条件下，与钙钛矿/玻璃相比，引入 SnO₂ 和 TiO₂ 电子传输层后，钙钛矿的 PL 量子产率大大降低。SnO₂/钙钛矿的 PL 峰最低，其猝灭效率最高，因此电子提取效率最高。图 2-14(b)显示了钙钛矿薄膜在 SnO₂ 薄膜、TiO₂ 薄膜和玻璃上的 TRPL 谱图，激发波长为 507 nm[160]。

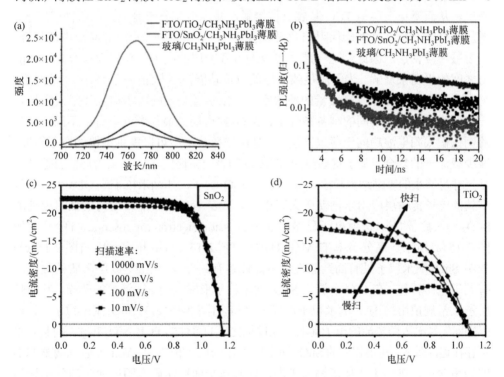

图 2-14　(a) 沉积在 SnO₂ 薄膜、TiO₂ 薄膜和玻璃上钙钛矿的稳态光致发光谱图；(b) 在 SnO₂ 薄膜、TiO₂ 薄膜和玻璃上的钙钛矿的时间分辨光致发光谱图(激发波长：507 nm)[160]；扫描速率对基于 SnO₂ 的器件(c)和基于 TiO₂ 的器件(d)J-V 性能的影响[145]

SnO_2/钙钛矿的衰退时间为 (5.1 ± 0.4) ns，小于 TiO_2/钙钛矿的衰退时间 (5.5 ± 0.4) ns，这说明在钙钛矿层内的电荷载流子可以通过 SnO_2 致密层更有效、更快地提取和转移。基于 SnO_2 的钙钛矿太阳电池中有效的载流子分离是由于 SnO_2 致密层具有较高的电子迁移率和较低的导带。SnO_2 的高电子收集效率有助于减小甚至消除 J-V 迟滞。J-V 迟滞特性可能主要来自缓慢的瞬态电容电流、电荷载流子的动态俘获和脱阱过程，以及离子迁移或铁电极化引起的能带弯曲。如果电子传输层有足够的能力提取电荷，则可以通过改善电子传输层/钙钛矿界面的电荷收集来有效抑制甚至消除 J-V 迟滞效应[161]。图 2-15(c)和(d)显示了扫描速率对基于 SnO_2 和 TiO_2 的器件 J-V 性能的影响。对于 SnO_2 的器件，钙钛矿和 SnO_2 能级匹配。因此，电荷收集是高效的，J-V 性能呈现出高 FF 和高 J_{SC}，与扫描速率无关。然而，TiO_2 的器件被证明存在严重的迟滞效应，因为钙钛矿和 TiO_2 之间的导带没有良好匹配，这也强调了在平面钙钛矿太阳电池中能级匹配的重要性。

致密层除了对电子的选择性提取外，另一个重要的功能是阻挡钙钛矿层中的空穴。为了获得有效的阻挡效果，致密层应均匀且完全覆盖透明导电氧化物(TCO)基底，从而避免上层与 TCO 基底直接接触，减少电荷分流途径。在这种情况下，增加致密层的厚度可能确保阻挡效果。然而，为了提高电子提取并减少电荷复合，需要减薄致密层。因此，这一趋势可以通过致密层的电子传输特性和空穴阻挡能力之间的平衡来理解。为了满足致密层的双重功能，一方面要优化致密层的厚度，另一方面要寻求和开发高质量的薄致密层，以实现高效的电子提取和空穴阻挡。一些研究表明，在不同的制备条件下，SnO_2 致密层的最佳厚度会有所不同。高效的钙钛矿太阳电池趋向于薄致密层。这是由于薄致密层可以提供更快的电子提取，减少载流子的复合。基于这些结果和 TCO 的表面粗糙度，SnO_2 致密层的首选结构是尺寸足够小的零维纳米粒子。非常小的 SnO_2 粒子，如纳米粒子或 QDs 可以作为有效的电子传输层应用于钙钛矿太阳电池。You 等使用了非常均匀的低温处理的 SnO_2 纳米粒子[162]，透射电子显微镜(transmission electron microscope，TEM)图如图 2-15(a)所示。高分辨率 TEM(HRTEM) [图 2-15(b)]和电子衍射图[图 2-15(c)]表明 SnO_2 纳米粒子具有高结晶性和多晶性，有助于减少 SnO_2 缺陷陷阱的数量，有利于电荷转移。在 ITO 上旋涂 SnO_2 纳米粒子形成致密、无针孔的薄膜，其薄膜质量比常规使用的 TiO_2 纳米粒子薄膜要高得多[图 2-15(d)]。SnO_2 纳米粒子可以增强平面钙钛矿太阳电池的电子提取，经过优化后的器件的 PCE 超过 20%，而且几乎不存在迟滞效应。使用相同的 SnO_2 纳米粒子作为电子传输层，You 等通过调整 PbI_2 的残留含量，进一步优化了钙钛矿层，使其在平面钙钛矿太阳电池中的效率达到 21.64%(器件面积为 0.0737 cm²)，在大面积器件(1 cm²)上也取得超过 20%的效率[图 2-15(e)和(f)]。

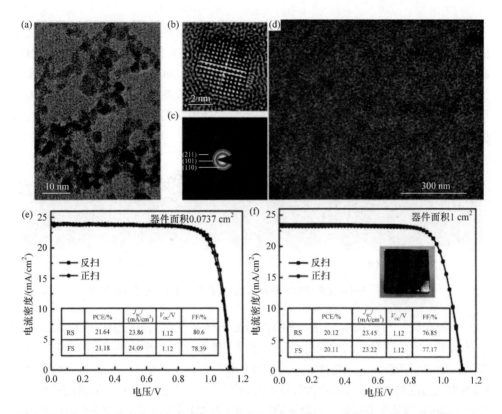

图 2-15　SnO₂ 纳米粒子的(a) TEM 和(b) HRTEM 图；(c) SnO₂ 纳米粒子的电子衍射图；(d)
沉积在玻璃/ITO 基底上的 SnO₂ 纳米粒子的 SEM 图[162]；(e) 小面积(0.0737 cm²)和(f) 大面积
(1 cm²)的最佳器件的 *J-V* 曲线，在一个太阳光条件下[AM 1.5G, 100 (mW/cm²)]的正反扫；(e)
和(f)所示的表是相应的器件性能参数[148]

图 2-16 进一步证明了小尺寸纳米粒子是 SnO₂ 致密层较好的选择，大、小尺寸的 SnO₂ 纳米粒子都可以完全覆盖 TCO。然而，大尺寸的 SnO₂ 纳米粒子不可避免地比小尺寸的纳米粒子产生更厚的层来完全覆盖 TCO。否则，针孔会存在，导致漏电流通路。此外，较大的 SnO₂ 纳米粒子与 TCO 基底界面接触不良，增加了串联电阻，降低了 J_{SC} 和 FF。因此，应该根据特定的制备工艺来优化 SnO₂ 电子传输层的厚度。在制备 SnO₂ 的过程中，建议最好不要诱导中间相的聚集和快速生长，导致大尺寸纳米粒子的形成。因此，为了制备高效器件，应制备分散良好的单晶粒子，并控制晶体粒子的形貌和相。Fang 课题组使用一种简单的低温过程合成了 SnO₂ QDs，硫脲作为反应稳定剂[146]，抑制了 SnO₂ QDs 的聚集。分散良好的 SnO₂ QDs 的尺寸非常小(3～5 nm)，使得 SnO₂ 与 FTO 基底之间形成了紧密的界面接触，有利于激子分离和电荷转移。此外，量子点增加了电子传输层/活性层的界面接触，

使更多的电子传递到相应的电极上，优化了载流子的传递和收集能力。采用优化的 SnO_2 QDs 电子传输材料制备了三阳离子的钙钛矿太阳电池，效率为 20.79%，稳定功率输出为 20.32%[146]。此外，使用低温处理的 SnO_2 QDs 电子传输材料在柔性钙钛矿器件和大面积器件上分别取得了接近 17% 和高达 19.05% 的效率。结果证明了 SnO_2 QDs 在制备稳定、高效、可重复、大规模和柔性平面钙钛矿太阳电池方面的应用前景。

图 2-16　SnO_2 致密层的示意图：(a)大颗粒层和(b)小颗粒层[150]

　　一般来说，在较高温度下处理的材料由于结晶度较高，会表现出较高的载流子迁移率，从而获得较高的器件性能。然而，基于高温处理的 SnO_2 则存在明显的降解，如界面接触差、电性能差、与相邻钙钛矿能级不匹配等。Fang 等系统考察了 SnO_2 退火温度对钙钛矿太阳电池性能的影响[163, 164]。图 2-17 显示了低温处理和高温处理的 SnO_2 薄膜在不同放大倍数下的扫描电子显微镜图。如图 2-17(a)和(b)所示，低温处理的 SnO_2 纳米粒子可以形成致密的薄膜，完全均匀地覆盖 FTO 基底。然而，高温处理的 SnO_2 纳米粒子结块严重[图 2-17(c)和(d)]，而且随着薄膜厚度的增大而增大[图 2-17(e)和(f)]。因此，高温处理的 SnO_2 不能有效地阻挡空穴，导致严

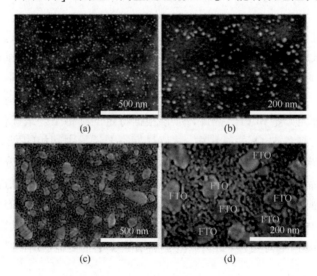

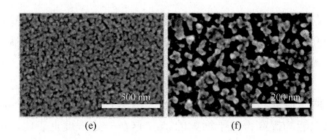

图 2-17　40 nm 的低温处理的 SnO$_2$ 薄膜（a，b）、40 nm 的高温处理的 SnO$_2$ 薄膜（c，d）、100 nm 的高温处理的 SnO$_2$ 薄膜（e，f）在不同放大倍数下的表面扫描电子显微镜图[163]

重的界面复合和分流路径。使用高温处理 SnO$_2$ 的钙钛矿太阳电池比使用低温处理 SnO$_2$ 的钙钛矿太阳电池表现出更低的 FF、V_{OC} 和 PCE。

在实验室条件下，低温处理的 SnO$_2$ 作为电子传输材料已经成功应用在平面钙钛矿太阳电池上。然而，钙钛矿由于结晶速度快且控制不佳，难以在工业上推广应用。介孔的电子传输层可以通过改变表面润湿性来克服这一问题，从而使钙钛矿薄膜在大面积上获得均匀的覆盖[155]。此外，它有助于从钙钛矿层中提取电子，以抑制甚至消除 *J-V* 迟滞效应。与基于介孔 TiO$_2$ 和平面 SnO$_2$ 的钙钛矿太阳电池相比，基于介孔 SnO$_2$ 的钙钛矿太阳电池具有更高的稳定性，因此，开发一种介孔 SnO$_2$ 电子传输材料应用于稳定高效钙钛矿太阳电池的工业生产是很有意义的。然而，高温处理后 SnO$_2$ 会发生降解，导致基于介孔 SnO$_2$ 的钙钛矿太阳电池一开始就表现出较差的性能，PCE 相对较低。因此，为了获得高效的介孔 SnO$_2$ 钙钛矿太阳电池，一种方法是在低温下合成 SnO$_2$ 致密层和 SnO$_2$ 介孔层，另一种方法是开发高质量的高温处理的 SnO$_2$ 电子传输层，特别是致密层，因为高温处理不可避免地会导致 SnO$_2$ 致密层的降解。Fang 等采用一步水热方法在较低温度（95 ℃）下获得分层 SnO$_2$ 电子传输层，其中包含一层薄的致密的 SnO$_2$ 在介孔的 SnO$_2$ 纳米片支架下面[165]。图 2-18（a）显示的是 SnO$_2$ 电子传输层的原位生长过程，分别为 0（裸露的 FTO）h、2 h、3 h、4 h、5 h、6 h 水热反应后 SnO$_2$ 的分级结构。可见，SnO$_2$ 致密层界面与原位生长 SnO$_2$ 支架之间无缺陷，大大减少了电荷载流子的复合。集成的 SnO$_2$ 致密层/支架具有多重作用，增强光子收集能力，防止水分渗透，提高长期稳定性。得到的钙钛矿太阳电池达到最高效率 16.17%，同时也具有较高的稳定性。图 2-18（b）～（d）所示的结果表明，采用分层 SnO$_2$ 电子传输层可以显著提高钙钛矿太阳电池的耐湿性，且优于采用致密 SnO$_2$ 电子传输层的耐湿性。图 2-18（e）显示了分层 SnO$_2$ 器件的长期稳定性测试结果，未封装的器件在 20% 相对湿度和 25 ℃ 下存放 3000 h 之后，仍然保持初始效率的 90% 以上。Fang 等使用了带隙相对较宽的 SnO$_2$ QDs 作为致密层，它对阳光几乎透明，对退火效果不敏感。并在 500 ℃ 下对 SnO$_2$ QDs 进行 Mg 掺杂来获得一个高质量的 SnO$_2$ 薄膜应用于平面钙钛矿太阳电池，获得了接近 17%的高效率。如图 2-19(a)所示，在平面 SnO₂ 的顶部制备一个薄的介孔 SnO₂ 支架是有利于电子传输的，由此制备的钙钛矿太阳电池无滞后且稳定，效率高达 19.21%[图 2-19(b)]。在 Mg-SnO₂ 之上加入介孔 SnO₂ 就像一个阴极缓冲层。介孔 SnO₂ 在 Mg-SnO₂ 薄膜和 CH₃NH₃PbI₃ 薄膜之间起到良好的桥接作用，形成级联能级序列[图 2-19(c)]。图 2-19(b)显示了基于介孔 SnO₂ 的钙钛矿太阳电池性能的提高得益于增大的 J_{SC}，这在一定程度上表明，引入介孔 SnO₂ 可以增强传输动力学性能。因此，与单一的 Mg-SnO₂ 致密层相比，SnO₂ 致密层/介孔层可以促进电荷转移，提高电荷收集效率[166]。

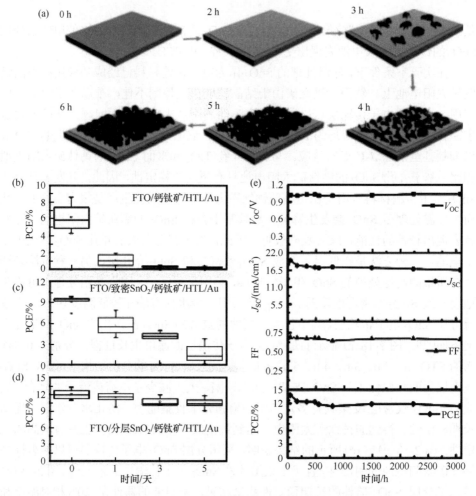

图 2-18　(a) SnO₂ 电子传输层生长过程方案；基于无电子传输层(b)、平面 SnO₂ 电子传输层(c)、分层 SnO₂ 电子传输层(d)的钙钛矿太阳电池在反向电压扫描下测出的 PCE；(e)基于分层 SnO₂ 电子传输层的钙钛矿太阳电池的稳定性测试[165]

　　稳定性问题是钙钛矿太阳电池在实际应用中最为关键的问题。图 2-19(d)显示基于介孔 SnO_2 和平面 $Mg\text{-}SnO_2$ 的钙钛矿太阳电池效率分别从 18.59%下降到 17.02%，从 15.95%下降到 13.25%。在保存 30 天后，分别保留初始效率的 91.6% 和 83.1%。结果表明，加入薄的介孔 SnO_2 层可提高器件的长期稳定性。并对基于介孔 SnO_2 和介孔 TiO_2 的钙钛矿太阳电池的稳定性进行了比较研究，Fang 等以介孔 SnO_2 钙钛矿太阳电池为参照，制备了介孔 TiO_2 钙钛矿太阳电池。图 2-19(e)显示的是基于介孔 TiO_2 的钙钛矿太阳电池效率从 16.15%大幅度地降低到 3.03%，在光照射 6 h 后，由于在光照下的不稳定性，仅保留了初始效率的 18.8%。相比之下，基于介孔 SnO_2 的钙钛矿太阳电池在相同的条件下，效率从 18.09%降低到 17.11%，保留了初始效率的 95%以上，表明了良好的稳定性。介孔 SnO_2 具有优异的光稳定性[155]，可抑制钙钛矿的降解或相分离，并可预防水分、氧气、金等有害物质渗入钙钛矿层。

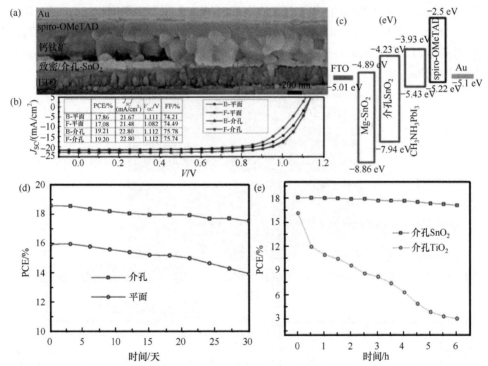

图 2-19　(a)基于 100 nm SnO_2 的介孔结构钙钛矿太阳电池的横断面 SEM 图；(b)在一个太阳光 (AM1.5G, 100 mW/cm²)和正反扫条件下，平面结构和介孔结构的钙钛矿太阳电池的 *J-V* 曲线；(c) Mg 与 SnO_2、介孔 SnO_2 等层结合在一起的能级图(相对于真空能级)；(d)基于平面 $Mg\text{-}SnO_2$ 和介孔 SnO_2 的钙钛矿太阳电池的稳定性测试，每 3 天测试一次；(e)基于介孔 SnO_2 和介孔 TiO_2 的钙钛矿太阳电池的稳定性测试，每 30min 测试一次[166]

　　阴极缓冲层的修饰常用来增加电子注入和抑制电子复合。元素掺杂、与其他电子传输层的结合和表面改性是阴极缓冲层改性的常用方法。SnO_2 的改性可以在几个方面显著提高钙钛矿太阳电池的性能：① 修饰能级，允许电子注入，同时在界面阻挡空穴；② 钝化表面态以抑制载流子复合；③ 改善活性吸收层的形貌和界面接触；④ 提高器件的长期稳定性。

对无机的电子传输层进行金属离子掺杂是改善电子传输层性质和电子传输层/钙钛矿界面的有效方法。掺杂后的金属氧化物可以形成表面覆盖良好的薄膜，并产生能级的移动，使之与相邻的层之间能级更加匹配。它还可以增加薄膜的导电性，从而提高器件的性能。目前，Al^{3+}、Y^{3+}、Li^+、Nb^{5+}、Mg^{2+}、Ga^{3+}被用来掺杂 SnO_2 电子传输层。所有器件的效率在元素掺杂后都得到了改善。

Fang 等发现高温处理的 SnO_2 会造成器件退化[164]。如图 2-20（a）所示，高温处理的 SnO_2 薄膜变得不连续，而且出现很多裂纹。适当的 Mg 掺杂（2.5%、5%和7.5%）有助于得到均匀、平滑和致密的 SnO_2 薄膜[图 2-20（b）～（d）]。然而，过量的 Mg 掺杂（10%和20%）会降低薄膜的质量，导致表面不规则[图 2-20（e）和（f）]。此外，Mg 掺杂可以增大电阻[图 2-21（a）]，显著降低载体密度，有效调节载体迁移率[图 2-21（b）]。因此，在 SnO_2 中，优化后的 Mg 含量为 7.5%，器件效率最高达到 14.55%。

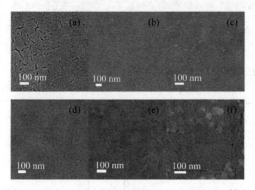

图 2-20　0%（a）、2.5%（b）、5%（c）、7.5%（d）、10%（e）、20%（f）Mg 掺杂 SnO_2 薄膜的表面 SEM 图像[172]

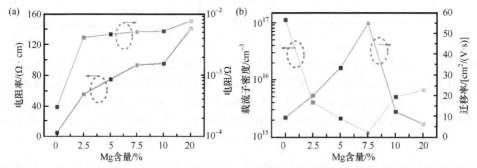

图 2-21　0%、2.5%、5%、7.5%、10%和20% Mg 掺杂 SnO_2 薄膜的电阻率和电阻（a）及载流子密度和迁移率（b）[164]

Fang 等发现 Y 掺杂的 SnO_2 可以促进钙钛矿与电子传输层之间形成良好的能级排列，促进钙钛矿与电子传输层之间的电子转移，减少电荷复合[167]。其他一些研究也发现，掺杂可以改善 SnO_2 的性能，从而提高钙钛矿太阳电池的性能。例如，与未掺杂的 SnO_2 相比，Al 和 Li 掺杂可以增加钙钛矿太阳电池的电荷传输，减少电荷复合。Nb 掺杂剂可以有效地钝化 SnO_2 中的电子陷阱态，从而提高电子的迁移率。基于 Nb 掺杂 SnO_2 的器件最高效率达到了 17.57%，高于基于原始 SnO_2 的器件。

自组装单层膜 (self assembled monolayer，SAM) 是调谐界面光电性质的有效策略，通过键合钙钛矿层与接触层来优化界面。SAM 可以增加表面能量，增强 SnO_2 电子传输层的亲和性，有利于光滑、结晶度高的钙钛矿的生长。图 2-22 为 SnO_2 表面 SAM 形成偶极子的末端官能团，通过氢键钝化钙钛矿表面的缺陷态，抑制电子回流，有效减少界面的复合。Zuo 等证明了钙钛矿薄膜的离子共价性质，使其易与不同的化学基团形成各种化学相互作用[168]。通过对界面化学相互作用的微妙控制，基于 SAM 对 SnO_2 改性的钙钛矿太阳电池的效率达到了 18.8%，比参考器件提高了 10%。另外，SAM 对 SnO_2 的表面改性有助于改善 SnO_2/钙钛矿的异质结性质。Xiao 等研究了钙钛矿在无电子传输层、SnO_2 电子传输层、SnO_2+SAM 条件下性能参数的差异[169]。这些异质结给出了分别为 1.76、1.54 和 1.38 的二极管理想系数，表明异质结质量不同，载流子传输也有很大的差异。在器件中，电子传输层/钙钛矿界面之间的电场比率增加如下：FTO < SnO_2-ETL < SnO_2 +SAM。这也解释了 FF 和 V_{OC} 的提高。SAM 的表面修饰钝化了 SnO_2/钙钛矿界面处的缺陷，从而提高了异质结质量。

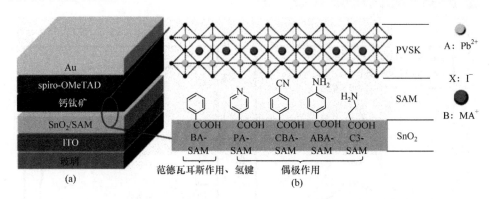

图 2-22 钙钛矿太阳电池结构示意图 (a) 和 SnO_2 和钙钛矿薄膜之间的 SAM (b)[168]

其他有机物 C_{60}、[6,6]-苯基-C_{61}-丁酸甲酯 ($PC_{61}BM$) 和石墨烯 QDs (GQDs) 也能促进电子转移，减少电荷载流子复合。SnO_2 的导带低于钙钛矿材料的导带，但相对较低的 SnO_2 导带可能会降低 SnO_2/钙钛矿异质结中肖特基势垒的内建电势，导致钙钛矿太阳电池电压的减小。这个问题可以通过 SnO_2 的表面修饰来解决。图 2-23 (a) 为 C_{60} 修饰的 SnO_2 作为电子传输层的钙钛矿太阳电池示意图。SnO_2 的导带比 $CH_3NH_3PbI_3$ 低 0.6 eV,当电荷在这个界面上传递时,可能导致不利的电荷积累和潜在的能量损失[170]。如图 2-23 (b) 所示,在钙钛矿和 SnO_2 之间插入 C_{60} 作为薄缓冲层,钙钛矿和 C_{60} 之间良好的能级排列,可以促进电子在相应界面之间的转移,以减少电荷载流子复合。图 2-23 (c) 为稳态 PL 谱图,可以看到,薄层 C_{60} 修饰 SnO_2 后,PL 猝灭加强,表明 C_{60} 促进电荷从钙钛矿吸收层转移到 SnO_2 电子传输层,这得益于有效的电子提取,C_{60} 修饰的 SnO_2 可以提供可观的电子传输。如图 2-23 (d) 所示,由此制备的钙钛矿太阳电池取得了高达 18.8% 的效率。

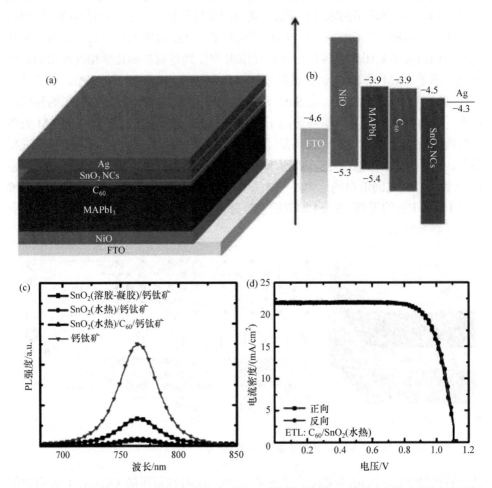

图 2-23　(a) 结构为 $FTO/NiO/MAPbI_3/C_{60}/SnO_2/Ag$ 的钙钛矿太阳电池示意图;　(b) 所研究的钙钛矿太阳电池对应的能级图;(c) 基于不同 SnO_2 的钙钛矿薄膜的稳态 PL 谱图;(d) 在正向扫描 (0～1.2 V) 和反向扫描 (1.2～0 V) 下,使用 C_{60}/SnO_2 测量得到的钙钛矿太阳电池 J-V 曲线[170]

刘生忠课题组与弗吉尼亚理工大学 Shashank Priya 团队、中国科学院大连化学物理研究所 Dong Yang 团队等合作,开发出一种 EDTA 络合 SnO$_2$ 的新型电子传输层(即 EDTA-SnO$_2$)。所开发的 EDTA-SnO$_2$ 的平面型钙钛矿太阳电池的效率高达 21.60%(认证效率 21.52%),有效地抑制了迟滞现象并提升了电池稳定性。研究人员首先合成和表征了 EDTA-SnO$_2$ 电子传输层。结果发现 EDTA-SnO$_2$ 具有电子迁移率高、透光性好和能级匹配等优势,这些均有利于高效电池的组装。研究人员通过研究平面型钙钛矿太阳电池的电荷传输情况,直观地看出 EDTA-SnO$_2$ 表现出电荷复合速率低、载流子寿命长和陷阱复合小的特点。同时,研究人员也调查了电池的稳定性。采用未封装的 SnO$_2$ 和 EDTA-SnO$_2$ 的电池进行曝光测试。在 120 h 后,SnO$_2$ 电池效率只保留了初始值的 38%,而 EDTA-SnO$_2$ 电池仍保持初始值的 86%,表明 EDTA-SnO$_2$ 明显增强了电池的稳定性。

3. 氧化锌

氧化锌(ZnO)是一种重要的半导体,直接的宽带隙为 3.37 eV,激子结合能为 60 meV。其高红外反射率和良好的可见光谱透明度等特殊的性质引起了极大的关注。ZnO 的电子迁移率大大高于 TiO$_2$,这使它成为电子选择接触的理想选择。此外,ZnO 纳米粒子层可以很容易通过旋涂沉积,不需要高温加热或烧结步骤,这也有利于沉积在热敏感的基底上。

在理想条件下,化学计量的 ZnO 是一种绝缘体。然而,由于晶格本身存在缺陷,ZnO 材料通常表现为导电性。当存在化学计量偏差时,大多数情况下会产生阴离子空位、空隙或氧缺陷,使相应的能级发生扭曲,形成额外的电子能级和供体能级。供体能级通常靠近传导带边缘。因此,大多数 ZnO 材料呈现出 n 型特征[171]。

ZnO 纳米粒子旋涂在 ITO 基底上,不需要高温烧结过程。这一过程可得到相对致密的 ZnO 层,其厚度可通过重复旋涂的过程来改变。在 ZnO 电子传输层上多采用二步法制备钙钛矿功能层,先旋涂一层 PbI$_2$,然后把旋涂有 ZnO/PbI$_2$ 的基底浸入 CH$_3$NH$_3$I 的异丙醇溶液。后来发现,器件效率随 CH$_3$NH$_3$I 浓度、溶液温度和浸渍时间的变化而变化。旋涂 spiro-OMeTAD 空穴传输材料和蒸镀银顶电极构成了器件结构。钙钛矿是一种直接的低带隙、载流子移动性好的半导体。在光照下,CH$_3$NH$_3$PbI$_3$ 产生激子(电子-空穴对)。由于钙钛矿材料的激子束缚能比较小,激子会分离为电子和空穴。电子从导带跃迁到价带,电子和空穴分别沿 ZnO 电子传输层和 spiro-OMeTAD 空穴传输层向负极和正极传递,电子和空穴分别被 ITO 负极和 Ag 正极收集产生光电流和光电压。

ZnO 已经成功地被证明可以作为电子传输层应用在介孔和平面钙钛矿太阳电池,大部分工作基于 ZnO 纳米粒子或纳米棒。最近,基于 ZnO 电子传输层的钙钛矿太阳电池已经被系统地研究,尽管效率只有 17% 左右,低于基于 TiO$_2$ 电子传输层的钙钛矿太阳电池的效率。ZnO 仍然是一种高效而且有希望替代 TiO$_2$ 的电子传输材料[172]。首先，ZnO 薄膜在整个可见光谱有很高的透光率，最重要的是，其成本廉价。如图 2-24(a) 和 (b) 所示，ZnO 有着与 TiO$_2$ 相似的能带位置和物理性质，但是却有着更高的电子迁移率，这可以潜在地提高电子运输效率并且减小复合损失[173, 174]。其次，ZnO 很容易结晶和掺杂。同时，ZnO 晶体的层状结构，如图 2-24(c) 所示，导致了在不同方向上存在着不同的生长速率。因此，不同的 ZnO 纳米结构，如纳米线、纳米棒、纳米带、纳米环、纳米花、纳米管等可以被很容易地制备。高温退火不是大多数 ZnO 制备所必需的方法，这意味着它可以用较低的成本和热预算，因此可能用于柔性器件。这些性质使得 ZnO 成为一种有前途的电子传输材料应用于钙钛矿太阳电池。尽管 ZnO 的大多数物理性质与 TiO$_2$ 相似，但每一种材料也有一些不同的性质。基于 ZnO 的研究丰富了钙钛矿太阳电池，这将会反过来帮助改善钙钛矿太阳电池的性能。

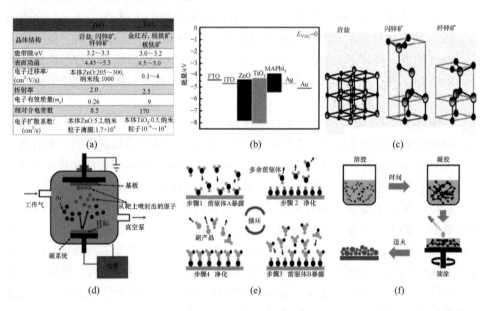

图 2-24 (a) ZnO 和 TiO$_2$ 电学性质的比较；(b) 钙钛矿太阳电池中 ZnO、TiO$_2$ 等常用材料的能级[173, 174]；(c) ZnO 的三种不同的晶体结构[171]；常用的 ZnO 合成方法示意图：(d) 无线射频溅射法；(e) 原子层沉积法；(f) 溶胶-凝胶法[175]

钙钛矿材料有着较长的载流子扩散长度和双极性性质。换句话说，钙钛矿材料可以同时有效地传输电子和空穴。这说明平面结构的钙钛矿太阳电池是可行的。一个简单的无介孔层的电池结构为钙钛矿太阳电池在串联电池和柔性器件的潜在应用提供了机会。由于 ZnO 的高迁移率，到目前为止，基于致密 ZnO 薄膜的钙钛矿太阳电池被广泛地研究。为了获得高性能的钙钛矿太阳电池,具有较低密度的缺陷和针孔、均匀而薄的 ZnO 薄膜是必不可少的。致密的 ZnO 薄膜通常采用无线电频率溅射方法来制备。无线电频率溅射方法是一种真空镀膜技术,其工作过程如图 2-24(d)所示。工作气体通常为氩气,被净化后进入真空室。在高频率和高电压电场的环境中,会形成高能量的离子流。电离的气体分子轰炸目标,材料从目标上脱落并沉积在基底上,形成由目标材料形成的薄膜。影响产品性能的重要的参数包括成分和纯度目标、工作气体压力、不同工作气体比、射频功率等。通过优化这些参数,可以得到良好电学性质、高透过率和高质量的 ZnO 薄膜。得益于高能量涂层工艺和真空镀膜技术,薄膜和基底之间的附着力是稳定的,得到的产品薄膜的质量也是高度可重复性的。因此,无线电频率溅射是一种制备 ZnO 电子传输材料的有效方法。

除了无线电频率溅射方法,ALD 技术是另一种制备致密 ZnO 薄膜的方法。它来源于化学气相沉积技术,被广泛应用于生产高质量半导体薄膜的半导体工业。如图 2-24(e)所示,一个完整的 ALD 沉积循环分为 4 个步骤:① 前驱体 A 为脉冲注入反应室,通过化学吸收在基体上形成单个分子薄膜;② 未反应的前驱体被惰性气体流扫过;③ 注入另一前驱体 B 进入反应室,然后与前驱体 A 反应吸附在基体上,形成产物薄膜;④ 反应中过量的前驱体和副产物被惰性气体流扫过。由于化学吸附的限制,每次循环只有一个分子薄膜会被形成。因此,整个过程是精确控制的,产品薄膜的覆盖率非常高。而且,与无线电频率溅射方法不同,原子层沉积技术更简单温和,可以预防基底被高能量离子破坏。由于工艺简单,产品薄膜表面覆盖率高且具有良好的电子传输能力,ALD 技术已经被广泛用于生产超薄、致密的高质量 ZnO 电子传输材料。对于原子层沉积制备的 ZnO 薄膜,薄膜厚度是影响太阳电池性能的重要参数。Lee 等系统地研究了 ZnO 薄膜厚度对钙钛矿太阳电池性能的影响[176]。他们用原子层沉积的技术制备了厚度为 5～40 nm 的 ZnO 薄膜并以 ITO/ZnO/MAPbI$_3$/spiro-OMeTAD/MoO$_3$/Ag 为结构制备器件。众所周知,ITO 通常有一个粗糙表面,5 nm ZnO 薄膜不能完全覆盖粗糙 ITO 表面,这造成了一个分流路径并降低了太阳电池的性能。当 ZnO 薄膜的厚度从 10 nm 增加到 30 nm 时,促进了 ZnO 与钙钛矿界面的激子分离,从而提高了太阳电池的性能。一旦 ZnO 薄膜的厚度超过 30 nm,串联电阻将会增大,这将会降低器件的光伏性能。

作为一种常见的纳米材料,ZnO 纳米粒子可以通过简单的溶液法直接形成多孔致密的薄膜。合成 ZnO 纳米粒子传统的方法是基于溶液的合成方法。在溶液合成过程中,所有的前驱体在溶液中反应,这意味着反应过程可以被容易地控制。在各种基于溶液的合成方法中,溶胶-凝胶法是应用最广泛的方法。溶胶-凝胶法是在常压和较低温度下合成材料的一种方法。通过溶胶-凝胶法制备 ZnO,常见的过程如下：首先，可溶性锌盐如 $Zn(NO_3)_2$ 或 $Zn(CH_3COO)_2$、CH_3COOH 作为催化剂，乙醇胺作为稳定剂，一起溶解在 2-甲氧基乙醇中形成胶体溶液。胶体溶液被旋涂或喷到基底上，形成一种由 ZnO 纳米粒子组成的氧化锌薄膜。这个过程如图 2-24(f) 所示。形貌、粒度和掺杂可以通过反应参数和前驱体组分来控制，这些已经被广泛报道。由于其简单、可控的合成过程，ZnO 纳米粒子薄膜已经被广泛用作传统染料敏化太阳电池和有机太阳电池中的电子传输材料。

ZnO 纳米粒子已经被证明是一种有效的电子传输材料并应用在钙钛矿太阳电池中。但是 ZnO 薄膜由纳米粒子组成，电子在到达电极之前必须穿过许多粒子。由于表面复合严重，当光电流增加时，电子传输效率降低。这限制了太阳电池效率的进一步提高。为了减少严重的复合，1D ZnO 纳米结构被用来取代纳米粒子薄膜。不像纳米粒子，1D ZnO 纳米结构通常是单一的晶体，为电子传递提供了直接途径。在各种一维结构中，ZnO 纳米棒是最广泛用于太阳电池的材料。传统的制备氧化锌纳米棒的方法是水热法。水热法是高温条件下在热水或有机溶剂中合成晶体材料的方法。水热法合成 ZnO 纳米棒的基本原理如下：一种锌盐和碱，如 KOH 或六亚甲基四胺溶解在溶剂中，Zn^{2+} 和 OH^- 在溶液中反应形成 $Zn(OH)_2$ 沉淀。随着反应的进行，温度和压力上升，溶液 pH 逐渐增大，Zn^{2+} 浓度逐渐降低，这会导致 $Zn(OH)_2$ 沉淀的分解脱水。最终，$Zn(OH)_2$ 沉淀转化为 ZnO。与其他基于溶液的合成方法一样，ZnO 纳米棒的形貌和掺杂可以通过调节前驱体的组成和浓度、反应温度和时间来实现。2013 年，Bi 等把 ZnO 纳米棒应用到钙钛矿太阳电池中[177]。他们根据传统染料敏化太阳电池积累的经验和知识制备钙钛矿太阳电池。在他们的研究中，$MAPbI_3$ 作为敏化剂，结合固态空穴传输材料 spiro-MeOTAD 和 ZnO 纳米棒，以 Au/spiro-MeOTAD/ $MAPbI_3$/ZnO 纳米棒/ZnO 种子层/FTO 器件结构制备钙钛矿太阳电池。ZnO 纳米棒通过水热法合成。致密的 ZnO 薄膜来源于 ZnO 胶体，被用作水热法的种子层，也作为空穴阻挡层。得到的 ZnO 纳米棒与基底垂直，旋涂钙钛矿前驱体后，$MAPbI_3$ 会渗透到纳米棒之间的空间区域，但不影响 ZnO 纳米棒。他们研究了 ZnO 纳米棒长度和器件性能之间的关系，发现纳米棒的长度对器件性能有着至关重要的作用。在一定程度上，随着 ZnO 纳米棒长度的增加，电池的短路电流密度、填充因子、能量转换效率会增加，但开路电压可能会减小。这主要是因为 ZnO 纳米棒的长度决定了电子传输时间和寿命，直接影响太阳电池的性能。虽然他们获得的最高的 PCE 只有 5.0%，但这项工作为基于 ZnO 电子传输材料的钙钛矿太阳电池开辟了新的方向。Son 等也报道了类似的研究，他们采用同样的器件结构。因为采用最初一步法制得的钙钛矿薄膜的形貌和质量不能被严格地控制，钙钛矿材料并不总是完全填充在纳米棒之间的区域，spiro-OMeTAD 可以从未填充的孔洞渗透并与 ZnO 纳米棒接触，这会形成分流电路，进而破坏太阳电池的器件性能。因此，他们采用两步旋涂法取代一步法。两步旋涂法可以制备出完全填充的钙钛矿薄膜，覆盖所有不同长度的 ZnO 纳米棒，无孔洞并在纳米棒表面形成一层覆盖层。此外，两步旋涂法可以优化 $MAPbI_3$ 的立方体尺寸，减小钙钛矿太阳电池的串联电阻。结合两步旋涂法和优化的纳米棒长度，最高效率达到了 11.13%[178]。

ZnO 纳米墙是一种类似于海绵的纳米结构，具有较大的二维框架和表面积。和纳米棒类似，这种结构可以提供大的接触面积和直接的电子传递路径。因此，ZnO 纳米墙被广泛应用于储能设备和生物传感器中。Tang 等采用低温化学浴法制备了 ZnO 纳米墙，并制备了基于 ZnO 纳米墙的钙钛矿太阳电池。Al 在 ZnO 纳米墙生长之前首先沉积在 ITO 表面作为模板。等摩尔数的 $Zn(CH_3COO)_2 \cdot 2H_2O$ 和六亚甲基四胺溶解在水中形成前驱体溶液，然后 ZnO 纳米墙通过化学浴过程在基底上生长。沉积钙钛矿、spiro-OMeTAD 空穴传输材料和银电极后，得到了 ITO/ZnO 纳米墙/钙钛矿/HTM/Ag 的电池结构，基于致密 ZnO 薄膜的平面钙钛矿太阳电池作为参考器件。致密 ZnO 薄膜通过旋涂由 $Zn(CH_3COO)_2 \cdot 2H_2O$ 和单乙醇胺组成的前驱体溶液来制备。基于 ZnO 纳米墙的钙钛矿器件最佳性能为短路电流密度 18.9 mA/cm^2，开路电压 1.0 V，填充因子 72.1%，能量转换效率 13.6%。而参考器件的器件性能为短路电流密度 18.6 mA/cm^2，开路电压 0.98 V，填充因子 62%，能量转换效率 11.3%。ZnO 纳米墙的引入使钙钛矿太阳电池的填充因子和能量转换效率明显改善。这是因为 ZnO 纳米墙与钙钛矿材料的接触面积比平面 ZnO 薄膜大得多，提高了钙钛矿/ZnO 纳米墙界面的电子收集和传输效率。此外，由于 ZnO 表面的碱性特性，钙钛矿会被 ZnO 分解，导致钙钛矿/ZnO 界面形成 PbI_2，而少量 PbI_2 的存在可以抑制表面复合，提高填充因子[179]。然而，钙钛矿分解产生的 PbI_2 显然无法控制。此外，根据他们的研究，PbI_2 并没有在参考器件的钙钛矿中被发现。这说明 ZnO 纳米墙表面的反应性比致密 ZnO 薄膜更强，说明 ZnO 纳米墙表面的钙钛矿更不稳定，这不利于钙钛矿太阳电池的重现性和性能。

ZnO 纳米线是另一种广泛应用的一维结构，与纳米棒相似。ZnO 纳米线具有高的纵横比和良好的结晶性能，因此具有提供大的表面积和改善电子传输的优点。因此，ZnO 纳米线在染料敏化太阳电池中得到了广泛的应用和研究。但基于 ZnO 纳米线的钙钛矿太阳电池研究尚不成熟。Hu 等报道了一种基于单 ZnO 纳米线的柔性钙钛矿太阳电池。在他们的研究中，ZnO 纳米线是通过气-液-固工艺制备的。在 ZnO 纳米线生长后，将一根纳米线转移到聚苯乙烯基底上，用银浆电极固定。$MAPbI_3$ 和 spiro-OMeTAD 随后沉积在 ZnO 纳米线的一端，形成太阳电池。基于单 ZnO 纳米线的钙钛矿太阳电池的效率为 0.0338%，极低的效率主要是由于有效的光照面积较小[180]。

与其他 ZnO 纳米结构相比，ZnO QDs 具有许多独特的性能。首先，由于体积小，大块材料的准连续能级被分离的电子能级取代，带隙变大。带隙的增加主要是由导带的负偏移和价带的正偏移引起的，这将提高电子注入效率。其次，量子点吸收光子后，可以产生多个激子，有利于提高太阳电池的性能。Ameen 等首次基于 ZnO QDs 制备了一种柔性平面钙钛矿太阳电池[181]。在他们的研究中，采用溶液法制备了 ZnO QDs。

将 $Zn(CH_3COO)_2 \cdot 2H_2O$ 和 $(CH_3)_4NOH \cdot 5H_2O$ 分别溶解在乙醇中，然后将 $(CH_3)_4NOH \cdot 5H_2O$ 滴加到 $Zn(CH_3COO)_2 \cdot 2H_2O$ 溶液中进行。反应 2 h 后，将得到的溶液离心分散多次，最终得到分散在乙醇溶液中的 ZnO QDs。为了制备基于 ZnO QDs 的钙钛矿太阳电池，石墨烯薄膜、ZnO QDs 薄膜和钙钛矿薄膜依次沉积在 ITO-PET 基底上。在制备过程中，先采用氧气和大气等离子体对 ITO-PET 基底和 ZnO QDs 薄膜进行处理，再进行下一步沉积。沉积完 spiro-OMeTAD 空穴传输材料和银电极后，形成了器件结构为 ITO-PET/石墨烯/ZnO-QDs/MAPbI$_3$/spiro-MeOTAD/Ag 的钙钛矿太阳电池。通过石墨烯阻挡层和大气等离子体处理（APjet），取得了最高 9.73%的效率，短路电流密度为 16.8 mA/cm^2，开路电压为 0.935 V，填充因子为 62%。为了探索 ZnO QDs 和 APjet 处理的作用，制备了基于 ITO-PET/石墨烯和 ITO-PET/石墨烯/ZnO QDs 薄膜（无 Apjet）的参考器件。基于 ITO-PET/石墨烯的器件效率仅为 2.89%，短路电流密度为 12.03 mA/cm^2，开路电压为 0.840 V，填充因子为 29%。基于 ITO-PET/石墨烯/ZnO QDs 薄膜（无 APjet）的参考器件达到了 5.28%的能量转换效率，其中短路电流密度为 14.97 mA/cm^2，开路电压为 0.830 V，填充因子为 43%。显然，ZnO QDs 和 APjet 处理的引入明显提高了钙钛矿太阳电池的性能，主要原因是 ZnO QDs 薄膜可以提供更大的接触面积，APjet 处理提高了 ZnO QDs 薄膜的孔隙率和表面积，显著提高了 MAPbI$_3$ 薄膜与 ZnO QDs 界面的光散射和相互作用。此外，采用 APjet 处理的基于 ZnO QDs 的钙钛矿太阳电池具有较高的电子传输和电荷收集能力，导致短路电流密度和开路电压较高。因此，ZnO QDs 和 APjet 处理对于高性能钙钛矿太阳电池至关重要。但由于 ZnO QDs 的表面积较大，表面原子数量较多，表面原子间缺乏配位，不饱和键增加。因此，这些表面原子是高度活跃的、极不稳定的，很容易与其他原子结合。因此，ZnO QDs 不稳定，限制了其广泛的应用。基于各种形貌的 ZnO 电子传输材料的钙钛矿太阳电池已经取得了很大的进步。在不受高温工艺限制的情况下，可以将其应用扩展到柔性器件和卷对卷制备过程中。然而，基于 ZnO 的钙钛矿太阳电池的性能仍无法与基于 TiO$_2$ 的钙钛矿太阳电池相比。

TiO$_2$ 和 ZnO 是研究最为广泛的电子传输层。在反向结构器件中，这些 n 型金属氧化物半导体能有效地改善 ITO 电极，有利于提高电子的收集效率。金属氧化物薄膜的电子特性与半导体在 ITO 表面的微观结构和晶体质量有关。低温溶胶-凝胶法制备的高质量的 TiO$_2$ 和 ZnO 薄膜已成功地应用到聚合物太阳电池中。ZnO 与 TiO$_2$ 具有类似的能带结构，但是 ZnO 比 TiO$_2$ 具有更高的电子迁移率，有利于降低器件的串联电阻。ZnO 的晶体质量和电子特性可以通过改变退火温度来调控。在体相异质结活性层和金属电极之间增加一层热蒸镀沉积 V_2O_5 或 MoO_3 能提高阳极的欧姆接触，可以进一步提高基于 ZnO 反向聚合物太阳电池器件的性能。

4. 其他氧化物

MoO_3 和 WO_3 也是研究比较广泛的阳极缓冲层，这两种 n 型过渡金属氧化物具有很低的电子态。MoO_3 的电子亲和势、功函数和离子势分别为 -6.70 eV、-6.86 eV 和 -9.68 eV，这就使得 MoO_3 不太可能成为空穴传输层。事实上，金属氧化物/有机界面的空穴特性的提高是由于界面的 p 掺杂效应，这种界面 p 掺杂效应在很多聚合物、小分子和富勒烯衍生物中都有报道。通过热蒸镀得到的 MoO_3 阳极界面缓冲层比 PEDOT：PSS 阳极界面缓冲层具有更高的稳定性。最近的报道证明不管是通过溶胶-凝胶法还是纳米粒子溶液加工法制备阳极缓冲层，MoO_3 都是一种很有希望的金属氧化物。

2.2.2　有机电子传输材料

有机导电材料，如富勒烯及其衍生物，也广泛用在钙钛矿太阳电池的电子传输层。Collavini 等通过一种新颖的溶液过程制备了基于 C_{70} 和 C_{60} 电子传输材料的钙钛矿太阳电池。通过这种方法，基于 C_{70} 和 C_{60} 电子传输材料的钙钛矿太阳电池分别取得了 10.4% 和 11.4% 的效率。在此基础上，Pascual 等制备了 $MAPbI_3$-C_{70} 的混合异质结，而且没有额外电子传输材料的钙钛矿太阳电池。基于这种简单有效的结构，能量转换效率达到 13.6%。

除了原始的富勒烯，富勒烯衍生物 $PC_{61}BM$ 在钙钛矿太阳电池中也广泛用作电子传输材料。$PC_{61}BM$ 由于引入有机基团，继承了富勒烯的高电子迁移率，显示了良好的溶解度。通常，PEDOT：PSS 和 $PC_{61}BM$ 同时应用在钙钛矿太阳电池中，分别作为空穴传输材料和电子传输材料。基于这一组合，进行了大量的研究。Docampo 等制备了平面异质结的钙钛矿太阳电池，在玻璃基底上取得了 10% 的能量转换效率，在柔性聚合物基底上取得了超过 6% 的能量转换效率。Wu 等制备了高效的反式钙钛矿太阳电池，通过在钙钛矿前驱体溶液中加入少量的 H_2O 添加剂，获得了 18% 的效率。在这项工作之后，Chiang 等使用水添加剂和 N, N-二甲基甲酰胺(N, N-dimethyl formamide，DMF) 蒸气处理在两步法旋涂过程中，制备了大晶粒高质量的钙钛矿薄膜。基于这种改进的两步法过程，取得了 20.1% 的高效率。可以看到，富勒烯及其衍生物可以作为一种有效的电子传输材料应用于钙钛矿太阳电池。基于富勒烯衍生物的钙钛矿太阳电池，其性能比得上基于 TiO_2 电子传输材料的钙钛矿太阳电池。而且，高质量的富勒烯及其衍生物薄膜可以在低温溶液过程中制备，这也有利于降低成本。

然而，C_{60} 薄膜和 $PC_{61}BM$ 的电子迁移率分别为 $1\ cm^2/(V\cdot s)$ 和 $2.6\times10^{-4}\ cm^2/(V\cdot s)$，其电子迁移率都低于 TiO_2。同时，富勒烯及其衍生物的 HOMO 能级高于 TiO_2 的价带位置，会造成比较弱的空穴阻挡能力。另外，根据 Bao 等的研究，$PC_{61}BM$ 分子的富勒烯部分会与氧和水相互作用，进而导致器件退化。

2.3 小结

有机-无机卤化物钙钛矿材料凭借较高的吸收系数、可调的带隙、较长的激子扩散长度、高缺陷容忍度和可溶液制备的优势，逐渐发展成为新型的光吸收材料。含铅钙钛矿太阳电池的转换效率在短时间内从 2013 年的 3.8%迅速增加到目前的 25.2%。电子传输层不仅传输电子也阻挡空穴，而空穴传输层既传输空穴也阻挡电子，所以它们对电子-空穴的传输和分离起到非常关键的作用。高效的钙钛矿太阳电池通常需要理想的电子和空穴传输层。

参 考 文 献

[1] Kojima A, Teshima K, Shirai Y, Miyasaka T. Organometal halide perovskites as visible-light sensitizers for photovoltaic cells. Journal of the American Chemical Society, 2009, 131（17）: 6050-6051.

[2] Kim H S, Lee C R, Im J H, Lee K B, Moehl T, Marchioro A, Moon S J, Humphry-Baker R, Yum J H, Moser J E, Grätzel M, Park N G. Lead iodide perovskite sensitized all-solid-state submicron thin film mesoscopic solar cell with efficiency exceeding 9%. Scientific Reports, 2012, 2: 591.

[3] Jeon N J, Lee H G, Kim Y C, Seo J, Noh J H, Lee J, Seok S I. o-Methoxy substituents in spiro-OMeTAD for efficient inorganic-organic hybrid perovskite solar cells. Journal of the American Chemical Society, 2014, 136（22）: 7837-7840.

[4] Ameen S, Rub M A, Kosa S A, Alamry K A, Akhtar M S, Shin H S, Seo H K, Asiri A M, Nazeeruddin M K. Perovskite solar cells: Influence of hole transporting materials on power conversion efficiency. ChemSusChem, 2016, 9（1）: 10-27.

[5] Bach U, Lupo D, Comte P, Moser J E, Weissörtel F, Salbeck J, Spreitzer H, Grätzel M. Solid-state dye-sensitized mesoporous TiO_2 solar cells with high photon-to-electron conversion efficiencies. Nature, 1998, 395: 583.

[6] Burschka J, Dualeh A, Kessler F, Baranoff E, Cevey-Ha N L, Yi C, Nazeeruddin M K, Grätzel M. Tris（2-（1H-pyrazol-1-yl）pyridine）cobalt（III）as p-type dopant for organic semiconductors and its application in highly efficient solid-state dye-sensitized solar cells. Journal of the American Chemical Society, 2011, 133（45）: 18042-18045.

[7] Green M A, Ho-Baillie A, Snaith H J. The emergence of perovskite solar cells. Nature Photonics,

2014, 8: 506.

[8] Ye M D, Hong X D, Zhang F Y, Liu X Y. Recent advancements in perovskite solar cells: Flexibility, stability and large scale. Journal of Materials Chemistry A, 2016, 4 (18): 6755-6771.

[9] Bera A, Das Mahapatra A, Mondal S, Basak D. Sb_2S_3/spiro-OMeTAD inorganic-organic hybrid p-n junction diode for high performance self-powered photodetector. ACS Applied Materials & Interfaces, 2016, 8 (50): 34506-34512.

[10] Schölin R, Karlsson M H, Eriksson S K, Siegbahn H, Johansson E M J, Rensmo H. Energy level shifts in spiro-OMeTAD molecular thin films when adding Li-TFSI. The Journal of Physical Chemistry C, 2012, 116 (50): 26300-26305.

[11] Juarez-Perez E J, Leyden M R, Wang S, Ono L K, Hawash Z, Qi Y. Role of the dopants on the morphological and transport properties of spiro-MeOTAD hole transport layer. Chemistry of Materials, 2016, 28 (16): 5702-5709.

[12] Wang S, Sina M, Parikh P, Uekert T, Shahbazian B, Devaraj A, Meng Y S. Role of 4-*tert*-butylpyridine as a hole transport layer morphological controller in perovskite solar cells. Nano Letters, 2016, 16 (9): 5594-5600.

[13] Abate A, Leijtens T, Pathak S, Teuscher J, Avolio R, Errico M E, Kirkpatrik J, Ball J M, Docampo P, McPherson I, Snaith H J. Lithium salts as "redox active" p-type dopants for organic semiconductors and their impact in solid-state dye-sensitized solar cells. Physical Chemistry Chemical Physics, 2013, 15 (7): 2572-2579.

[14] Burschka J, Pellet N, Moon S J, Humphry-Baker R, Gao P, Nazeeruddin M K, Grätzel M. Sequential deposition as a route to high-performance perovskite-sensitized solar cells. Nature, 2013, 499: 316.

[15] Noh J H, Jeon N J, Choi Y C, Nazeeruddin M K, Grätzel M, Seok S I. Nanostructured TiO_2/$CH_3NH_3PbI_3$ heterojunction solar cells employing spiro-OMeTAD/Co-complex as hole-transporting material. Journal of Materials Chemistry A, 2013, 1 (38): 11842-11847.

[16] Bi D, Tress W, Dar M I, Gao P, Luo J, Renevier C, Schenk K, Abate A, Giordano F, Correa Baena J P, Decoppet J D, Zakeeruddin S M, Nazeeruddin M K, Grätzel M, Hagfeldt A. Efficient luminescent solar cells based on tailored mixed-cation perovskites. Science Advances, 2016, 2 (1): e1501170.

[17] Huang J S, Pfeiffer M, Werner A, Blochwitz J, Leo K, Liu S Y. Low-voltage organic electroluminescent devices using pin structures. Applied Physics Letters, 2002, 80 (1): 139-141.

[18] Chen D Y, Tseng W H, Liang S P, Wu C I, Hsu C W, Chi Y, Hung W Y, Chou P T. Application of F4TCNQ doped spiro-MeOTAD in high performance solid state dye sensitized solar cells. Physical Chemistry Chemical Physics, 2012, 14 (33): 11689-11694.

[19] Ou Q D, Li C, Wang Q K, Li Y Q, Tang J X. Recent advances in energetics of metal halide perovskite interfaces. Advanced Materials Interfaces, 2017, 4 (2): 1600694.

[20] Li C, Wei J, Sato M, Koike H, Xie Z Z, Li Y Q, Kanai K, Kera S, Ueno N, Tang J X. Halide-substituted electronic properties of organometal halide perovskite films: Direct and inverse photoemission studies. ACS Applied Materials & Interfaces, 2016, 8 (18): 11526-11531.

[21] Hawash Z, Ono L K, Raga S R, Lee M V, Qi Y. Air-exposure induced dopant redistribution and

energy level shifts in spin-coated spiro-MeOTAD films. Chemistry of Materials, 2015, 27 (2): 562-569.

[22] Ono L K, Raga S R, Remeika M, Winchester A J, Gabe A, Qi Y. Pinhole-free hole transport layers significantly improve the stability of MAPbI₃-based perovskite solar cells under operating conditions. Journal of Materials Chemistry A, 2015, 3 (30): 15451-15456.

[23] Liu J, Wu Y Z, Qin C J, Yang X D, Yasuda T, Islam A, Zhang K, Peng W Q, Chen W, Han L Y. A dopant-free hole-transporting material for efficient and stable perovskite solar cells. Energy & Environmental Science, 2014, 7 (9): 2963-2967.

[24] Qin T S, Huang W C, Kim J E, Vak D, Forsyth C, McNeill C R, Cheng Y B. Amorphous hole-transporting layer in slot-die coated perovskite solar cells. Nano Energy, 2017, 31: 210-217.

[25] Hu H W, Yan K, Peng M, Yu X, Chen S, Chen B X, Dong B, Gao X, Zou D C. Fiber-shaped perovskite solar cells with 5.3% efficiency. Journal of Materials Chemistry A, 2016, 4 (10): 3901-3906.

[26] Lee M M, Teuscher J, Miyasaka T, Murakami T N, Snaith H J. Efficient hybrid solar cells based on meso-superstructured organometal halide perovskites. Science, 2012, 338 (6107): 643-647.

[27] Ball J M, Lee M M, Hey A, Snaith H J. Low-temperature processed meso-superstructured to thin-film perovskite solar cells. Energy & Environmental Science, 2013, 6 (6): 1739-1743.

[28] Dualeh A, Moehl T, Tétreault N, Teuscher J, Gao P, Nazeeruddin M K, Grätzel M. Impedance spectroscopic analysis of lead iodide perovskite-sensitized solid-state solar cells. ACS Nano, 2014, 8 (1): 362-373.

[29] Zhou H P, Chen Q, Li G, Luo S, Song T B, Duan H S, Hong Z R, You J B, Liu Y S, Yang Y. Interface engineering of highly efficient perovskite solar cells. Science, 2014, 345 (6196): 542-546.

[30] Marinova N, Tress W, Humphry-Baker R, Dar M I, Bojinov V, Zakeeruddin S M, Nazeeruddin M K, Grätzel M. Light harvesting and charge recombination in CH₃NH₃PbI₃ perovskite solar cells studied by hole transport layer thickness variation. ACS Nano, 2015, 9 (4): 4200-4209.

[31] Ahn N, Son D Y, Jang I H, Kang S M, Choi M, Park N G. Highly reproducible perovskite solar cells with average efficiency of 18.3% and best efficiency of 19.7% fabricated via lewis base adduct of lead(Ⅱ) iodide. Journal of the American Chemical Society, 2015, 137 (27): 8696-8699.

[32] Jiang Y, Juarez-Perez E J, Ge Q, Wang S, Leyden M R, Ono L K, Raga S R, Hu J, Qi Y. Post-annealing of MAPbI₃ perovskite films with methylamine for efficient perovskite solar cells. Materials Horizons, 2016, 3 (6): 548-555.

[33] Heo J H, Im S H, Noh J H, Mandal T N, Lim C S, Chang J A, Lee Y H, Kim H J, Sarkar A, Nazeeruddin M K, Grätzel M, Seok S I. Efficient inorganic-organic hybrid heterojunction solar cells containing perovskite compound and polymeric hole conductors. Nature Photonics, 2013, 7: 486.

[34] Yang W S, Noh J H, Jeon N J, Kim Y C, Ryu S, Seo J, Seok S I. High-performance photovoltaic perovskite layers fabricated through intramolecular exchange. Science, 2015, 348 (6240): 1234-1237.

[35] Edri E, Kirmayer S, Cahen D, Hodes G. High open-circuit voltage solar cells based on

organic-inorganic lead bromide perovskite. The Journal of Physical Chemistry Letters, 2013, 4 (6): 897-902.

[36] Zhu Q Q, Bao X C, Yu J H, Zhu D Q, Qiu M, Yang R Q, Dong L F. Compact layer free perovskite solar cells with a high-mobility hole-transporting layer. ACS Applied Materials & Interfaces, 2016, 8 (4): 2652-2657.

[37] Guo Y L, Liu C, Inoue K, Harano K, Tanaka H, Nakamura E. Enhancement in the efficiency of an organic-inorganic hybrid solar cell with a doped P3HT hole-transporting layer on a void-free perovskite active layer. Journal of Materials Chemistry A, 2014, 2 (34): 13827-13830.

[38] Heo J H, Im S H. CH₃NH₃PbI₃/poly-3-hexylthiophen perovskite mesoscopic solar cells: Performance enhancement by Li-assisted hole conduction. Physica Status Solidi (RRL) - Rapid Research Letters, 2014, 8 (10): 816-821.

[39] Ryu S, Noh J H, Jeon N J, Chan Kim Y, Yang W S, Seo J, Seok S I. Voltage output of efficient perovskite solar cells with high open-circuit voltage and fill factor. Energy & Environmental Science, 2014, 7 (8): 2614-2618.

[40] Zhu Z L, Bai Y, Lee H K H, Mu C, Zhang T, Zhang L X, Wang J N, Yan H, So S K, Yang S H. Polyfluorene derivatives are high-performance organic hole-transporting materials for inorganic-organic hybrid perovskite solar cells. Advanced Functional Materials, 2014, 24 (46): 7357-7365.

[41] Xiao Y M, Han G Y, Chang Y Z, Zhou H H, Li M Y, Li Y P. An all-solid-state perovskite-sensitized solar cell based on the dual function polyaniline as the sensitizer and p-type hole-transporting material. Journal of Power Sources, 2014, 267: 1-8.

[42] Yan W B, Li Y B, Li Y, Ye S Y, Liu Z W, Wang S W, Bian Z Q, Huang C H. High-performance hybrid perovskite solar cells with open circuit voltage dependence on hole-transporting materials. Nano Energy, 2015, 16: 428-437.

[43] Qin P, Tetreault N, Dar M I, Gao P, McCall K L, Rutter S R, Ogier S D, Forrest N D, Bissett J S, Simms M J, Page A J, Fisher R, Grätzel M, Nazeeruddin M K. A novel oligomer as a hole transporting material for efficient perovskite solar cells. Advanced Energy Materials, 2015, 5 (2): 1400980.

[44] Cai B, Xing Y D, Yang Z, Zhang W H, Qiu J S. High performance hybrid solar cells sensitized by organolead halide perovskites. Energy & Environmental Science, 2013, 6 (5): 1480-1485.

[45] Kwon Y S, Lim J, Yun H J, Kim Y H, Park T. A diketopyrrolopyrrole-containing hole transporting conjugated polymer for use in efficient stable organic-inorganic hybrid solar cells based on a perovskite. Energy & Environmental Science, 2014, 7 (4): 1454-1460.

[46] Kim J, Kim G, Kim T K, Kwon S, Back H, Lee J, Lee S H, Kang H, Lee K. Efficient planar-heterojunction perovskite solar cells achieved via interfacial modification of a sol-gel ZnO electron collection layer. Journal of Materials Chemistry A, 2014, 2 (41): 17291-17296.

[47] Chen W Y, Bao X C, Zhu Q Q, Zhu D Q, Qiu M L, Sun M L, Yang R Q. Simple planar perovskite solar cells with a dopant-free benzodithiophene conjugated polymer as hole transporting material. Journal of Materials Chemistry C, 2015, 3 (39): 10070-10073.

[48] Lee J W, Park S, Ko M J, Son H J, Park N G. Enhancement of the photovoltaic performance of

CH₃NH₃PbI₃ perovskite solar cells through a dichlorobenzene-functionalized hole-transporting material. ChemPhysChem, 2014, 15 (12): 2595-2603.

[49] Xue Q F, Liu M Y, Li Z C, Yan L, Hu Z C, Zhou J W, Li W Q, Jiang X F, Xu B M, Huang F, Li Y, Yip H L, Cao Y. Efficient and stable perovskite solar cells via dual functionalization of dopamine semiquinone radical with improved trap passivation capabilities. Advanced Functional Materials, 2018, 28(18): 1707444.

[50] Hu X T, Huang Z Q, Zhou X, Li P W, Wang Y, Huang Z D, Su M, Ren W J, Li F Y, Li M Z, Chen Y W, Song Y L. Wearable large-scale perovskite solar-power source via nanocellular scaffold. Advanced Materials, 2017, 29 (42): 1703236.

[51] Irwin M D, Buchholz D B, Hains A W, Chang R P H, Marks T J. p-Type semiconducting nickel oxide as an efficiency-enhancing anode interfacial layer in polymer bulk-heterojunction solar cells. Proceedings of the National Academy of Sciences, 2008, 105 (8): 2783-2787.

[52] Steirer K X, Ndione P F, Widjonarko N E, Lloyd M T, Meyer J, Ratcliff E L, Kahn A, Armstrong N R, Curtis C J, Ginley D S, Berry J J, Olson D C. Enhanced efficiency in plastic solar cells via energy matched solution processed NiOₓ interlayers. Advanced Energy Materials, 2011, 1 (5): 813-820.

[53] Garcia A, Welch G C, Ratcliff E L, Ginley D S, Bazan G C, Olson D C. Improvement of interfacial contacts for new small-molecule bulk-heterojunction organic photovoltaics. Advanced Materials, 2012, 24 (39): 5368-5373.

[54] Jeng J Y, Chen K C, Chiang T Y, Lin P Y, Tsai T D, Chang Y C, Guo T F, Chen P, Wen T C, Hsu Y J. Nickel oxide electrode interlayer in CH₃NH₃PbI₃ perovskite/PCBM planar-heterojunction hybrid solar cells. Advanced Materials, 2014, 26 (24): 4107-4113.

[55] Manders J R, Tsang S W, Hartel M J, Lai T H, Chen S, Amb C M, Reynolds J R, So F. Solution-processed nickel oxide hole transport layers in high efficiency polymer photovoltaic cells. Advanced Functional Materials, 2013, 23 (23): 2993-3001.

[56] Zhang J, Wang J T, Fu Y Y, Zhang B H, Xie Z Y. Efficient and stable polymer solar cells with annealing-free solution-processible NiO nanoparticles as anode buffer layers. Journal of Materials Chemistry C, 2014, 2 (39): 8295-8302.

[57] Liang X Y, Yi Q, Bai S, Dai X L, Wang X, Ye Z Z, Gao F, Zhang F L, Sun B Q, Jin Y Z. Synthesis of unstable colloidal inorganic nanocrystals through the introduction of a protecting ligand. Nano Letters, 2014, 14 (6): 3117-3123.

[58] Jiang F, Choy W C H, Li X C, Zhang D, Cheng J Q. Post-treatment-free solution-processed non-stoichiometric NiOₓ nanoparticles for efficient hole-transport layers of organic optoelectronic devices. Advanced Materials, 2015, 27 (18): 2930-2937.

[59] Yin X T, Chen P, Que M D, Xing Y L, Que W X, Niu C M, Shao J Y. Highly efficient flexible perovskite solar cells using solution-derived NiOₓ hole contacts. ACS Nano, 2016, 10 (3): 3630-3636.

[60] Ciro J, Ramírez D, Mejía Escobar M A, Montoya J F, Mesa S, Betancur R, Jaramillo F. Self-functionalization behind a solution-processed NiOₓ film used as hole transporting layer for efficient perovskite solar cells. ACS Applied Materials & Interfaces, 2017, 9 (14): 12348-12354.

[61] Wang Q, Chueh C C, Zhao T, Cheng J Q, Eslamian M, Choy W C H, Jen A K Y. Effects of self-assembled monolayer modification of nickel oxide nanoparticles layer on the performance and application of inverted perovskite solar cells. ChemSusChem, 2017, 10 (19): 3794-3803.

[62] He J J, Bi E B, Tang W T, Wang Y B, Zhou Z M, Yang X D, Chen H, Han L Y. Ligand-free, highly dispersed NiO_x nanocrystal for efficient, stable, low-temperature processable perovskite solar cells. Solar RRL, 2018, 2 (4): 1800004.

[63] Hennek J W, Kim M G, Kanatzidis M G, Facchetti A, Marks T J. Exploratory combustion synthesis: Amorphous indium yttrium oxide for thin-film transistors. Journal of the American Chemical Society, 2012, 134 (23): 9593-9596.

[64] Banger K, Yamashita Y, Mori K, Peterson R, Leedham T, Rickard J, Sirringhaus H. Low-temperature, high-performance solution-processed metal oxide thin-film transistors formed by a 'sol-gel on chip' process. Nature Materials, 2011,10 (1): 45-50.

[65] Liu Z Y, Chang J J, Lin Z H, Zhou L, Yang Z, Chen D Z, Zhang C F, Liu S Z, Hao Y. High-performance planar perovskite solar cells using low temperature, solution-combustion-based nickel oxide hole transporting layer with efficiency exceeding 20%. Advanced Energy Materials, 2018, 8 (19): 1703432.

[66] Jung J W, Chueh C C, Jen A K Y. A low-temperature, solution-processable, Cu-doped nickel oxide hole-transporting layer via the combustion method for high-performance thin-film perovskite solar cells. Advanced Materials, 2015, 27 (47): 7874-7880.

[67] Liu M H, Zhou Z J, Zhang P P, Tian Q W, Zhou W H, Kou D X, Wu S X. p-Type Li, Cu-codoped NiO_x hole-transporting layer for efficient planar perovskite solar cells. Optics Express, 2016, 24 (22): A1349-A1359.

[68] Chen W, Wu Y Z, Yue Y F, Liu J, Zhang W J, Yang X D, Chen H, Bi E B, Ashraful I, Grätzel M, Han L. Efficient and stable large-area perovskite solar cells with inorganic charge extraction layers. Science, 2015, 350 (6263): 944-948.

[69] Chen W, Liu F Z, Feng X Y, Djurišić A B, Chan W K, He Z B. Cesium doped NiO_x as an efficient hole extraction layer for inverted planar perovskite solar cells. Advanced Energy Materials, 2017, 7 (19): 1700722.

[70] Bai Y, Chen H N, Xiao S H, Xue Q F, Zhang T, Zhu Z L, Li Q, Hu C, Yang Y, Hu Z C, Huang F, Wong K S, Yip H L, Yang S. Effects of a molecular monolayer modification of NiO nanocrystal layer surfaces on perovskite crystallization and interface contact toward faster hole extraction and higher photovoltaic performance. Advanced Functional Materials, 2016, 26 (17): 2950-2958.

[71] Chen W, Zhou Y C, Wang L J, Wu Y H, Tu B, Yu B B, Liu F Z, Tam H W, Wang G, Djurišić A B, Huang L, He Z. Molecule-doped nickel oxide: Verified charge transfer and planar inverted mixed cation perovskite solar cell. Advanced Materials, 2018, 30 (20): 1800515.

[72] Jaffe J E, Kaspar T C, Droubay T C, Varga T, Bowden M E, Exarhos G J. Electronic and defect structures of CuSCN. The Journal of Physical Chemistry C, 2010, 114 (19): 9111-9117.

[73] Qin P, Tanaka S, Ito S, Tetreault N, Manabe K, Nishino H, Nazeeruddin M K, Grätzel M. Inorganic hole conductor-based lead halide perovskite solar cells with 12.4% conversion efficiency. Nature Communications, 2014, 5: 3834.

[74] Ye S Y, Sun W H, Li Y L, Yan W P, Peng H T, Bian Z Q, Liu Z W, Huang C H. CuSCN-based inverted planar perovskite solar cell with an average PCE of 15.6%. Nano Letters, 2015, 15 (6): 3723-3728.

[75] Jung M, Kim Y C, Jeon N J, Yang W S, Seo J, Noh J H, Il Seok S. Thermal stability of CuSCN hole conductor-based perovskite solar cells. ChemSusChem, 2016, 9 (18): 2592-2596.

[76] Liu J W, Pathak S K, Sakai N, Sheng R, Bai S, Wang Z, Snaith H J. Identification and mitigation of a critical interfacial instability in perovskite solar cells employing copper thiocyanate hole-transporter. Advanced Materials Interfaces, 2016, 3 (22): 1600571.

[77] Ye S Y, Rao H X, Yan W B, Li Y L, Sun W H, Peng H T, Liu Z W, Bian Z Q, Li Y F, Huang C H. A strategy to simplify the preparation process of perovskite solar cells by co-deposition of a hole-conductor and a perovskite layer. Advanced Materials, 2016, 28 (43): 9648-9654.

[78] Madhavan V E, Zimmermann I, Roldán-Carmona C, Grancini G, Buffiere M, Belaidi A, Nazeeruddin M K. Copper thiocyanate inorganic hole-transporting material for high-efficiency perovskite solar cells. ACS Energy Letters, 2016, 1 (6): 1112-1117.

[79] Yaacobi-Gross N, Treat N D, Pattanasattayavong P, Faber H, Perumal A K, Stingelin N, Bradley D D C, Stavrinou P N, Heeney M, Anthopoulos T D. High-efficiency organic photovoltaic cells based on the solution-processable hole transporting interlayer copper thiocyanate (CuSCN) as a replacement for PEDOT ∶ PSS. Advanced Energy Materials, 2015, 5 (3): 1401529.

[80] Ito S, Tanaka S, Vahlman H, Nishino H, Manabe K, Lund P. Carbon-double-bond-free printed solar cells from TiO$_2$/CH$_3$NH$_3$PbI$_3$/CuSCN/Au: Structural control and photoaging effects. ChemPhysChem, 2014, 15 (6): 1194-1200.

[81] Arora N, Dar M I, Hinderhofer A, Pellet N, Schreiber F, Zakeeruddin S M, Grätzel M. Perovskite solar cells with CuSCN hole extraction layers yield stabilized efficiencies greater than 20%. Science, 2017, 358 (6364): 768-771.

[82] Christians J A, Fung R C M, Kamat P V. An inorganic hole conductor for organo-lead halide perovskite solar cells. Improved hole conductivity with copper iodide. Journal of the American Chemical Society, 2014, 136 (2): 758-764.

[83] Sepalage G A, Meyer S, Pascoe A, Scully A D, Huang F, Bach U, Cheng Y B, Spiccia L. Copper(I) iodide as hole-conductor in planar perovskite solar cells: Probing the origin of *J-V* hysteresis. Advanced Functional Materials, 2015, 25 (35): 5650-5661.

[84] Huangfu M Z, Shen Y, Zhu G B, Xu K, Cao M, Gu F, Wang L J. Copper iodide as inorganic hole conductor for perovskite solar cells with different thickness of mesoporous layer and hole transport layer. Applied Surface Science, 2015, 357: 2234-2240.

[85] Gharibzadeh S, Nejand B A, Moshaii A, Mohammadian N, Alizadeh A H, Mohammadpour R, Ahmadi V, Alizadeh A. Two-step physical deposition of a compact CuI hole-transport layer and the formation of an interfacial species in perovskite solar cells. ChemSusChem, 2016, 9 (15): 1929-1937.

[86] Meyer B K, Polity A, Reppin D, Becker M, Hering P, Klar P J, Sander T, Reindl C, Benz J, Eickhoff M, Heiliger C, Heinemann M, Bläsing J, Krost A, Shokovets S, Müller C, Ronning C. Binary copper oxide semiconductors: From materials towards devices. Physica Status Solidi B,

2012, 249（8）: 1487-1509.

[87] Chen L C. Review of preparation and optoelectronic characteristics of Cu_2O-based solar cells with nanostructure. Materials Science in Semiconductor Processing, 2013, 16（5）: 1172-1185.

[88] Shao S Y, Liu F M, Xie Z Y, Wang L X. High-efficiency hybrid polymer solar cells with inorganic p- and n-type semiconductor nanocrystals to collect photogenerated charges. The Journal of Physical Chemistry C, 2010, 114（19）: 9161-9166.

[89] Bao Q L, Li C M, Liao L, Yang H B, Wang W, Ke C, Song Q L, Bao H F, Yu T, Loh K P, Guo J. Electrical transport and photovoltaic effects of core-shell CuO/C_{60} nanowire heterostructure. Nanotechnology, 2009, 20（6）: 065203.

[90] Zuo C T, Ding L M. Solution-processed Cu_2O and CuO as hole transport materials for efficient perovskite solar cells. Small, 2015, 11（41）: 5528-5532.

[91] Ponseca C S, Savenije T J, Abdellah M, Zheng K, Yartsev A, Pascher T, Harlang T, Chabera P, Pullerits T, Stepanov A, Wolf J P, Sundström V. Organometal halide perovskite solar cell materials rationalized: Ultrafast charge generation, high and microsecond-long balanced mobilities, and slow recombination. Journal of the American Chemical Society, 2014, 136（14）: 5189-5192.

[92] Haque M A, Sheikh A D, Guan X, Wu T. Metal oxides as efficient charge transporters in perovskite solar cells. Advanced Energy Materials, 2017, 7（20）: 1602803.

[93] Snaith H J, Abate A, Ball J M, Eperon G E, Leijtens T, Noel N K, Stranks S D, Wang J T W, Wojciechowski K, Zhang W. Anomalous hysteresis in perovskite solar cells. The Journal of Physical Chemistry Letters, 2014, 5（9）: 1511-1515.

[94] Zhang Y, Liu M Z, Eperon G E, Leijtens T C, McMeekin D, Saliba M, Zhang W, de Bastiani M, Petrozza A, Herz L M, Johnston M B, Lin H, Snaith H J. Charge selective contacts, mobile ions and anomalous hysteresis in organic-inorganic perovskite solar cells. Materials Horizons, 2015, 2（3）: 315-322.

[95] Jena A K, Chen H W, Kogo A, Sanehira Y, Ikegami M, Miyasaka T. The interface between FTO and the TiO_2 compact layer can be one of the origins to hysteresis in planar heterojunction perovskite solar cells. ACS Applied Materials & Interfaces, 2015, 7（18）: 9817-9823.

[96] Wu B, Fu K W, Yantara N, Xing G C, Sun S Y, Sum T C, Mathews N. Charge accumulation and hysteresis in perovskite-based solar cells: An electro-optical analysis. Advanced Energy Materials, 2015, 5（19）: 1500829.

[97] Fang R, Zhang W J, Zhang S S, Chen W. The rising star in photovoltaics-perovskite solar cells: The past, present and future. Science China Technological Sciences, 2016, 59（7）: 989-1006.

[98] Heo J H, Han H J, Kim D, Ahn T K, Im S H. Hysteresis-less inverted $CH_3NH_3PbI_3$ planar perovskite hybrid solar cells with 18.1% power conversion efficiency. Energy & Environmental Science, 2015, 8（5）: 1602-1608.

[99] Li H, Shi W N, Huang W C, Yao E P, Han J B, Chen Z F, Liu S S, Shen Y, Wang M K, Yang Y. Carbon quantum dots/TiO_x electron transport layer boosts efficiency of planar heterojunction perovskite solar cells to 19%. Nano Letters, 2017, 17（4）: 2328-2335.

[100] Wojciechowski K, Stranks S D, Abate A, Sadoughi G, Sadhanala A, Kopidakis N, Rumbles G, Li C Z, Friend R H, Jen A K Y, Snaith H J. Heterojunction modification for highly efficient

organic-inorganic perovskite solar cells. ACS Nano, 2014, 8（12）: 12701-12709.

[101] Kavan L, Tétreault N, Moehl T, Grätzel M. Electrochemical characterization of TiO$_2$ blocking layers for dye-sensitized solar cells. The Journal of Physical Chemistry C, 2014, 118（30）: 16408-16418.

[102] Jeon N J, Noh J H, Kim Y C, Yang W S, Ryu S, Seok S I. Solvent engineering for high-performance inorganic-organic hybrid perovskite solar cells. Nature Materials, 2014, 13: 897.

[103] Hart J N, Menzies D, Cheng Y B, Simon G P, Spiccia L. TiO$_2$ sol-gel blocking layers for dye-sensitized solar cells. Comptes Rendus Chimie, 2006, 9（5）: 622-626.

[104] Xia J B, Masaki N, Jiang K J, Yanagida S. Deposition of a thin film of TiO$_x$ from a titanium metal target as novel blocking layers at conducting glass/TiO$_2$ interfaces in ionic liquid mesoscopic TiO$_2$ dye-sensitized solar cells. The Journal of Physical Chemistry B, 2006, 110（50）: 25222-25228.

[105] Chandiran A K, Yella A, Stefik M, Heiniger L P, Comte P, Nazeeruddin M K, Grätzel M. Low-temperature crystalline titanium dioxide by atomic layer deposition for dye-sensitized solar cells. ACS Applied Materials & Interfaces, 2013, 5（8）: 3487-3493.

[106] Gao Q Q, Yang S W, Lei L, Zhang S D, Cao Q P, Xie J J, Li J Q, Liu Y. An effective TiO$_2$ blocking layer for perovskite solar cells with enhanced performance. Chemistry Letters, 2015, 44（5）: 624-626.

[107] Meng T Y, Liu C, Wang K, He T D, Zhu Y, Al-Enizi A, Elzatahry A, Gong X. High performance perovskite hybrid solar cells with e-beam-processed TiO$_x$ electron extraction layer. ACS Applied Materials & Interfaces, 2016, 8（3）: 1876-1883.

[108] Kim D H, Han G S, Seong W M, Lee J W, Kim B J, Park N G, Hong K S, Lee S, Jung H S. Niobium doping effects on TiO$_2$ mesoscopic electron transport layer-based perovskite solar cells. ChemSusChem, 2015, 8（14）: 2392-2398.

[109] Yella A, Heiniger L P, Gao P, Nazeeruddin M K, Grätzel M. Nanocrystalline rutile electron extraction layer enables low-temperature solution processed perovskite photovoltaics with 13.7% efficiency. Nano Letters, 2014, 14（5）: 2591-2596.

[110] Wang K, Shi Y T, Li B, Zhao L, Wang W, Wang X Y, Bai X G, Wang S F, Hao C, Ma T L. Amorphous inorganic electron-selective layers for efficient perovskite solar cells: Feasible strategy towards room-temperature fabrication. Advanced Materials, 2016, 28（9）: 1891-1897.

[111] Jeong I, Jung H, Park M, Park J S, Son H J, Joo J, Lee J, Ko M J. A tailored TiO$_2$ electron selective layer for high-performance flexible perovskite solar cells via low temperature UV process. Nano Energy, 2016, 28: 380-389.

[112] O'Regan B, Grätzel M. A low-cost, high-efficiency solar cell based on dye-sensitized colloidal TiO$_2$ films. Nature, 1991, 353: 737.

[113] Shi S W, Li Y F, Li X Y, Wang H Q. Advancements in all-solid-state hybrid solar cells based on organometal halide perovskites. Materials Horizons, 2015, 2（4）: 378-405.

[114] Sung S D, Ojha D P, You J S, Lee J, Kim J, Lee W I. 50 nm sized spherical TiO$_2$ nanocrystals for highly efficient mesoscopic perovskite solar cells. Nanoscale, 2015, 7（19）: 8898-8906.

[115] Li X, Dai S M, Zhu P, Deng L L, Xie S Y, Cui Q, Chen H, Wang N, Lin H. Efficient perovskite

solar cells depending on TiO₂ nanorod arrays. ACS Applied Materials & Interfaces, 2016, 8 (33): 21358-21365.

[116] Thakur U, Askar A, Kisslinger R, Wiltshire B, Kar B, Shankar K. Halide perovskite solar cells using monocrystalline TiO₂ nanorod arrays as electron transport layers: Impact of nanorod morphology. Nanotechnology, 2017, 28 (27): 274001.

[117] Fakharuddin A, di Giacomo F, Palma A L, Matteocci F, Ahmed I, Razza S, D'Epifanio A, Licoccia S, Ismail J, Di Carlo A, Brown T M, Jose R. Vertical TiO₂ nanorods as a medium for stable and high-efficiency perovskite solar modules. ACS Nano, 2015, 9 (8): 8420-8429.

[118] Wang X Y, Li Z, Xu W J, Kulkarni S A, Batabyal S K, Zhang S, Cao A Y, Wong L H. TiO₂ nanotube arrays based flexible perovskite solar cells with transparent carbon nanotube electrode. Nano Energy, 2015, 11: 728-735.

[119] Oo T T, Debnath S. Application of carbon nanotubes in perovskite solar cells: A review. AIP Conference Proceedings, 2017, 1902 (1): 020015.

[120] Dharani S, Mulmudi H K, Yantara N, Thu Trang P T, Park N G, Graetzel M, Mhaisalkar S, Mathews N, Boix P P. High efficiency electrospun TiO₂ nanofiber based hybrid organic-inorganic perovskite solar cell. Nanoscale, 2014, 6 (3): 1675-1679.

[121] Dymshits A, Iagher L, Etgar L. Parameters influencing the growth of ZnO nanowires as efficient low temperature flexible perovskite-based solar cells. Materials, 2016, 9 (1): 60.

[122] Yu Y H, Li J Y, Geng D L, Wang J L, Zhang L S, Andrew T L, Arnold M S, Wang X D. Development of lead iodide perovskite solar cells using three-dimensional titanium dioxide nanowire architectures. ACS Nano, 2015, 9 (1): 564-572.

[123] Shao J, Yang S W, Liu Y. Efficient bulk heterojunction CH₃NH₃PbI₃-TiO₂ solar cells with TiO₂ nanoparticles at grain boundaries of perovskite by multi-cycle-coating strategy. ACS Applied Materials & Interfaces, 2017, 9 (19): 16202-16214.

[124] Hwang T, Lee S, Kim J, Kim J, Kim C, Shin B, Park B. Tailoring the mesoscopic TiO₂ layer: Concomitant parameters for enabling high-performance perovskite solar cells. Nanoscale Research Letters, 2017, 12 (1): 57.

[125] Kim J, Hwang T, Lee S, Lee B, Kim J, Kim J, Gil B, Park B. Synergetic effect of double-step blocking layer for the perovskite solar cell. Journal of Applied Physics, 2017, 122 (14): 145106.

[126] Chen X B, Mao S S. Titanium dioxide nanomaterials: Synthesis, properties, modifications, and applications. Chemical Reviews, 2007, 107 (7): 2891-2959.

[127] Asahi R, Taga Y, Mannstadt W, Freeman A J. Electronic and optical properties of anatase TiO₂. Physical Review B, 2000, 61 (11): 7459-7465.

[128] Wang J, Qin M C, Tao H, Ke W J, Chen Z, Wan J W, Qin P L, Xiong L B, Lei H W, Yu H Q, Fang G J. Performance enhancement of perovskite solar cells with Mg-doped TiO₂ compact film as the hole-blocking layer. Applied Physics Letters, 2015, 106 (12): 121104.

[129] Pathak S K, Abate A, Ruckdeschel P, Roose B, Gödel K C, Vaynzof Y, Santhala A, Watanabe S I, Hollman D J, Noel N, Sepe A, Wiesner U, Friend R, Snaith H J, Steiner U. Performance and stability enhancement of dye-sensitized and perovskite solar cells by Al doping of TiO₂. Advanced Functional Materials, 2014, 24 (38): 6046-6055.

[130] Giordano F, Abate A, Correa Baena J P, Saliba M, Matsui T, Im S H, Zakeeruddin S M, Nazeeruddin M K, Hagfeldt A, Graetzel M. Enhanced electronic properties in mesoporous TiO_2 via lithium doping for high-efficiency perovskite solar cells. Nature Communications, 2016, 7: 10379.

[131] Zhang X Q, Wu Y P, Huang Y, Zhou Z H, Shen S. Reduction of oxygen vacancy and enhanced efficiency of perovskite solar cell by doping fluorine into TiO_2. Journal of Alloys and Compounds, 2016, 681: 191-196.

[132] Wang Y Q, Zhang R R, Li J B, Li L L, Lin S W. First-principles study on transition metal-doped anatase TiO_2. Nanoscale Research Letters, 2014, 9 (1): 46.

[133] Ito S, Tanaka S, Manabe K, Nishino H. Effects of surface blocking layer of Sb_2S_3 on nanocrystalline TiO_2 for $CH_3NH_3PbI_3$ perovskite solar cells. The Journal of Physical Chemistry C, 2014, 118 (30): 16995-17000.

[134] Bella F, Griffini G, Correa-Baena J P, Saracco G, Grätzel M, Hagfeldt A, Turri S, Gerbaldi C. Improving efficiency and stability of perovskite solar cells with photocurable fluoropolymers. Science, 2016, 354 (6309): 203-206.

[135] Agresti A, Pescetelli S, Cinà L, Konios D, Kakavelakis G, Kymakis E, Carlo A D. Efficiency and stability enhancement in perovskite solar cells by inserting lithium-neutralized graphene oxide as electron transporting layer. Advanced Functional Materials, 2016, 26 (16): 2686-2694.

[136] Qin P, Paulose M, Dar M I, Moehl T, Arora N, Gao P, Varghese O K, Grätzel M, Nazeeruddin M K. Stable and efficient perovskite solar cells based on titania nanotube arrays. Small, 2015, 11 (41): 5533-5539.

[137] Yeom E J, Shin S S, Yang W S, Lee S J, Yin W, Kim D, Noh J H, Ahn T K, Seok S I. Controllable synthesis of single crystalline Sn-based oxides and their application in perovskite solar cells. Journal of Materials Chemistry A, 2017, 5 (1): 79-86.

[138] Wang Y F, Li X F, Li D J, Sun Y W, Zhang X X. Controllable synthesis of hierarchical SnO_2 microspheres for dye-sensitized solar cells. Journal of Power Sources, 2015, 280: 476-482.

[139] Qureshi M, Chetia T R, Ansari M S, Soni S S. Enhanced photovoltaic performance of meso-porous SnO_2 based solar cells utilizing 2D MgO nanosheets sensitized by a metal-free carbazole derivative. Journal of Materials Chemistry A, 2015, 3 (8): 4291-4300.

[140] Song H, Lee K H, Jeong H, Um S H, Han G S, Jung H S, Jung G Y. A simple self-assembly route to single crystalline SnO_2 nanorod growth by oriented attachment for dye sensitized solar cells. Nanoscale, 2013, 5 (3): 1188-1194.

[141] Bob B, Song T B, Chen C C, Xu Z, Yang Y. Nanoscale dispersions of gelled SnO_2: Material properties and device applications. Chemistry of Materials, 2013, 25 (23): 4725-4730.

[142] Lei H X, Yang G, Guo Y X, Xiong L B, Qin P L, Dai X, Zheng X L, Ke W J, Tao H, Chen Z, Li B R, Fang G J. Efficient planar Sb_2S_3 solar cells using a low-temperature solution-processed tin oxide electron conductor. Physical Chemistry Chemical Physics, 2016, 18 (24): 16436-16443.

[143] Ke W J, Fang G J, Liu Q, Xiong L B, Qin P L, Tao H, Wang J, Lei H W, Li B R, Wan J W, Yang G, Yan Y F. Low-temperature solution-processed tin oxide as an alternative electron transporting layer for efficient perovskite solar cells. Journal of the American Chemical Society, 2015,

137 (21): 6730-6733.

[144] Song J X, Zheng E Q, Bian J, Wang X F, Tian W J, Sanehira Y, Miyasaka T. Low-temperature SnO₂-based electron selective contact for efficient and stable perovskite solar cells. Journal of Materials Chemistry A, 2015, 3 (20): 10837-10844.

[145] Correa Baena J P, Steier L, Tress W, Saliba M, Neutzner S, Matsui T, Giordano F, Jacobsson T J, Srimath Kandada A R, Zakeeruddin S M, Petrozza A, Abate A, Nazeeruddin M K, Grätzel M, Hagfeldt A. Highly efficient planar perovskite solar cells through band alignment engineering. Energy & Environmental Science, 2015, 8 (10): 2928-2934.

[146] Yang G, Chen C, Yao F, Chen Z L, Zhang Q, Zheng X L, Ma J J, Lei H W, Qin P L, Xiong L B, Ke W J, Li G, Yan Y F, Fang G J. Effective carrier-concentration tuning of SnO₂ quantum dot electron-selective layers for high-performance planar perovskite solar cells. Advanced Materials, 2018, 30 (14): 1706023.

[147] Anaraki E H, Kermanpur A, Steier L, Domanski K, Matsui T, Tress W, Saliba M, Abate A, Grätzel M, Hagfeldt A, Correa-Baena J P. Highly efficient and stable planar perovskite solar cells by solution-processed tin oxide. Energy & Environmental Science, 2016, 9 (10): 3128-3134.

[148] Jiang Q, Chu Z M, Wang P Y, Yang X L, Liu H, Wang Y, Yin Z Q, Wu J L, Zhang X W, You J B. Planar-structure perovskite solar cells with efficiency beyond 21%. Advanced Materials, 2017, 29 (46): 1703852.

[149] Gao C M, Yuan S, Cao B Q, Yu J H. SnO₂ nanotube arrays grown via an *in situ* template-etching strategy for effective and stable perovskite solar cells. Chemical Engineering Journal, 2017, 325: 378-385.

[150] Xiong L B, Guo Y X, Wen J, Liu H R, Yang G, Qin P L, Fang G J. Review on the application of SnO₂ in perovskite solar cells. Advanced Functional Materials, 2018, 28 (35): 1802757.

[151] Thomas B, Skariah B. Spray deposited Mg-doped SnO₂ thin film LPG sensor: XPS and EDX analysis in relation to deposition temperature and doping. Journal of Alloys and Compounds, 2015, 625: 231-240.

[152] Lin S Y, Yang B C, Qiu X C, Yan J Q, Shi J, Yuan Y B, Tan W J, Liu X L, Huang H, Gao Y L, Zhou C H. Efficient and stable planar hole-transport-material-free perovskite solar cells using low temperature processed SnO₂ as electron transport material. Organic Electronics, 2018, 53: 235-241.

[153] Dong Q S, Shi Y T, Zhang C Y, Wu Y K, Wang L D. Energetically favored formation of SnO₂ nanocrystals as electron transfer layer in perovskite solar cells with high efficiency exceeding 19%. Nano Energy, 2017, 40: 336-344.

[154] Pinpithak P, Chen H W, Kulkarni A, Sanehira Y, Ikegami M, Miyasaka T. Low-temperature and ambient air processes of amorphous SnOₓ-based mixed halide perovskite planar solar cell. Chemistry Letters, 2017, 46 (3): 382-384.

[155] Roose B, Baena J P C, Gödel K C, Graetzel M, Hagfeldt A, Steiner U, Abate A. Mesoporous SnO₂ electron selective contact enables UV-stable perovskite solar cells. Nano Energy, 2016, 30: 517-522.

[156] Wang J T W, Ball J M, Barea E M, Abate A, Alexander-Webber J A, Huang J, Saliba M,

Mora-Sero I, Bisquert J, Snaith H J, Nicholas R J. Low-temperature processed electron collection layers of graphene/TiO$_2$ nanocomposites in thin film perovskite solar cells. Nano Letters, 2014, 14(2): 724-730.

[157] George S M. Atomic layer deposition: An overview. Chemical Reviews, 2010, 110 (1): 111-131.

[158] Ma J J, Zheng X L, Lei H W, Ke W J, Chen C, Chen Z L, Yang G, Fang G J. Highly efficient and stable planar perovskite solar cells with large-scale manufacture of e-beam evaporated SnO$_2$ toward commercialization. Solar RRL, 2017, 1 (10): 1700118.

[159] Tress W, Marinova N, Inganäs O, Nazeeruddin M K, Zakeeruddin S M, Graetzel M. Predicting the open-circuit voltage of CH$_3$NH$_3$PbI$_3$ perovskite solar cells using electroluminescence and photovoltaic quantum efficiency spectra: The role of radiative and non-radiative recombination. Advanced Energy Materials, 2015, 5 (3): 1400812.

[160] Zhao J J, Wei L Y, Liu J X, Wang P, Liu Z H, Jia C M, Li J Y. A sintering-free, nanocrystalline tin oxide electron selective layer for organometal perovskite solar cells. Science China Materials, 2017, 60(3): 208-216.

[161] Wang C L, Xiao C X, Yu Y, Zhao D W, Awni R A, Grice C R, Ghimire K, Constantinou I, Liao W, Cimaroli A J, Liu P, Chen J, Podraza N J, Jiang C S, Al-Jassim M M, Zhao X Z, Yan Y F. Understanding and eliminating hysteresis for highly efficient planar perovskite solar cells. Advanced Energy Materials, 2017, 7 (17): 1700414.

[162] Jiang Q, Zhang L Q, Wang H L, Yang X L, Meng J H, Liu H, Yin Z Q, Wu J L, Zhang X W, You J B. Enhanced electron extraction using SnO$_2$ for high-efficiency planar-structure HC(NH$_2$)$_2$PbI$_3$-based perovskite solar cells. Nature Energy, 2016, 2: 16177.

[163] Ke W J, Zhao D W, Cimaroli A J, Grice C R, Qin P L, Liu Q B, Xiong L, Yan Y F, Fang G J. Effects of annealing temperature of tin oxide electron selective layers on the performance of perovskite solar cells. Journal of Materials Chemistry A, 2015, 3 (47): 24163-24168.

[164] Xiong L B, Qin M C, Yang G, Guo Y X, Lei H W, Liu Q, Ke W J, Tao H, Qin P L, Li S Z, Yu H Q, Fang G J. Performance enhancement of high temperature SnO$_2$-based planar perovskite solar cells: electrical characterization and understanding of the mechanism. Journal of Materials Chemistry A, 2016, 4(21): 8374-8383.

[165] Liu Q, Qin M C, Ke W J, Zheng X L, Chen Z, Qin P L, Xiong L B, Lei H W, Wan J W, Wen J, Yang G, Ma J J, Zhang Z Y, Fang G J. Enhanced stability of perovskite solar cells with low-temperature hydrothermally grown SnO$_2$ electron transport layers. Advanced Functional Materials, 2016, 26 (33): 6069-6075.

[166] Xiong L B, Qin M C, Chen C, Wen J, Yang G, Guo Y X, Ma J J, Zhang Q, Qin P L, Li S Z, Fang G J. Fully high-temperature-processed SnO$_2$ as blocking layer and scaffold for efficient, stable, and hysteresis-free mesoporous perovskite solar cells. Advanced Functional Materials, 2018, 28 (10): 1706276.

[167] Yang G, Lei H W, Tao H, Zheng X L, Ma J J, Liu Q, Ke W J, Chen Z L, Xiong L B, Qin P L, Chen Z, Qin M C, Lu X H, Yan Y F, Fang G J. Reducing hysteresis and enhancing performance of perovskite solar cells using low-temperature processed Y-doped SnO$_2$ nanosheets as electron selective layers. Small, 2017, 13 (2): 1601769.

[168] Zuo L J, Chen Q, de Marco N, Hsieh Y T, Chen H, Sun P, Chang S Y, Zhao H, Dong S, Yang Y. Tailoring the interfacial chemical interaction for high-efficiency perovskite solar cells. Nano Letters, 2017, 17（1）: 269-275.

[169] Xiao C X, Wang C L, Ke W J, Gorman B P, Ye J, Jiang C-S, Yan Y, Al-Jassim M M. Junction quality of SnO$_2$-based perovskite solar cells investigated by nanometer-scale electrical potential profiling. ACS Applied Materials & Interfaces, 2017, 9（44）: 38373-38380.

[170] Zhu Z L, Bai Y, Liu X, Chueh C C, Yang S, Jen A K Y. Enhanced efficiency and stability of inverted perovskite solar cells using highly crystalline SnO$_2$ nanocrystals as the robust electron-transporting layer. Advanced Materials, 2016, 28（30）: 6478-6484.

[171] Özgür Ü, Alivov Y I, Liu C, Teke A, Reshchikov M A, Doğan S, Avrutin V, Cho S J, Morkoç H. A comprehensive review of ZnO materials and devices. Journal of Applied Physics, 2005, 98（4）: 041301.

[172] Tseng Z L, Chiang C H, Chang S H, Wu C G. Surface engineering of ZnO electron transporting layer via Al doping for high efficiency planar perovskite solar cells. Nano Energy, 2016, 28: 311-318.

[173] Zhang Q F, Dandeneau C S, Zhou X Y, Cao G Z. ZnO nanostructures for dye-sensitized solar cells. Advanced Materials, 2009, 21（41）: 4087-4108.

[174] Wang Z L. Zinc oxide nanostructures: Growth, properties and applications. Journal of Physics: Condensed Matter, 2004, 16（25）: R829.

[175] Zhang P, Wu J, Zhang T, Wang Y F, Liu D T, Chen H, Ji L, Liu C H, Ahmad W, Chen Z D, Li S B. Perovskite solar cells with ZnO electron-transporting materials. Advanced Materials, 2018, 30（3）: 1703737.

[176] Lee K M, Chang S H, Wang K H, Chang C M, Cheng H M, Kei C C, Tseng Z L, Wu C G. Thickness effects of ZnO thin film on the performance of tri-iodide perovskite absorber based photovoltaics. Solar Energy, 2015, 120: 117-122.

[177] Bi D, Boschloo G, Schwarzmüller S, Yang L, Johansson E M J, Hagfeldt A. Efficient and stable CH$_3$NH$_3$PbI$_3$-sensitized ZnO nanorod array solid-state solar cells. Nanoscale, 2013, 5（23）: 11686-11691.

[178] Son D Y, Im J H, Kim H S, Park N G. 11% efficient perovskite solar cell based on ZnO nanorods: An effective charge collection system. The Journal of Physical Chemistry C, 2014, 118（30）: 16567-16573.

[179] Bi D, Tress W, Dar M I, Gao P, Luo J, Renevier C, Schenk K, Abate A, Giordano F, Baena J P C. Efficient luminescent solar cells based on tailored mixed-cation perovskites. Science Advances, 2016, 2（1）: e1501170.

[180] Hu G F, Guo W X, Yu R M, Yang X N, Zhou R R, Pan C F, Wang Z L. Enhanced performances of flexible ZnO/perovskite solar cells by piezo-phototronic effect. Nano Energy, 2016, 23: 27-33.

[181] Ameen S, Akhtar M S, Seo H K, Nazeeruddin M K, Shin H S. An insight into atmospheric plasma jet modified ZnO quantum dots thin film for flexible perovskite solar cell: Optoelectronic transient and charge trapping studies. The Journal of Physical Chemistry C, 2015, 119（19）: 10379-10390.

第 **3** 章

全无机和无铅钙钛矿太阳电池

3.1　全无机钙钛矿太阳电池

3.1.1　全无机铯铅卤化物 CsPbI₃

　　2009 年，Miyasaka 课题组首次制备了基于 CH₃NH₃PbI₃ 钙钛矿的高性能太阳电池，引发了人们对该材料的研究热潮。然而，纵然有诸多优点，但有机-无机杂化钙钛矿材料含挥发性有机分子，且不可避免地会与水发生反应，导致其在空气中极不稳定，这也是阻碍该材料实际应用的致命性弱点。研究者们已经尝试用各种办法来提高钙钛矿太阳电池的稳定性，例如，引入 FA 或者无机原子 Cs 或者 Rb 提高 MA 基钙钛矿太阳电池的稳定性[1-3]。相比之下，全无机钙钛矿材料不仅拥有优异的光电特性，而且有较高的化学稳定性，被认为是一种更为理想的光电材料。其中，立方相的 α-CsPbI₃(E_g=1.73 eV) 由于其出色的性能成为佼佼者。2015 年，Eperon 等第一次报道了全无机铯铅卤化物 CsPbI₃ 基钙钛矿太阳电池，取得了 2.9% 的能量转换效率[图 3-1 (a)][4]。然而，体相的 α-CsPbI₃ 只能在高温条件下稳定存在，当温度低于 320 ℃时，就会转变为正交晶系的 δ-CsPbI₃(E_g=2.28 eV)，和太阳光谱不匹配，导致能量转换效率低。为了解决这个问题，作者在钙钛矿前驱体溶液中加入了少量的 HI 以稳定钙钛矿黑色相（α 相），使其具有更明显的晶体取向。在该基础上，作者发现全无机钙钛矿 CsPbI₃ 还具有足够长的载流子扩散长度，并推测出钙钛矿的铁电性不是钙钛矿太阳电池滞后现象的原因，因为 CsPbI₃ 的空间群不具有铁电性质。为了提高 CsPbI₃ 钙钛矿太阳电池的能量转换效率和稳定性，Yin 等报道了用聚乙烯吡咯烷酮(polyvinyl pyrrolidone, PVP)诱导表面钝化的方法，通过一种可重复的溶液化学反应过程来稳定立方晶体 CsPbI₃ 全无机钙钛矿型结构。通过傅里叶变换红外光谱和核磁共振(nuclear magnetic resonance, NMR)技术研究了在 PVP 存在下合成的立方 CsPbI₃ 晶体的表面化学状态，表明表面张力的降低有利于稳定立方的 CsPbI$_3$ 的合成。由于在 PVP 和 CsPbI$_3$ 之间的化学键合，CsPbI$_3$ 表面上的电子云密度增加。获得的立方晶体 CsPbI$_3$ 具有超长的载流子寿命(338.7 ns)，扩散长度大于 1.5 μm，制备的基于 CsPbI$_3$ 钙钛矿太阳电池实现了 10.74% 的转换效率和优异的热/湿稳定性[5][图 3-1(b)～(e)]。Swarnkar 等利用经过修饰的纳米尺寸的 α-CsPbI$_3$ QDs，制备得到了能在空气中稳定数月的 α-CsPbI$_3$ 薄膜，据此构建的太阳电池开路电压为 1.23 V，能量转换效率可达 10.77%[6][图 3-1(f)]。与此类似，Liu 等近期报道了 μ-石墨烯(μGR)在交联量子点上形成 μGR/CsPbI$_3$ 薄膜的方法。所得到的量子点薄膜不仅提供了有效的载流子传输通道，也提高了导电性，μGR/CsPbI$_3$

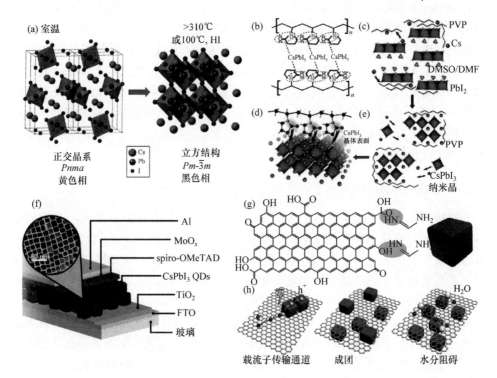

图 3-1　(a) CsPbI$_3$ 相结构[4]；(b) CsPbI$_3$ 与 PVP 分子间化学键合的示意图，PVP 分子中含有长链烷基和乙酰甲胺磷，孤电子中的 N/O 原子提供过剩的电子，并与 CsPbI$_3$ 中的铯离子相互作用，PVP 辅助立方相 CsPbI$_3$ 形成的机理；(c) PbI$_2$ 和铯离子在 DMF/DMSO 溶剂中自发组装并与 PVP 分子相互作用，并保持亚稳态；(d) CsPbI$_3$ 纳米晶附着在 PVP 分子上，在 PVP 分子的作用下保持相对独立和稳定；(e) PVP 通过 N/O 和 Cs 的结合锚定在 CsPbI$_3$ 晶体的表面[5]；(f) μGR 和 CsPbI$_3$ QDs 的化学结构示意图(插图为 CsPbI$_3$ QDs 的 TEM 图)，以及它们的交联机制[6]；(g) μ-石墨烯(μGR)在交联量子点上形成的 μGR-CsPbI$_3$ 薄膜；(h) μGR/CsPbI$_3$ 薄膜的电荷传输过程和稳定机理示意图[7]

钙钛矿太阳电池的光电性能也得到提高，能量转换效率达到 11.4%，而且对水分、湿度和高温的稳定性也明显提高[7][图 3-1(g)和(h)]。

3.1.2 CsPbBr₃

全无机钙钛矿太阳电池的能量转换效率远远落后于有机钙钛矿太阳电池。尽管 CsPbI₃ 拥有一个适合的带隙(E_g=1.73 eV)，然而它的不稳定性使得制备工艺复杂化。因此有人利用 Br⁻ 取代 I⁻，虽然 CsPbBr₃ 能在水和热条件下稳定存在，但是组成变化导致带隙变宽(2.25 eV)，太阳能转换效率还是不够高[8]。Kulbak 等证明了 CsPbBr₃ 基太阳电池具有高的开路电压(V_{OC} 为 1.3 V)[9]。他们质疑 MA 的几何各向异性是否对卤化物钙钛矿的光电性能的优势起着重要的作用，并建议进行基础研究来进一步区分有机与无机卤化物钙钛矿的不同。Liang 等制备了 CsPbBr₃/碳基钙钛矿太阳电池[10]，在无有机电荷传输层的条件下，钙钛矿太阳电池获得了 6.7% 的能量转换效率，而且表现出很好的热稳定性和水稳定性(100 ℃，95%相对湿度)。近期，类似的方法被应用于简化的太阳电池和双功能能量收集器件，表现出可观的效率及优越的环境稳定性[11, 12]。铯铅混合卤化物钙钛矿的研究为平衡带隙(光吸收)和结构稳定性提供了一种简便的方法。

3.1.3 CsPbI₃₋ₓBrₓ

2016 年，Sutton 等研究了 CsPbI₃₋ₓBrₓ 的光电性能和结构性质，并报道了 CsPbI₂Br 基钙钛矿太阳电池[13]。CsPbI₃₋ₓBrₓ 薄膜的照片和荧光光谱证实光吸收可以通过改变 I 和 Br 的比例来适当地调节。此外，将 Br 掺入 CsPbI₃ 中可以稳定 α 相，甚至是在潮湿的环境下也稳定。容忍因子是结构稳定性的决定因素，可以通过 Br 的部分掺入来调节，同时从 δ 相到 α 相的相变温度取决于 I 和 Br 的比例。CsPbI₂Br 的带隙为 1.92 eV，适合于硅-钙钛矿串联器件的顶电池，同时具有高的环境稳定性。基于这种材料的太阳电池得到了 9.8% 的能量转换效率。在此期间，Beal 等也报道了同样的实验结果[14]。Mai 等设计了一种具有新型结构的全无机钙钛矿太阳电池(FTO/ NiOₓ/CsPbI₂Br/ZnO：C₆₀/Ag)，能量转换效率高达 13.3%，且未封装的器件在 85℃ 下热处理 360 h 后，只损失了 20% 的效率[15]。Cao 等引入 SnO₂/ZnO 双层电子传输层，旨在实现高效率的全无机 CsPbI₂Br 钙钛矿太阳电池。在 SnO₂/ZnO 表面可以制备出高质量 CsPbI₂Br 薄膜。优化后的全无机钙钛矿太阳电池具有 1.23 V 的高开路电压和 14.6% 的能量转换效率，且在 85 ℃ 下加热 300 h 后，SnO₂/ZnO 基的全无机 CsPbI₂Br 钙钛矿太阳电池的热稳定性良好[16]。此外，Ho-Baillie 等使用喷雾辅助溶液处理的方法制备了 CsPbIBr₂ 膜，该方法克服了溴离子在前驱体溶液中的溶解性问题。在空气中成功喷涂 CsI，并且也成功地在空气中退火制备出带隙为 2.05 eV 的 CsPbIBr₂ 薄膜，薄膜在 300 ℃ 下稳定。制备的钙钛矿器件实现了稳定的 6.3% 的能量转换效率, 具有可忽略的滞后现象[17]。

3.1.4 $CsPb_xSn_{1-x}I_{3-x}Br_x$

很多铅基钙钛矿材料(如 $FAPbI_3$、$CsPbI_3$)的结构稳定性较差, 在室温条件下就会发生相转变。Zhong 等提出了一种新型的 Pb/Sn 混合卤化物无机 $CsPb_{0.9}Sn_{0.1}IBr_2$ 钙钛矿, 此钙钛矿在无需手套箱的环境气氛中制备且具有 1.79 eV 的带隙和合适的价带。基于 $CsPb_{0.9}Sn_{0.1}IBr_2$ 和碳对电极的钙钛矿太阳电池表现出高的开路电压(1.26 V), 能量转换效率达到 11.33%, 且具有良好的长期稳定性(耐热性和耐湿热性)[18]。Kanatzidis 等制备了 Sn-Pb 混合掺杂的钙钛矿太阳电池, 并通过改变 Sn 和 Pb 的比例来优化材料的带隙宽度[19], 这一研究说明 Sn 有着完全替代 Pb 成为钙钛矿太阳电池吸光材料的潜力[20]。在此之后, 越来越多的研究采用 Sn 作为钙钛矿太阳电池中 Pb 的替代品, 其中 $CsSnI_3$ 作为一种很特别的钙钛矿材料, 在室温下拥有两种独立的同质异形体的结构[21, 22]。另外, 通过调节 $CsSnI_3$ 的本征缺陷也可以改变它的带隙及光学性能[23]。由于 $CsSnI_3$ 中 Sn 的空位会导致材料产生金属导电性, 对 Sn 空位的调控就显得尤为重要。Kumar 等[24]采用 SnF_2 掺杂对材料中的 Sn 空位进行调控, 来减少材料的本征缺陷。并分别使用二氧化钛和 spiro-OMeTAD 作为电子传输层和空穴传输层, 得到了光电流密度超过 22 mA/cm², 光吸收范围达到 950 nm 的太阳电池。通过不断改变 SnF_2 的掺杂浓度, 最终得到的太阳电池的短路电流和开路电压分别为 22.7 mA/cm² 和 0.24 V, 填充因子和能量转换效率分别为 0.37% 和 2.02%。尽管这种材料拥有很高的光电流密度, 但是 B-γ-$CsSnI_3$ 暴露在空气中 1 h 之后易转变成 γ-$CsSnI_3$, 因此很难得到纯相且高质量的连续薄膜, 这就导致电池的输出电压过低, 进而严重地影响了电池的效率。最近有研究表明, 金属铯离子取代甲胺基可以构建高效稳定的钙钛矿太阳电池, 表现出更好的热稳定性。例如, 全无机的无铅钙钛矿材料 $CsSnI_3$ 的熔点为 451 ℃, 而卤化物的无铅钙钛矿材料 $CH_3NH_3SnI_3$ 和 $NH_2CH=NHSnI_3$ 的降解温度约为 200 ℃, 且 $CsSnI_3$ 可以通过熔融固化反应来合成制备。在太阳电池的工作温度范围内(20~100 ℃), $CsSnI_3$ 具有两个同质异相体: 黑色的 B-γ-$CsSnI_3$ 与黄色的 γ-$CsSnI_3$, 其中黄色的 γ-$CsSnI_3$ 在太阳电池中没有光伏响应, 而黑色的 B-γ-$CsSnI_3$ 具有较为适宜的直接带隙(1.3 eV), 低的激子束缚能(10~20 meV)及高的载流子迁移率[约 585 cm²/(V·s)], 是一种理想的钙钛矿光伏材料。Wang 等利用固相熔融反应制备了高纯相的无机 B-γ-$CsSnI_3$ 钙钛矿材料, 基于该材料制备的异质结钙钛矿太阳电池获得了 3.31% 的能量转换效率[25]。

为了进一步提高器件的开路电压, Sabba 等在 $CsSnI_3$ 的基础上, 通过改变卤素的种类和比例, 对 $CsSnI_3$ 这一系列的无机卤素钙钛矿材料进行了深入研究[26]。通过调整不同卤素的比例, 改变材料的能带结构并有效调节其带隙从而增大输出电压。当无 Br 取代时，电池的开路电压仅为 0.2 V，随着 Br 在材料中所占比例的不断增加，Sn 空位越来越少，器件的开路电压越来越大，当 Br 完全取代 I 时，开路电压最大，达到 0.4 V。

3.2 无铅钙钛矿太阳电池

近几年来钙钛矿太阳电池的材料和器件制备工艺得到进一步提升，能量转换效率已经超过 25%。目前普遍采用的钙钛矿太阳电池的光吸收层为有机-无机杂化的 $CH_3NH_3PbI_3$ 或 $NH_2CH=NH_2PbI_3$，该类材料中含有约 35wt%（质量分数）的重金属铅，然而铅基材料在电子产品中的使用受到欧盟及很多国家的严格限制。因此，同主族的元素锡成为一种可能的替代铅的元素，如 $CH_3NH_3SnI_3$、$NH_2CH=NH_2SnI_3$[27]。因此，传统钙钛矿太阳电池的无铅化成为科研工作者一个重点的研究内容。近期，有机-无机杂化的无铅钙钛矿太阳电池逐渐受到科研人员的关注。2014 年，Hao 等[28]以 $CH_3NH_3SnBr_xI_{3-x}$ 作为光吸收层，通过改变溴和碘的比例对材料的带隙进行调控，基于 n-i-p 结构和 TiO_2 介孔结构分别得到了能量转换效率为 6.4% 和 5.73% 的钙钛矿太阳电池[29,30]。这是第一次制作出以 $CH_3NH_3SnBr_xI_{3-x}$ 作为吸光材料的无铅钙钛矿太阳电池，从而翻开了高效无铅钙钛矿太阳电池的新一页，并为其进一步发展奠定了重要基础。

为了提高无铅钙钛矿太阳电池的能量转换效率，研究者不断地优化钙钛矿形貌、钙钛矿薄膜组成及钙钛矿器件结构[25]，其中，主要的挑战是 Sn 的空位导致导电性不高和 Sn^{2+} 不稳定容易氧化成 Sn^{4+}。这将引起高的自组装 p 型掺杂，从而导致严重的电荷复合和载流子的损失。因此，研究者通过引入 SnF_2 来填补 Sn 的空位并抑制 Sn^{2+} 的氧化[31]。例如，Mathews 等报道 $CsSnI_3$ 和 $FASnI_3$ 在 n-i-p 结构中作为光吸收层，且用 SnF_2 作为还原剂，制备出能量转换效率约 2% 的无铅钙钛矿太阳电池[32]。后来，Seok 等使用吡嗪（pyrazine）与 SnF_2 形成络合物的方法减缓薄膜结晶，以优化 $FASnI_3$ 钙钛矿薄膜的质量，基于此的 n-i-p 钙钛矿器件得到了 4.8% 的能量转换效率[33]。Liao 等将类似的沉积方法运用在 p-i-n 钙钛矿结构中，实现了能量转换效率为 6.22% 的钙钛矿太阳电池[34]，表明在 Sn 基钙钛矿太阳电池中器件制备工艺的重要性[35]。

然而，过量的 SnF_2 会使钙钛矿膜形态改变和器件性能降低，这意味着 SnF_2 浓度必须比较低，但是背景载流子密度还是太高，以至于不能实现与铅基钙钛矿太阳电池同等的光电性能[36]。因此，需要寻求更有效的新方法来进一步降低背景载流子密度，提高锡基钙钛矿器件的性能。目前，只有少数研究小组探索了替代的新方法。Kanatzidis 在还原蒸气气氛中加工含有 SnF_2 的钙钛矿膜，这有助于降低 MASnI$_3$ 薄膜中的空穴载流子密度[37]。不同于 SnF$_2$，还原蒸气在薄膜形成过程中可以保护锡基钙钛矿膜不发生氧化，制备的钙钛矿太阳电池能量转换效率达到 3.8%。Hatton 等采用向 CsSnI$_3$ 薄膜中加入过量的氯化锡 (SnCl$_2$) 和碘化锡 (SnI$_2$) 的方法，既提高了钙钛矿太阳电池的稳定性，又提高了器件的效率 (3%)[38]。Zhao 等报道了以混合阳离子钙钛矿 (FA$_{0.75}$MA$_{0.25}$SnI$_3$) 为光吸收层，能量转换效率达到 8.12%[39]。

由铅基钙钛矿可知，用大分子的有机阳离子形成的低维钙钛矿有助于提高钙钛矿太阳电池的稳定性[40]。(CH$_3$(CH$_2$)$_3$NH$_3$)$_2$(CH$_3$NH$_3$)$_{n-1}$Sn$_n$I$_{3n+1}$ 和 PEA$_2$FA$_{n-1}$Sn$_n$I$_{3n+1}$(n 是 SnI$_6$ 八面体层的数目，$n=\infty$ 即三维钙钛矿，$n=1$ 即二维钙钛矿) 两种低维锡基钙钛矿已被报道。Cao 等报道了以 (CH$_3$CH$_3$(CH$_2$)$_3$NH$_3$)$_2$(CH$_3$NH$_3$)$_3$Sn$_4$I$_{13}$($n=4$) 作为光吸收层，能量转换效率为 2.5%[41]。Liao 等以 PEA$_2$FA$_8$Sn$_9$I$_{28}$($n=9$) 作为光吸收层，能量转换效率为 5.9%[42]。Maria 等以 PEA$_2$FA$_{49}$Sn$_{50}$I$_{151}$($n=50$)、PEA$_2$FA$_{24}$Sn$_{25}$I$_{76}$($n=25$)、PEA$_2$FA$_{11}$Sn$_{12}$I$_{37}$($n=12$) 作为光吸收层运用到 p-i-n 钙钛矿结构中，获得了 9.0% 的能量转换效率[36]。添加微量二维 Sn 基钙钛矿可以在低温下促进高度结晶并有利于 FASnI$_3$ 晶粒的均匀生长，而且能够减少晶界和 Sn 空位，使载流子寿命延长。因此，可以降低陷阱复合、减少载流子分流损耗并提高电荷的收集能力，最终提高基于二维/三维 Sn 基钙钛矿层的器件性能。

最近，上海科技大学宁志军教授课题组利用类卤素调控剂硫氰化铵 (NH$_4$SCN) 诱导锡钙钛矿结晶生长，成功制备了二维/准二维/三维梯度结构的钙钛矿薄膜。二维结构钙钛矿具有更高的形成能，相对于三维结构更难发生氧化，因此表层的低维结构可以保护底层三维结构，有效防止钙钛矿的氧化和缺陷的形成。基于此梯度结构的锡钙钛矿太阳电池实现了 9.6% 的能量转换效率，是目前稳态输出效率最高的无铅钙钛矿太阳电池。而且此钙钛矿太阳电池也具有更好的稳定性和可重复性。在氮气环境下的电池稳定性追踪测试过程中，经过近 600 h 依然能保持 90% 的初始效率[43]。该研究为低维梯度钙钛矿薄膜结构的调控提供了一种新的思路，对钙钛矿太阳电池无铅化的进一步发展具有重要指导意义。

3.3　小结

钙钛矿太阳电池近几年飞速发展，但传统的铅基钙钛矿太阳电池不利于环境友好且稳定性较差，使得其应用受到了限制，而全无机钙钛矿及无铅钙钛矿太阳电池为解决这些问题提供了可能。但是现在的研究表明这些钙钛矿太阳电池效率远低于铅基钙钛矿，且锡基钙钛矿的稳定性较差，这就要求对此类电池的结构设计、工艺和材料进一步优化，从而获得高效、高稳定的钙钛矿太阳电池。

参 考 文 献

[1] Jeon N J, Noh J H, Yang W S, Kim Y C, Ryu S, Seo J, Seok S I. Compositional engineering of perovskite materials for high-performance solar cells. Nature, 2015, 517 (7535): 476-480.

[2] Lee J W, Kim D H, Kim H S, Seo S W, Cho S M, Park N G. Formamidinium and cesium hybridization for photo- and moisture-stable perovskite solar cell. Advanced Energy Materials, 2015, 5 (20): 1501310.

[3] Saliba M, Matsui T, Domanski K, Seo J Y, Ummadisingu A, Zakeeruddin S M, Correa-Baena J P, Tress W R, Abate A, Hagfeldt A, Grätzel M. Incorporation of rubidium cations into perovskite solar cells improves photovoltaic performance. Science, 2016, 354 (6309): 206-209.

[4] Bi D Q, Gao P P, Scopelliti R, Oveisi E, Luo J S, Grätzel M, Hagfeldt A, Nazeeruddin M K. High-performance perovskite solar cells with enhanced environmental stability based on amphiphile-modified $CH_3NH_3PbI_3$. Advanced Materials, 2016, 28 (15): 2910-2915.

[5] Li B, Zhang Y N, Fu L, Yu T, Zhou S J, Zhang L Y, Yin L W. Surface passivation engineering strategy to fully-inorganic cubic $CsPbI_3$ perovskites for high-performance solar cells. Nature Communications, 2018, 9 (1): 1076.

[6] Swarnkar A, Marshall A R, Sanehira E M, Chernomordik B D, Moore D T, Christians J A, Chakrabarti T, Luther J M. Quantum dot-induced phase stabilization of α-$CsPbI_3$ perovskite for high-efficiency photovoltaics. Science, 2016, 354 (6308): 92-95.

[7] Wang Q, Jin Z W, Chen D, Bai D J, Bian H, Sun J, Zhu G, Wang G, Liu S Z. μ-Graphene crosslinked $CsPbI_3$ quantum dots for high efficiency solar cells with much improved stability. Advanced Energy Materials, 2018, 8 (22): 1800007.

[8] Wang Y, Zhang T Y, Xu F, Li Y H, Zhao Y X. A facile low temperature fabrication of high performance $CsPbI_2Br$ all-inorganic perovskite solar cells. Solar RRL, 2018, 2 (1): 1700180.

[9] Kulbak M, Cahen D, Hodes G. How important is the organic part of lead halide perovskite photovoltaic cells? Efficient $CsPbBr_3$ cells. The Journal of Physical Chemistry Letters, 2015, 6 (13): 2452-2456.

[10] Liang J, Wang C X, Wang Y R, Xu Z R, Lu Z P, Ma Y, Zhu H F, Hu Y, Xiao C C, Yi X, Zhu G Y, Lv H L, Ma L B, Chen T, Tie Z X, Jin Z, Liu J. All-inorganic perovskite solar cells. Journal of the American Chemical Society, 2016, 138 (49): 15829-15832.

[11] Duan J L, Zhao Y Y, He B L, Tang Q W. Simplified perovskite solar cell with 4.1% efficiency employing inorganic $CsPbBr_3$ as light absorber. Small, 2018, 14 (20): 1704443.

[12] Duan J L, Hu T Y, Zhao Y Y, He B L, Tang Q W. Carbon-electrode-tailored all-inorganic perovskite solar cells to harvest solar and water-vapor energy. Angewandte Chemie International Edition, 2018, 57 (20): 5746-5749.

[13] Sutton R J, Eperon G E, Miranda L, Parrott E S, Kamino B A, Patel J B, Hörantner M T, Johnston M B, Haghighirad A A, Moore D T, Snaith H J. Bandgap-tunable cesium lead halide perovskites with high thermal stability for efficient solar cells. Advanced Energy Materials, 2016, 6 (8):

1502458.

[14] Beal R E, Slotcavage D J, Leijtens T, Bowring A R, Belisle R A, Nguyen W H, Burkhard G F, Hoke E T, McGehee M D. Cesium lead halide perovskites with improved stability for tandem solar cells. The Journal of Physical Chemistry Letters, 2016, 7（5）: 746-751.

[15] Liu C, Li W Z, Zhang C L, Ma Y P, Fan J D, Mai Y H. All-inorganic CsPbI$_2$Br perovskite solar cells with high efficiency exceeding 13%. Journal of the American Chemical Society, 2018, 140（11）: 3825-3828.

[16] Yan L, Xue Q F, Liu M Y, Zhu Z L, Tian J J, Li Z C, Chen Z, Chen Z M, Yan H, Yip H L, Cao Y. Interface engineering for all-inorganic CsPbI$_2$Br perovskite solar cells with efficiency over 14%. Advanced Materials, 2018, 30（33）: 1802509.

[17] Lau C F J, Deng X, Ma Q, Zheng J, Yun J S, Green M A, Huang S, Ho-Baillie A W Y. CsPbIBr$_2$ Perovskite solar cell by spray-assisted deposition. ACS Energy Letters, 2016, 1（3）: 573-577.

[18] Liang J, Zhao P Y, Wang C X, Wang Y R, Hu Y, Zhu G Y, Ma L B, Liu J, Jin Z. CsPb$_{0.9}$Sn$_{0.1}$IBr$_2$ Based all-inorganic perovskite solar cells with exceptional efficiency and stability. Journal of the American Chemical Society, 2017, 139（40）: 14009-14012.

[19] Hao F, Stoumpos C C, Chang R P H, Kanatzidis M G. Anomalous band gap behavior in mixed Sn and Pb perovskites enables broadening of absorption spectrum in solar cells. Journal of the American Chemical Society, 2014, 136（22）: 8094-8099.

[20] Lin G M, Lin Y W, Huang H, Cui R L, Guo X H, Liu B, Dong J Q, Guo X F, Sun B Y. Novel exciton dissociation behavior in tin-lead organohalide perovskites. Nano Energy, 2016, 27: 638-646.

[21] Chung I, Song J H, Im J, Androulakis J, Malliakas C D, Li H, Freeman A J, Kenney J T, Kanatzidis M G. CsSnI$_3$: Semiconductor or metal? High electrical conductivity and strong near-infrared photoluminescence from a single material. High hole mobility and phase-transitions. Journal of the American Chemical Society, 2012, 134（20）: 8579-8587.

[22] Shum K, Chen Z, Qureshi J, Yu C, Wang J J, Pfenninger W, Vockic N, Midgley J, Kenney J T. Synthesis and characterization of CsSnI$_3$ thin films. Applied Physics Letters, 2010, 96（22）: 221903.

[23] Xu P, Chen S Y, Xiang H J, Gong X G, Wei S H. Influence of defects and synthesis conditions on the photovoltaic performance of perovskite semiconductor CsSnI$_3$. Chemistry of Materials, 2014, 26（20）: 6068-6072.

[24] Kumar M H, Dharani S, Leong W L, Boix P P, Prabhakar R R, Baikie T, Shi C, Ding H, Ramesh R, Asta M, Graetzel M, Mhaisalkar S G, Mathews N. Lead-free halide perovskite solar cells with high photocurrents realized through vacancy modulation. Advanced Materials, 2014, 26（41）: 7122-7127.

[25] Wang N, Zhou Y Y, Ju M G, Garces H F, Ding T, Pang S, Zeng X C, Padture N P, Sun X W. Heterojunction-depleted lead-Free perovskite solar cells with coarse-grained B-γ-CsSnI$_3$ thin films. Advanced Energy Materials, 2016, 6（24）: 1601130.

[26] Sabba D, Mulmudi H K, Prabhakar R R, Krishnamoorthy T, Baikie T, Boix P P, Mhaisalkar S, Mathews N. Impact of anionic Br-substitution on open circuit voltage in lead free perovskite

(CsSnI$_{3-x}$Br$_x$) solar cells. The Journal of Physical Chemistry C, 2015, 119 (4): 1763-1767.

[27] Niu G D, Guo X D, Wang L D. Review of recent progress in chemical stability of perovskite solar cells. Journal of Materials Chemistry A, 2015, 3 (17): 8970-8980.

[28] Hao F, Stoumpos C C, Cao D H, Chang R P H, Kanatzidis M G. Lead-free solid-state organic-inorganic halide perovskite solar cells. Nature Photonics, 2014, 8 (6): 489-494.

[29] Im J, Stoumpos C C, Jin H, Freeman A J, Kanatzidis M G. Antagonism between spin-orbit coupling and steric effects causes anomalous band gap evolution in the perovskite photovoltaic materials CH$_3$NH$_3$Sn$_{1-x}$Pb$_x$I$_3$. The Journal of Physical Chemistry Letters, 2015, 6 (17): 3503-3509.

[30] Noel N K, Stranks S D, Abate A, Wehrenfennig C, Guarnera S, Haghighirad A A, Sadhanala A, Eperon G E, Pathak S K, Johnston M B, Petrozza A, Herz L M, Snaith H J. Lead-free organic-inorganic tin halide perovskites for photovoltaic applications. Energy & Environmental Science, 2014, 7 (9): 3061-3068.

[31] Moghe D, Wang L, Traverse C J, Redoute A, Sponseller M, Brown P R, Bulović V, Lunt R R. All vapor-deposited lead-free doped CsSnBr$_3$ planar solar cells. Nano Energy, 2016, 28: 469-474.

[32] Koh T M, Krishnamoorthy T, Yantara N, Shi C, Leong W L, Boix P P, Grimsdale A C, Mhaisalkar S G, Mathews N. Formamidinium tin-based perovskite with low E_g for photovoltaic applications. Journal of Materials Chemistry A, 2015, 3: 14996-15000.

[33] Lee S J, Shin S S, Kim Y C, Kim D, Ahn T K, Noh J H, Seo J, Seok S I. Fabrication of efficient formamidinium tin iodide perovskite solar cells through SnF$_2$-pyrazine complex. Journal of the American Chemical Society, 2016, 138 (12): 3974-3977.

[34] Liao W Q, Zhao D W, Yu Y, Grice C R, Wang C L, Cimaroli A J, Schulz P, Meng W, Zhu K, Xiong R G, Yan Y F. Lead-free inverted planar formamidinium tin triiodide perovskite solar cells achieving power conversion efficiencies up to 6.22%. Advanced Materials, 2016, 28 (42): 9333-9340.

[35] Yang Z B, Rajagopal A, Chueh C C, Jo S B, Liu B, Zhao T, Jen A K Y. Stable low-bandgap Pb-Sn binary perovskites for tandem solar cells. Advanced Materials, 2016, 28 (40): 8990-8997.

[36] Shao S Y, Liu J, Portale G, Fang H H, Blake G R, ten Brink G H, Koster L J A, Loi M A. Highly reproducible Sn-based hybrid perovskite solar cells with 9% efficiency. Advanced Energy Materials, 2018, 8 (4): 1702019.

[37] Song T B, Yokoyama T, Stoumpos C C, Logsdon J, Cao D H, Wasielewski M R, Aramaki S, Kanatzidis M G. Importance of reducing vapor atmosphere in the fabrication of tin-based perovskite solar cells. Journal of the American Chemical Society, 2017, 139 (2): 836-842.

[38] Marshall K P, Walker M, Walton R I, Hatton R A. Enhanced stability and efficiency in hole-transport-layer-free CsSnI$_3$ perovskite photovoltaics. Nature Energy, 2016, 1 (12): 16178.

[39] Zhao Z R, Gu F D, Li Y L, Sun W H, Ye S Y, Rao H X, Liu Z W, Bian Z Q, Huang C H. Mixed-organic-cation tin iodide for lead-free perovskite solar cells with an efficiency of 8.12%. Advanced Science, 2017, 4 (11): 1700204.

[40] Tsai H, Nie W, Blancon J C, Stoumpos C C, Asadpour R, Harutyunyan B, Neukirch A J, Verduzco R, Crochet J J, Tretiak S, Pedesseau L, Even J, Alam M A, Gupta G, Lou J, Ajayan P M, Bedzyk M

J, Kanatzidis M G, Mohite A D. High-efficiency two-dimensional ruddlesden-popper perovskite solar cells. Nature, 2016, 536 (7616): 312-316.

[41] Cao D H, Stoumpos C C, Yokoyama T, Logsdon J L, Song T B, Farha O K, Wasielewski M R, Hupp J T, Kanatzidis M G. Thin films and solar cells based on semiconducting two-dimensional ruddlesden-popper $(CH_3(CH_2)_3NH_3)_2(CH_3NH_3)_{n-1}Sn_nI_{3n+1}$ perovskites. ACS Energy Letters, 2017, 2 (5): 982-990.

[42] Liao Y Q, Liu H F, Zhou W J, Yang D W, Shang Y Q, Shi Z F, Li B H, Jiang X Y, Zhang L J, Quan L N, Quintero-Bermudez R, Sutherland B R, Mi Q, Sargent E H, Ning Z J. Highly oriented low-dimensional tin halide perovskites with enhanced stability and photovoltaic performance. Journal of the American Chemical Society, 2017, 139 (19): 6693-6699.

[43] Wang F, Jiang X Y, Chen H, Shang Y Q, Liu H F, Wei J L, Zhou W J, He H L, Liu W M, Ning Z J. 2D-Quasi-2D-3D hierarchy structure for tin perovskite solar cells with enhanced efficiency and stability. Joule, 2018, 2 (12): 2732-2743.

第 **4** 章

钙钛矿的成膜方法和形貌控制

　　为了改善钙钛矿薄膜的形貌及其光电性能，深入了解钙钛矿的结晶动力学是非常必要的。随着我们对结晶过程认识的不断提高，钙钛矿沉积技术的不断改进，钙钛矿太阳电池的发展有了更大的成就。但无论是沉积技术，还是前驱体物质的组成和顺序，对结晶动力学都有很大的影响。化学溶液方法由于具有低成本、易于操作的特点，从开始就被广泛应用和研究并用来制备高质量的钙钛矿薄膜[1-4]。总体来说，化学溶液方法分为两大类：一步法(one-step method)和两步法(two-step method)。传统的一步法中，钙钛矿薄膜利用混合所有成分的前驱体溶液来制备，影响薄膜质量的主要因素是前驱体薄膜的体积收缩及钙钛矿晶体的成核速度。普遍应用的 $MAPbI_3$ 可以采用传统的两步法，即通过 PbI_2 和 MAI 的化学反应来得到。第一步制备 PbI_2 薄膜，第二步将其浸没在一定浓度的 MAI 异丙醇溶液中转化成 $MAPbI_3$ 薄膜。MAI 要和 PbI_2 发生反应，需要打开层状的 PbI_2，使其扩张成正八面体结构，因此整个薄膜的体积是膨胀的。获得高质量的钙钛矿薄膜的关键是控制形成钙钛矿过程中的各个中间体的体积收缩或者扩张，以及钙钛矿的成核速率[5]。

4.1　钙钛矿的制备方法

4.1.1　一步法

　　在一步法中，钙钛矿的形成主要经历两个过程：过量溶剂的蒸发和固体钙钛矿的结晶。在传统的一步法中，这两个过程通常在旋涂和后期退火的过程中同时发生，这对介孔结构电池的影响并不是很大，然而对于平面结构的电池，由于存在薄膜的收缩问题，很难得到高覆盖度、良好结晶的钙钛矿薄膜。在已报道的一步法制备高质量的钙钛矿薄膜方法中，主要有两类：①通过抑制结晶获得光滑前驱体薄膜，之后通过缓慢的结晶过程形成钙钛矿；②快速结晶，通过加速溶液中钙钛矿的成核速度，快速形成钙钛矿晶体(此过程甚至发生在溶剂蒸发之前)，进而形成连续的高质量薄膜。

最早的一步法沉积 $MAPbI_{3-x}Cl_x$ 钙钛矿薄膜的前驱体溶液使用 DMF 作为溶剂[图 4-1(a)]，将不同浓度的 $PbCl_2$ 和 MAI 按照摩尔比 1:3 的比例混合，旋涂成前驱体薄膜，再经过 100 ℃左右的后退火形成多晶钙钛矿薄膜[6]。钙钛矿前驱体计量比对钙钛矿形貌的影响已经被 Nenon 等通过对钙钛矿的 XRD 进行表征论证了。

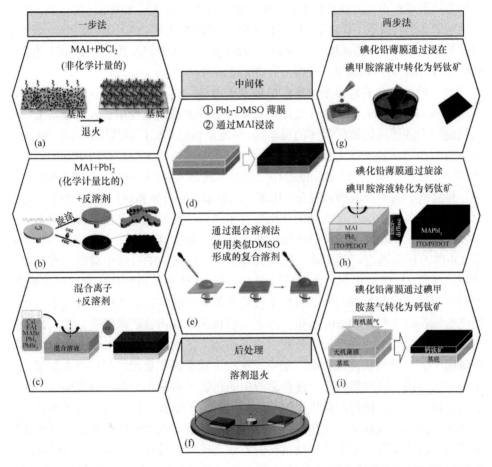

图 4-1　钙钛矿薄膜沉积方法之间的关系：从简单的(a)一步法开始，通常使用非化学计量的前驱体混合物来制备均一致密的钙钛矿薄膜；(b, c)通过反溶剂诱导快速结晶；(d)通过 MAI 浸涂；(e)通过类似 DMSO 的复合溶剂法；(f)通过后处理法；(g)两步法，其中预沉积的金属卤化物薄膜转变为钙钛矿薄膜；(h)旋涂法和相互扩散法或(i)有机蒸气蒸发法[38]

钙钛矿薄膜在退火的过程中往往会发生各种相组分变化。Snaith 等系统地研究了转速和退火温度对钙钛矿薄膜质量的影响[7]。他们发现较高的退火温度（130 ℃）更利于形成高质量的钙钛矿薄膜[8]。通过这种方法制备的钙钛矿中，氯含量远低于投料的计量比，说明一些氯元素在后退火的过程中挥发了[9]。如果退火温度过低，则难以形成较高质量的钙钛矿薄膜[10]。除了退火温度以外，由于钙钛矿对湿度十分敏感，退火的气氛也会影响 $MAPbI_{3-x}Cl_x$ 钙钛矿的形成。通常，钙钛矿在无水汽存在的氛围中会表现出更高的薄膜覆盖度和质量[7]，但是 Yang 等发现在一定湿度的氛围中退火能够促进钙钛矿的重结晶，从而获得高质量的钙钛矿薄膜[11]。然而，这种方法很难获得无孔洞连续的钙钛矿薄膜，影响了钙钛矿太阳电池的效率。其他种类的铅盐也被报道用作前驱物料，其中用乙酸铅[$Pb(CH_3COO)_2$]代替 $PbCl_2$ 表现出更好的薄膜平整性和覆盖度[12]。Zhao 和 Zhu 在一步法中加入氯甲胺（MACl）来降低 $MAPbI_3$ 钙钛矿的结晶速度，获得了高覆盖度的薄膜[13]。

另一种一步法的思路是快速形成钙钛矿晶核。这一类方法被称为反溶剂方法（anti-solvent method）。通常在旋涂钙钛矿前驱体溶液的过程中加入能使溶液中溶质快速析出并形成钙钛矿晶体的反溶剂，快速地得到钙钛矿薄膜[图 4-1 (b) 和 (c)]。Jeon 等已报道将氯苯作为反溶剂在旋涂的过程中促进快速结晶形成更好的钙钛矿薄膜[14]。在这个基础上，Cheng 等用一定摩尔比的 MAI 和 PbI_2 溶解在 DMF 溶液中，并测试不同的反溶剂如氯苯、甲苯、二甲苯、异丙醇和氯仿等 12 种不同溶剂对钙钛矿结晶的影响。反溶剂的使用加快了钙钛矿的结晶，从而获得了微米级的钙钛矿晶粒，并取得了 14% 的能量转换效率[15]。紧接着，Seok 小组使用二甲基亚砜（DMSO）作为溶剂，利用其黏度较大等特性，在旋涂的过程中首先得到平整的前驱体薄膜，再滴加甲苯等作为反溶剂，使钙钛矿快速从前驱体薄膜中沉淀析出。他们使用这种溶剂工程的方法获得了极其平整致密的钙钛矿薄膜，认证了 17.9% 的能量转换效率[14]。Cheng 等也提出了一种快速形成钙钛矿薄膜的方法，他们使用 DMF 作为溶剂，在旋涂的过程中快速滴加大量的反溶剂氯苯，立即得到钙钛矿薄膜[16]。在这些快速成核的方法中，核心步骤都是在旋涂过程中引入氯苯、甲苯等有机溶剂，这些溶剂不会使前驱液中的钙钛矿前驱体分解，却能和前驱液中的溶剂快速混合，使得溶质快速地从溶剂中析出形成致密均匀的钙钛矿晶体，这种快速结晶的过程甚至发生在热退火蒸发溶剂之前，因此能够有效地提高钙钛矿薄膜的表面覆盖度。除了这种反溶剂的方法，在旋涂过程中利用惰性气体辅助来加快溶剂蒸发，进而改变钙钛矿成核动力学过程和晶体生长，加快钙钛矿的结晶，也能获得高质量的钙钛矿吸光薄膜[17]。

4.1.2 两步法

在一步法中，最主要的问题是自然结晶的钙钛矿可能会出现薄膜质量不高的问题，其光电物理特性也不尽如人意。相对来说，非常平整均匀的 PbI_2 薄膜可以非常容易地通过化学溶液方法得到。PbI_2 的层状结构可以很容易地和 MAI 等发生反应。最早的时候，Mitzi 等就报道了将 PbI_2 薄膜浸没到 MAI 溶液中得到 $MAPbI_3$ 钙钛矿的两步法[18]。Grätzel 小组首先将这种方法引入到钙钛矿太阳电池的制备中，获得了超过 15% 的效率[19]。从此之后，越来越多的小组采用并发展了这种两步方法制备钙钛矿太阳电池。

传统两步法的反应过程是一个异相反应过程，即固态的 PbI_2 同 MAI 溶液反应[图 4-1 (g)]。在这个反应中，其中一个关键的因素是：最终的钙钛矿薄膜的形貌在很大程度上是由 PbI_2 前驱体薄膜决定的。早期第一步通常采用旋涂热的（60～70 ℃）PbI_2 溶液来制备 PbI_2 薄膜，这主要是由于热的 PbI_2 溶液具有较大的溶解度，且热的溶液具有更好的基底浸润性，易于得到平整的薄膜。另一个关键因素是由 MAI 扩散到 PbI_2 结构中的速率决定的。相对来说，一个致密的 PbI_2 薄膜比疏松的 PbI_2 薄膜更不利于 MAI 的进入，形成钙钛矿的时间也会更长。介孔结构的 PbI_2 薄膜能够提供空间使 MAI 进入其中。在早期的两步法中，Grätzel 等报道只需要 10 s 左右的时间就能从 PbI_2 完全转化成钙钛矿[19]。而在平面结构中，则需要长达数个小时的时间来完全转化，这种长时间的浸泡反应会导致钙钛矿的分解，甚至导致钙钛矿同基底的分离，因此将会很大程度上影响钙钛矿太阳电池的效率和重复性[20]。另外，表面形成的致密钙钛矿可能会进一步抑制 MAI 进去同下层的 PbI_2 继续反应，从而造成 PbI_2 的残留，导致较低的电池效率[21]。为了促进 PbI_2 同 MAI 进行反应，不同的研究组在制备方法上做了大量的研究。为了降低 PbI_2 本身的结晶性，通过将旋涂完毕的 PbI_2 放置一段时间来代替加热烘干，以控制溶剂的挥发，从而得到一种疏松多孔的 PbI_2 结构，能够有利地促进 PbI_2 同 MAI 之间反应，减少完全形成钙钛矿的时间[22]。Zhao 和 Zhu 通过旋涂 PbI_2-MACl 的薄膜，再通过加热分解，使 MACl 挥发，也能得到疏松多孔的 PbI_2 薄膜[23]。Han 小组使用 DMSO 溶剂来溶解 PbI_2，由于 DMSO 与 PbI_2 的强配位作用，旋涂形成一种无定形的 PbI_2 薄膜[24]。这种无定形的薄膜在形貌上更加均匀，同时 DMSO 同 PbI_2 的配位也为 MAI 进入 PbI_2 框架中提供了空间，最终使得钙钛矿的完全转化变得更加容易。之后，由这种两步法衍生出来的两步旋涂方法也是一种制备钙钛矿的有效方法。在这种两步旋涂方法中，第二步浸泡 MAI 溶液的步骤变成在 PbI_2 薄膜上滴涂一定浓度的 MAI 溶液，使得 MAI 旋涂和扩散两个过程同时进行。快速旋干的 MAI 溶液使得 MAI 在表面略微过量，减小了钙钛矿再分解为 PbI_2 和 MAI 的可能性，更加有力地促进了钙钛矿正向反应的进行[25]。最近，在 PbI_2 的 DMF 溶剂中加入一定量的 DMSO 溶剂，提高 PbI_2 的溶解度和溶液的黏性[26]，或者通过合成 $PbI_2(DMSO)$ 等摩尔比配位的粉末作为溶质溶解在 DMF 溶剂中[27]，再结合两步旋涂方法，进一步提高了钙钛矿制备的重复性、薄膜的晶体质量以及器件的性能。

4.1.3　气相沉积方法

双源共蒸发(dual-source vapor deposition)方法最早被用来制备均匀的平面钙钛矿薄膜[28]。这种方法是在真空环境下分别使用 MAI 和 PbCl$_2$，按照摩尔比 3∶1 的比例同时蒸发到基底上形成 MAPbI$_{3-x}$Cl$_x$ 钙钛矿。这种物理蒸发的方法需要精确地控制 PbCl$_2$ 和 MAI 的蒸气压的比例来得到高性能的钙钛矿薄膜，利用这种方法制备的钙钛矿太阳电池获得了超过 15%的能量转换效率。这种方法显示出很好的重复性及工业上制备大面积钙钛矿薄膜的潜力[29]，但是这种方法需要非常昂贵先进的真空沉积设备，而且如何精确地控制各个组分的蒸气压也需要丰富的经验。此外，沉积过程中复杂的反应过程及反应机理并没有得到充分的研究，因此目前只有少数的研究小组致力于这种方法的开发。当然，钙钛矿太阳电池要走向大面积、大规模商业化应用，这种气相沉积的方法将是工业制造的有效方法之一。

4.1.4　蒸气辅助溶液法

2013 年年底，Yang 课题组在溶液法制备钙钛矿薄膜和蒸发法制备钙钛矿薄膜的基础上，发明了蒸气辅助溶液法制备钙钛矿薄膜[30]。首先在 FTO/c-TiO$_2$ 基底上采用 PbI$_2$ 溶液旋涂制备一层 PbI$_2$ 薄膜，然后再采用 CH$_3$NH$_3$I 蒸气与之反应生成了高质量的钙钛矿薄膜，基于该钙钛矿薄膜的钙钛矿太阳电池能量转换效率达到了 12.1%。此法制备钙钛矿薄膜时，CH$_3$NH$_3$I 蒸气透过 PbI$_2$ 晶体之间的微小空隙与之充分接触反应，能很好地形成均匀的钙钛矿 MAPbI$_3$，该钙钛矿薄膜的稳定性非常好，可以长时间在空气中保存。

4.1.5　其他方法

钙钛矿层的制备方法除了以上介绍的方法外，还有气相沉积法、静电纺丝、图案化薄膜、超声喷雾法、激光脉冲沉积法、喷涂法、电沉积法、低温溶液铸造等[31-37]，随着对钙钛矿太阳电池研究的不断深入，未来制备钙钛矿光活性层的方法将更加丰富、先进和实用。

4.2　钙钛矿薄膜的晶界调控

高质量钙钛矿薄膜的生长对器件的效率有重要影响，具有大晶粒、高结晶度的钙钛矿薄膜可以减少薄膜的缺陷并提高载流子迁移率，而光滑致密的形貌可以有效避免漏电流的产生[39]。一般而言，钙钛矿薄膜主要受成核及晶体的生长控制。诱导快速成核、降低晶体生长速度可以获得高质量的钙钛矿薄膜。但是结晶过程难以精确控制，导致钙钛矿薄膜总会出现一些缺陷，如针孔或者晶界。因此减少针孔和晶界的形成对钙钛矿薄膜形貌非常重要。在成膜过程中，退火温度、溶剂氛围和前驱体浓度等生长条件的调控对于得到高质量的钙钛矿薄膜非常重要。到目前为止，已有很多文献报道改善成膜的方法，如在钙钛矿中加入添加剂、无机酸(HI，HBr，HCl)[40-42]、有机溶剂[DMSO[43]、1,8-二碘辛烷(1,8-diiodooctane，DIO)[44]、二甲基硫醚[45]、聚氨酯(polyurethane，PU)[46]]、富勒烯(PC$_{61}$BM[47])、金属盐 KCl[48]、RbI[49]、有机卤化盐[50-52]、纳米粒子磺化碳纳米管[53]等，以及在旋涂的过程中通过反溶剂处理[30, 54]，将 PC$_{61}$BM[55]、富勒烯衍生物(α-bis-PC$_{61}$BM)[56]、(3,9-双(2-亚甲基-(3-(1,1-二氰基甲基)-茚酮)-5,5,11,11-四(4-己基苯基)-二噻吩[2,3-d:2′,3′-d']-s-二噻吩[1,2-b:5,6-b']二噻吩)(ITIC)、7,7′-[4,4-双(2-乙基己基)-4H-硅氧烷[3,2-b:4,5-b']二噻吩-2,6-二基]双[6-氟-4-(5′-己基-[2,2′-二噻吩]-5-基)苯并[c][1,2,5]噻二唑](p-DTS(FBTTh$_2$)$_2$)(DTS)和基于苯并二噻吩(BDT)单元的 DR3TBDTT[57]、聚甲基丙烯酸甲酯[poly(methyl methacrylate)，PMMA][58]等溶解在反溶剂氯苯中促进成核作用，减少晶界的产生，形成高覆盖度的薄膜。

4.2.1　添加剂法

1. 富勒烯添加剂

富勒烯和富勒烯衍生物由于具有高的电子迁移率及良好的光电性能常被用来作为钙钛矿太阳电池的电子传输层。此外，富勒烯在结构中会减少电子和空穴复合过程，可以明显降低 J-V 特性的迟滞。因此，非常有必要将富勒烯及其衍生物掺入钙钛矿前驱体溶液作为改善形态、电荷转移和传输及滞后性能的添加剂。Sargent 团队第一个将 PC$_{61}$BM 分子作为添加剂掺入钙钛矿溶液中形成钙钛矿/PC$_{61}$BM 混合膜，明显减少滞后现象和复合损失[图 4-2(a)～(c)][59]。由于在钙钛矿中电子的扩散长度比空穴的短，因此引入介孔的电子传输支架更有利于传输电荷[60]。Gong 等将 PC$_{61}$BM 混入钙钛矿中形成本体异质结钙钛矿，提高PC$_{61}$BM/MAPbI$_3$ 界面的电子收集及传输能力，从而提高钙钛矿器件的短路电流[图 4-2(d)和(e)][61]。2016 年，Chiang 和 Wu 直接将 PC$_{71}$BM 分子混合到碘化铅溶液中，应用两步法制备钙钛矿薄膜形成本体异质结的 p-i-n 型钙钛矿太阳电池。PCBM 分子填充在钙钛矿晶界处或附近，对钙钛矿太阳电池的电荷性能、平衡电子和空穴迁移率产生了很大的影响，有利于提高填充因子和短路电流密度，减少滞后现象[图 4-2(f)][47]。与 PC$_{61}$BM 粉末相比，1D PC$_{61}$BM 纳米棒具有较高的表面积和电子迁移率。Dai 等研究发现，一定量的 1D PC$_{61}$BM 纳米棒结合到钙钛矿前驱体溶液中可以增大钙钛矿的晶粒尺寸，提高钙钛矿太阳电池的光电性能且没有明显的滞后现象[图 4-2(g)][62]。

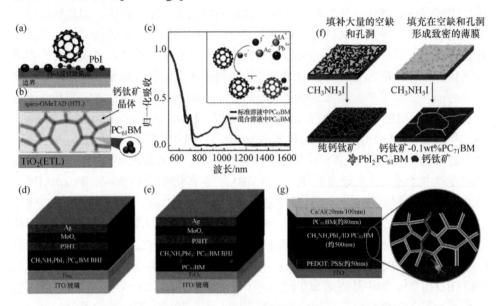

图 4-2 （a）卤化物诱导深陷阱的原位钝化示意图：PC61BM 在钙钛矿自组装过程中吸附在 Pb-I 反位缺陷晶界上；（b）使用钙钛矿-PC61BM 混合薄膜作为活性吸收层的平面钙钛矿太阳电池的器件结构，PC61BM 相均匀地分布在整个钙钛矿层的晶界处；（c）混合溶液的吸收光谱，显示了 PC61BM 与钙钛矿离子之间的相互作用[59]；（d）常规本体异质结钙钛矿太阳电池的器件结构；（e）PC61BM 改性体异质结钙钛矿太阳电池的器件结构[61]；（f）在 PC71BM 存在及不存在的情况下形成钙钛矿粒子的机制[47]；（g）掺入 1D PC61BM 的器件结构[62]

2. 溶剂添加剂

针对钙钛矿成膜过程中结晶速度快导致晶粒尺寸较小和结晶性较差的问题，近期研究人员将二甲硫醚（dimethyl sulfide，DS）作为添加剂制备钙钛矿薄膜。研究发现，在钙钛矿前驱体溶液中，DS 中硫原子的孤对电子可以与铅的空轨道结合，形成络合物。利用钙钛矿前驱体溶液旋涂制备薄膜，在钙钛矿形成过程中，DS 缓慢从络合物中解离，钙钛矿的结晶速度降低，从而实现了钙钛矿多晶薄膜晶粒尺寸的增加和结晶质量的提高[图 4-3(a)][45]。利用添加剂制备的高质量钙钛矿薄膜被应用到柔性器件中，电池效率明显提高。基于添加剂制备高质量钙钛矿吸光层，研究人员同时制备了不同面积的柔性钙钛矿太阳电池，当其面积增加到 1.2 cm² 时，效率可达 13.35%，是目前大面积柔性钙钛矿太阳电池的最高效率。利用添加剂制备的钙钛矿薄膜缺陷态密度较低，复合电阻增大，稳态荧光猝灭增强，表明其可实现载流子的有效分离、传输及收集，有利于钙钛矿太阳电池性能的提升。近日，瑞典林雪平大学高峰副教授、香港城市大学 Lee 教授和新加坡南洋理工大学 Sum 副教授团队合作，提出了一种提高层状钙钛矿太阳电池效率的新方法。该方法通过在前驱体溶液中引入 DMSO 和 MACl 双添加剂并使用 DMF 溶剂退火实现。研究发现，通过 DMSO 和 MACl 添加剂的协同作用可以制备出具有高平整度、高结晶度、大晶粒尺寸和低缺陷态的高质量的层状钙钛矿薄膜。基于该方法制备的高质量层状钙钛矿薄膜应用在太阳电池中可以大幅度提高能量转换效率至 12%以上，远远高于参比器件 1.5%左右的效率[63][图 4-3(b) 和(c)]。周欢萍等通过在钙钛矿前驱体溶液中引入已经商业化的廉价甲胺乙醇溶液作为添加剂，制备了高效率、可商业化的钙钛矿薄膜及太阳电池。一定量的甲胺乙醇添加剂还能够降低结晶过程中的成核速率，有效促进钙钛矿晶粒的长大，消除晶界对器件性能的不利影响。甲胺乙醇添加剂还能够通过配位作用调控钙钛矿前驱体溶液的胶体粒子大小，降低多碘-铅配合物的浓度，进而影响钙钛矿薄膜的成膜过程及薄膜质量。甲胺乙醇溶液的引入能够有效抑制碘单质的生成，避免其对器件性能的不良影响，而且大大提高了对前驱体物料比的精确控制。通过这一简单的方法，基于厚度为 650 nm 的高质量薄膜的钙钛矿太阳电池获得了 20.02%的能量转换效率和超过 19%的稳定输出效率。更重要的是，该方法工艺简单、普适性强，在工业化应用中具有很大的优势[64][图 4-3(d)]。

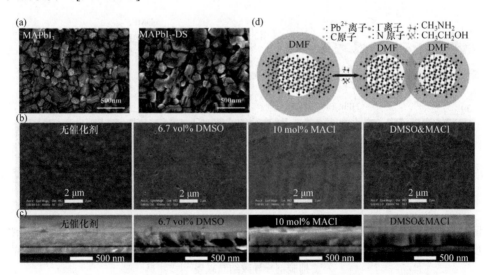

图 4-3 (a)钙钛矿 MAPbI₃ 薄膜中有和无二甲硫醚 DS 掺杂剂的扫描电子显微镜图像[45]；钙钛矿(PEA)₂(MA)₃Pb₄I₁₃ 薄膜中有和无掺杂剂的表面(b)和断面(c)扫描电子显微镜图像[63]；(d)以 MA/EtOH 作为添加剂的钙钛矿前驱体溶液中胶体中间状态的示意图[64]

3. 无机酸

无机酸添加剂，如氢碘酸(HI)[65-67]、氢溴酸(HBr)[68]、盐酸(HCl)[69]、磷酸(HPA)[70]、氨基磺酸(NH_2HSO_3)[71]作为添加剂最近受到了越来越多的关注，无机酸的加入可以形成更加致密和高覆盖率的钙钛矿薄膜。许建斌等通过碘化铅与氢溴酸反应合成配位完全的前驱体 $HPbI_2Br$，从而减少了前驱体溶液中溶剂分子和钙钛矿胶体的配位[图 4-4(a)]。然后，用 $HPbI_2Br$ 来取代传统的 PbI_2 与过量的 FAI 反应。由于 $HPbI_2Br$ 具有较弱的热稳定性，在钙钛矿生长过程中它能够与 FAI 之间进行 Br^- 和 I^- 卤素交换，最终实现了制备高质量的 $FAPbI_{3-x}Br_x$ 薄膜。卤素交换过程能有效地减缓钙钛矿晶粒的生长速率，从而有利于晶粒的充分长大，最终钙钛矿薄膜的晶粒尺寸达到 2～3 μm。制备出的钙钛矿太阳电池能量转换效率达到了 19.0%。同时由于其大尺寸晶粒和高结晶性，钙钛矿薄膜的湿度和热稳定性都有了极大的提升[72]。Xu 等通过室温下 HCl 辅助旋涂制备了高度平整和具有大晶粒尺寸的全覆盖钙钛矿薄膜[图 4-4(b)]。他们指出氯化物在钙钛矿结晶过程中起着抑制剂的重要作用，铅-碘-铅的形成在氯化物与铅配位时更难，导致成核和核生长减速[图 4-4(c)]，获得 16.1%的能量转换效率，此外，钙钛矿太阳电池的稳定性也得到了提高，在无封装的条件下放置两个半月，仍能保持原有效率的 95%[69]。

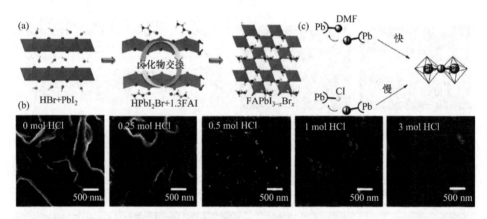

图 4-4　(a)$FAPbI_{3-x}Br_x$ 钙钛矿的中间合成及其卤化物交换的示意图[72]；(b)使用不同的盐酸浓度制备的钙钛矿薄膜的扫描电子显微镜图像；(c) Pb—I—Pb 键的形成，其中氯作为反应中的抑制剂，导致结晶减慢[69]

4. 聚合物

由于钙钛矿由有机阳离子和无机离子组成，而聚合物中的一些原子(如 O 原子)可以与 $CH_3NH_3^+$ 中的 H 原子形成氢键。同时，聚合物中的一些原子(如 S 原子和 N 原子)的孤电子对可以与铅离子强烈地相互作用，这反过来稳定了钙钛矿的骨架结构。此外，具有良好溶解度的聚合物可以减小接触角，有助于钙钛矿前驱体的扩散，也可以延缓钙钛矿的生长，形成较大的晶体，这有助于提高钙钛矿膜在基底上的覆盖率。因此，聚合物作为添加剂被深入探索，以促进均匀结晶，优化晶体生长动力学性能，并最终提高器件性能。Chang 等首次报道聚乙二醇（polyethylene glycol，PEG）作为钙钛矿前驱体溶液中添加剂制备高性能钙钛矿太阳电池[73]。赵清等将吸湿性聚乙二醇作为聚合物骨架引入到钙钛矿吸光层中，聚乙二醇长链构成的三维网络和超强的吸湿性使钙钛矿材料的成膜质量和湿度环境下的稳定性显著提高，制备了能量转换效率超过 16% 的聚合物骨架钙钛矿太阳电池，结果与 Chang 等报道的一致[74][图 4-5（a）和（b）]。本课题组陈义旺等通过对钙钛矿前驱体溶液引入高弹体材料 PU，在调控钙钛矿晶体成核、减缓其结晶速率的同时，提高了钙钛矿薄膜的耐弯折性能，为制备高性能柔性钙钛矿太阳电池提供了新的思路。通过这种方法可以获得在微观上紧凑的微米级晶粒，以及宏观上光滑透亮的钙钛矿薄膜，它能展现出优异的光电性能。基于此制备的钙钛矿太阳电池器件效率高达 18.7%，并且几乎没有光电流迟滞效应，同时在空气中也十分稳定[46][图 4-5（c）和（d）]。此外，还有许多聚合物被用作添加剂应用于钙钛矿太阳电池中，如聚[9,9-双（3′-（N，N′-二甲氨基酚丙基-2-7-芴）-alt-2,7-（9，9-二辛基芴）]（PFN-P1）[75]、PVP[76]等。

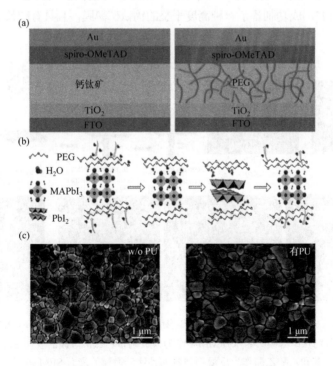

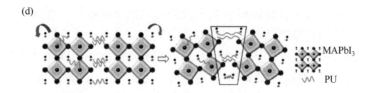

图 4-5　(a)平面异质结结构的钙钛矿太阳电池和聚合物支架结构的钙钛矿太阳电池；(b)钙钛矿太阳电池自愈性能的机理示意图[74]；(c)在 100 ℃退火 10 min 后，钙钛矿薄膜中有 PU 和无 PU 掺杂剂的扫描电子显微镜图像；(d)PU 和钙钛矿晶体的化学相互作用示意图[46]

4.2.2　反溶剂界面工程

　　2016 年，韩礼元等将 PCBM 溶于甲苯溶剂[图 4-6(a)]，利用一步法反溶剂处理制备钙钛矿/PCBM 异质结反向电池，增大了钙钛矿晶粒尺寸并减少了晶界，从而增强了电荷的收集并减少了复合，制备得到较大面积(1.022 cm²)且认证效率达 18.21%的钙钛矿太阳电池[55]。2017 年，富勒烯衍生物(α-bis-PCBM)的引入促进了钙钛矿的结晶和电子的提取，从而获得了高效率(20.8%)且重现性好的钙钛矿太阳电池[56]。Grätzel 课题组开发了一种利用 PMMA 作为模板控制钙钛矿成核和生长的方法[图 4-6(b)]，成功制备了一种高度平整的钙钛矿薄膜，且具有超长的光致发光寿

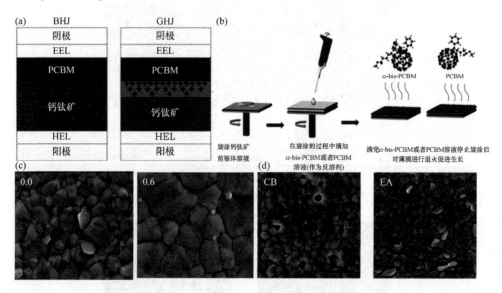

图 4-6　(a)本体异质结和 PCBM 反溶剂制备形成的分层异质结[55]；(b)α-bis-PCBM 或 PCBM 作为反溶剂制备钙钛矿薄膜[56]；(c)PMMA 作为模板制备钙钛矿薄膜的表面 SEM 图[58]；(d)氯苯和乙酸乙酯作为反溶剂制备的钙钛矿薄膜的表面 SEM 图[77]

命，这表明其具有优异的电学性能。在 AM 1.5G 光照条件下，钙钛矿能量转换效率高达 21.6%，认证效率为 21.02%[58]。武汉理工大学程一兵团队成员黄福志研究员和钟杰副研究员等使用良性溶剂乙酸乙酯(EA)替换钙钛矿太阳电池制备过程中的反溶剂和常用来溶解空穴传输材料 spiro-OMeTAD 的剧毒致癌溶剂氯苯(CB)[图 4-6(c)]，不仅提高了钙钛矿薄膜的质量，还显著提高了钙钛矿太阳电池的能量转换效率，其中小面积电池效率达到 19.43%(0.16 cm^2 光照孔径面积)，小型组件效率达到 14%(5 cm×5 cm)。采用绿色溶剂工程同时适用于制备大面积、无针孔的钙钛矿薄膜和电池组件，性能的提升主要是由于溶剂处理后钙钛矿电荷传输提升和界面复合减少[77]。

4.3 钙钛矿太阳电池结构

钙钛矿太阳电池的基本结构主要包括透明导电玻璃、n 型电子传输层、钙钛矿层、p 型空穴传输层、金属电极。钙钛矿太阳电池通常以钙钛矿作为光吸收层，钙钛矿两端界面分别与电子传输层和空穴传输层接触形成 p-i-n 结构异质结，异质结两侧分别与光阳极和对电极形成欧姆接触。按照出现的先后顺序，常见的钙钛矿太阳电池可以分为介孔结构和平面异质结结构。

4.3.1 介孔结构

图 4-7(b)所示为最典型的介孔结构钙钛矿太阳电池，在钙钛矿太阳电池研究初期工作中，器件大多属于介孔结构，这种结构借鉴于染料敏化太阳电池。电池以导电玻璃 FTO 为基底，以致密 TiO_2 为电子传输层，介孔 TiO_2 为支撑框架，将钙钛矿材料填充在介孔 TiO_2 空隙中，之后将空穴传输材料沉积在钙钛矿层上，最后镀上金属电极。由于钙钛矿填充在介孔结构中，其形貌主要取决于介孔层。介孔结构太阳电池中的介孔骨架层(TiO_2、Al_2O_3)为钙钛矿吸收层提供骨架支撑的作

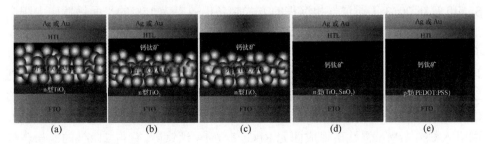

图 4-7 (a) 染料敏化太阳电池结构；(b) 介孔结构；(c) 无空穴传输层介孔结构；
(d) n-i-p 结构；(e) p-i-n 结构[78]

用，并能增大钙钛矿吸收层的接触面积，有效提高电子传输效率。介孔结构钙钛矿太阳电池的优势在于，电子传输更快，有效减少电子与空穴的复合。但介孔层的制备通常需要 400～500 ℃的高温退火处理，这无疑增加了钙钛矿太阳电池制备工艺的难度。随着钙钛矿制备工艺的进步，在没有支架层辅助的情况下，也可以得到均匀且没有针孔的钙钛矿吸光层。由于部分或者全部去除介孔层的器件在效率方面具有一定优势，相关研究工作中新的器件结构逐渐取代介孔结构。这些新结构包括含覆盖层介孔结构和平面结构。

迟滞现象是钙钛矿太阳电池的一个重要特征，具体表现为 *J-V* 测试中从短路电流状态逐渐提高电压至开路状态(称为正扫)，得到的 *J-V* 曲线和效率不同于从开路状态逐渐降低电压至短路状态(称为反扫)得到的结果。采用半导体金属氧化物的介孔结构钙钛矿太阳电池中，在测量 *J-V* 曲线时具有较低的迟滞。为了保持这种优势，同时消除吸光层厚度过大的不利影响，在介孔结构钙钛矿太阳电池出现后不久，Grätzel 等就利用含覆盖层介孔结构的钙钛矿太阳电池获得了 15%的效率[19]。含覆盖层介孔结构的钙钛矿太阳电池，相比于介孔结构，含覆盖层介孔结构采用较低厚度的介孔层，并且在介孔层上沉积一层由高质量钙钛矿组成的覆盖层。由于覆盖层由钙钛矿组成，吸收能力高于填充在介孔中的钙钛矿，含覆盖层介孔结构可以在保持低迟滞优势的同时增大吸收系数，从而减小整体厚度，提高载流子收集效率。含覆盖层介孔结构的钙钛矿太阳电池关键在于获得高质量的覆盖层，由于没有作为支架的介孔层辅助，这种结构对钙钛矿沉积工艺的要求高于介孔结构，制备工艺也更加复杂。

Snaith 等在 2012 年报道了采用 Al_2O_3 的介孔钙钛矿太阳电池。Al_2O_3 介孔层具有绝缘性质，仅作为辅助钙钛矿沉积的支架，不参与载流子传输[79]。这项工作得出一个重要结论，即钙钛矿本身具有传输载流子的能力，而导电的金属氧化物如 TiO_2，并不是必需的。平面结构钙钛矿太阳电池去除了介孔结构的金属氧化物，钙钛矿层与其他层之间形成平面接触的界面。平面结构钙钛矿太阳电池关键在于采用适当的钙钛矿制备工艺，可以在无支架的情况下获得高质量的钙钛矿薄膜。Snaith 等在 2013 年通过气相沉积的方式制备出效率为 15%的平面钙钛矿太阳电池[28]。2014 年，Seok 组报道了利用反溶剂法制备 $MAPbI_3$ 沉积在 200 nm TiO_2 介孔层上，获得了 16.2%的认证效率[80]。通过研究者不断的优化条件，2015 年，Jeon 等和 Yang 等分别报道出 18.5%[14]和 20.1%[27]的认证效率。FA/MAPbI/Br 钙钛矿(带隙为 1.6 eV)高的开路电压为实现高效率提供了基础。基于介孔结构的 Cs 掺杂 FA/MA 钙钛矿的器件效率可提高至 21.1%，且钙钛矿的稳定性也提高[81]。铷引入 Cs/FA/MA 钙钛矿形成四元 RbCs/FA/MA 钙钛矿，获得 21.6%的能量转换效率[49]。钙钛矿膜相比填充在介孔中的钙钛矿吸收效率更高，因此平面结构钙钛矿太阳电池相比介孔结构通常厚度更小，具有更高的开路电压和短路电流，但迟滞现象更为严重[41, 82]。由于无介孔层，相比介孔结构和含覆盖层介孔结构，平面结构的一个重要优势是无需高温退火，可以在低温下进行制备，有利于大面积生产[83]。

4.3.2 无空穴传输层介孔结构

无空穴传输层钙钛矿太阳电池通常是在钙钛矿层上直接蒸镀金。由于金和钙钛矿层之间相对少的化学相互作用，这类钙钛矿太阳能器件的工作原理深受研究者的关注。在这种钙钛矿太阳能器件结构中，钙钛矿材料既充当吸光层也充当空穴传输层，形成类似 TiO_2 作为电子传输层的本体异质结结构。第一个无空穴传输层的钙钛矿太阳电池取得了 5.5%的能量转换效率[84]。Shi 等采用两步沉积法制备钙钛矿层，获得了 10.5%的能量转换效率[85]。当将 Al_2O_3 沉积在钙钛矿层和金之间阻挡电子传输时，能量转换效率提高到 11.1%[86]。紧接着 ITO/$CH_3NH_3PbI_3$/$PC_{61}BM$/bis-C_{60}/Ag 和 ITO/$CH_3NH_3PbI_3$/C_{60}/BCP/Ag 两种器件被报道，分别获得了 11.0%[87]和 16.0%[88]的能量转换效率。bis-C_{60} 和 C_{60} 作为空穴阻挡层有利于传输电子[89]。Han 等利用碳作为电极，免去空穴传输层的使用，制备出高效(12.8%)、高稳定的钙钛矿太阳电池[90]。

4.3.3 n-i-p 结构

2013 年，Ball 等第一次制备平面型钙钛矿器件结构 FTO/致密 TiO_2/钙钛矿/spiro-OMeTAD/Au[91]。Eperon 等通过优化制备器件的条件(氛围、退火温度、薄膜厚度等)制备出能量转换效率为 11.4%的平面钙钛矿太阳电池[92]。Liu 等制备出能量转换效率为 15%的平面钙钛矿太阳电池，器件无明显迟滞现象且效率比较稳定[93]。在平面结构钙钛矿中分为 n-i-p 型平面结构和 p-i-n 型平面结构。图 4-7(d)所示为平面异质结结构钙钛矿太阳电池，与介孔结构太阳电池不同的是，其无介孔 TiO_2 层，直接在致密 TiO_2 传输层上旋涂钙钛矿层。透明导电玻璃 FTO 为基底支撑并为钙钛矿太阳电池传输电子。电子传输层(TiO_2)起收集和传输电子的作用。收集钙钛矿吸收层产生的电子，将电子传输到导电玻璃上，进而传输到外电路。钙钛矿太阳电池最关键的部分为钙钛矿吸收层，起吸收太阳光，在吸收层产生电子-空穴对，并将电子和空穴分别传向电子传输层和空穴传输层的作用。空穴传输层的作用是收集钙钛矿吸收层产生的空穴并将空穴传输到金属电极上，进而传输到外电路。金属电极(Au、Ag)通过热蒸发的方法沉积在空穴传输层上，起传输空穴或电子和连通外电路的作用。不过，已有研究表明，钙钛矿材料与其他吸光材料不同的是，其不仅可以产生电子-空穴对，还可以实现电荷分离和空穴及电子的传导，因此空穴传输层并非钙钛矿太阳电池的必要组成部分。n-i-p 型平面结构钙钛矿太阳电池是直接在 FTO 导电玻璃上逐层制备电子传输层、钙钛矿层、空穴传输层和金属电极所得到的电池。在平面异质结结构中，钙钛矿层吸收光子产生的激子在与电子传输层和空穴传输层的界面发生分离成为电子和空穴，其中电子从钙钛矿的导带传输到 TiO_2 的导带，空穴则由钙钛矿的价带传输到空穴传输层的价带，最后被金属电极收集。2015 年，Ball 第一次报道平面钙钛矿太阳电池，Correa-Baena 等用 ALD 方法将 SnO_2 (15 nm) 作为电子传输层制备出稳定能量转换效率为 18.2% 的平面钙钛矿太阳电池。2016 年，Jiang 等用 SnO_2 纳米粒子作为电子传输层，且基于 $(FAPbI_3)_x(MAPbBr_3)_{1-x}$ 钙钛矿材料得到了 20.5% 的高效的平面钙钛矿太阳电池[94]。2018 年，刘生忠课题组报道了一种 EDTA 络合氧化锡的新型电子传输层 (EDTA-SnO_2)。EDTA-SnO_2 作为电子传输层的平面型钙钛矿太阳电池的效率高达 21.60% (认证效率为 21.52%)，并有效地抑制了回滞现象，减少了电荷复合并提升了电池稳定性。通过研究者的不断努力，You 等已经报道了平面 n-i-p 结构的最高认证效率达到 23.3%。

4.3.4 p-i-n 结构

p-i-n 型结构即为反置平面异质结结构，即在 FTO 导电玻璃上依次制备空穴传输层、钙钛矿层、电子传输层和金属电极所得到的电池结构。这种电池的工作机理是在钙钛矿材料吸收光子产生激子后，同样在与电子传输层和空穴传输层的界面发生分离成为电子和空穴，之后电子从钙钛矿的导带传输至电子传输层的 LUMO 能级，空穴从钙钛矿的价带传输至空穴传输层，最后被导电玻璃收集。与 n-i-p 型平面异质结所不同的是，这种反置结构的钙钛矿太阳电池所使用的电子传输层不再是无机 TiO_2 层，而是有机的富勒烯衍生物 ([6,6]-苯基-C_{61}-丁酸甲酯，$PC_{61}BM$)，同时空穴传输层也改用 PEDOT：PSS 或 NiO_x 等。

Guo 等第一次制备出 p-i-n 结构 ITO/PEDOT：PSS/$CH_3NH_3PbI_3$/C_{60}/BCP/Al 的钙钛矿太阳电池，效率为 3.9%[95]。Sun 等通过一步法制备出 ITO/PEDOT：PSS/$CH_3NH_3PbI_3$/$PC_{61}BM$/Al 钙钛矿太阳电池，获得 5.2% 的效率，并通过连续沉积的方法制备出效率为 7.4% 的钙钛矿太阳电池[96]。当用共蒸发 CH_3NH_3I 和 PbI_2 的方法制备钙钛矿层时，钙钛矿太阳电池的效率提高到 12%[97]。Wang 等用两种富勒烯层作为电子传输层钝化钙钛矿晶界，效率提高到 12.8%，填充因子第一次超过 80%。这也是第一次发现当钙钛矿前驱体溶液中 MAI 和 PbI_2 比例不是 1 时，采用一步法制备的钙钛矿薄膜具有更好的形貌，且器件效率更高[98]。由于 PEDOT：PSS 具有吸湿性和酸性等缺点，2016 年，Yang 等采用 p 型 NiO_x 作为空穴传输层和 n 型 ZnO 纳米粒子作为电子传输层，制备出 p-i-n 型结构 ITO/NiO_x/钙钛矿/ZnO/Al 的钙钛矿太阳电池，最终获得 16.1% 的能量转换效率。和有机物电子传输层相比，这种无机的电子传输层对水和氧有更好的稳定性，其中 ZnO 层将钙钛矿和 Al 隔离，从而起到阻止降解的作用。在室温下，空气中保存 60 天后，该电池仍然具有 90% 的能量转换效率[99]。2017 年，朱瑞课题组利用双源前驱体法制备了高质量、类似镜面的混合阳离子钙钛矿薄膜，将 p-i-n 结构钙钛矿太阳电池的能量转换效率提高至 20.15%[100]。近期，Chang 等在低温下制备了基于 NiO_x 空穴传输层的效率为 20.2% 的高效平面 $MA_{1-y}FA_yPbI_{3-x}Cl_x$ 钙钛矿太阳电池[101]。Unold 等 通 过 界 面 工 程 制 备 了 平 面 ITO/PTAA/PFN-P2/CsPbI$_{0.05}$[(FAPbI$_3$)$_{0.89}$(MAPbBr$_3$)$_{0.11}$]$_{0.95}$/C$_{60}$/BCP/Cu 1 cm^2 钙钛矿太阳电池，减少了界面的载流子复合，器件认证效率为 19.83%，其中开路电压为 1.17 V，填充因子 FF 大于 81%[102]。平面 p-i-n 结构的能量转换效率相比 n-i-p 结构的偏低。其原因主要是 p-i-n 结构器件的钙钛矿层界面中存在大量的缺陷，造成了光生载流子的非辐射复合，致使能量损失严重，降低了开路电压和能量转换效率。近日，Luo 等通过溶液加工二次生长（solution-processed secondary growth, SSG）技术，得到了一种高质量钙钛矿薄膜，显著减少了器件中非辐射复合的能量损失，进一步提升了 p-i-n 结构钙钛矿太阳电池的性能：开路电压超过 1.20 V（材料带隙宽度～1.6 eV），实验室能量转换效率高达 21.51%[103]。

4.4　钙钛矿太阳电池的稳定性

钙钛矿太阳电池的稳定性对于实现大面积生产至关重要，但是对寿命的评估和测试并不容易。现在已有报道，钙钛矿太阳电池可以长期稳定工作几千小时，但距离商业电池的 30 年标准还相差很远。在自然状态的稳定性测试中，未封装的介孔钙钛矿太阳电池可以在充足光照强度下长期稳定工作超过 1000 h[104]，这说明单独的光浸泡并不是造成电池衰减的主要原因。但是当钙钛矿太阳电池在湿度较大的环境（≥50%）中时，钙钛矿薄膜极易遭到破坏，进而降低能量转换效率。钙钛矿材料的形成依赖于钙钛矿前驱体溶液的化学组成和反应控制因素，如温度和体系的压力。Dualeh 等猜想在较低温下转化钙钛矿，在较高温下，有额外的 PbI$_2$ 形成。

$$PbCl_2 + 3CH_3NH_3I \longrightarrow CH_3NH_3PbI_3 + 2CH_3NH_3Cl \qquad (4\text{-}1)$$

$$PbCl_2 + 3CH_3NH_3I \longrightarrow PbI_2 + CH_3NH_3I + 2CH_3NH_3Cl \qquad (4\text{-}2)$$

$$CH_3NH_3PbI_3 \longrightarrow PbI_2 + CH_3NH_2 + HI \qquad (4\text{-}3)$$

已经被证明 $CH_3NH_3PbI_3$ 钙钛矿晶格在 300 ℃以下不会被破坏，然而在高于 300 ℃时有机组分被破坏[式(4-3)][105, 106]。然而最近的研究表明 $CH_3NH_3PbI_3$ 在 140 ℃时开始转换成 PbI_2[107]。形成额外的有机组分 CH_3NH_3Cl，但是由 XRD 测试观察到在介孔 TiO_2 上只有 $CH_3NH_3PbI_3$ 钙钛矿[10]。随着温度的升高，有机组分 CH_3NH_3Cl 升华的效率也加快，由式(4-1)和式(4-2)可得，前驱体中的 CH_3NH_3I 的升华速率也同样加快。这些测试证明钙钛矿薄膜的形成是一个包括溶剂蒸发、钙钛矿结晶和多余有机组分 CH_3NH_3Cl 升华的多级过程。这些过程同时发生，它们的相对速率确定了最终钙钛矿薄膜的组成和形貌。

理解 $CH_3NH_3PbI_3$ 形成过程潜在的化学反应机理对于理解钙钛矿的结晶是至关重要的。Dualeh 等通过式(4-4)表明了退火过程钙钛矿的形成过程。然而 Zhao 等表示 $PbCl_2$ 和 CH_3NH_3I 粉末是白色的，这两者混合的溶液是亮黄色溶液，表明已经发生了化学反应并形成了新的相[9]。因此，式(4-1)可能需要增加几个中间体。

$$PbI_2 + CH_3NH_3I + 2CH_3NH_3Cl \longrightarrow CH_3NH_3PbI_3 + 2CH_3NH_3Cl\ (g) \qquad (4\text{-}4)$$

$$PbI_2 + xCH_3NH_3I + yCH_3NH_3Cl \longrightarrow (CH_3NH_3)_{x+y}PbI_{2+x}Cl_y\ (中间相)$$

$$\longrightarrow CH_3NH_3PbI_3 + 2CH_3NH_3Cl\ (g) \qquad (4\text{-}5)$$

首先，由于 CH_3NH_3I 的摩尔比是 $PbCl_2$ 的三倍，部分 CH_3NH_3I 和 $PbCl_2$ 反应转换成 PbI_2[式(4-2)]。旋涂的薄膜包含混合的 PbI_2 相、CH_3NH_3I、CH_3NH_3Cl 和一些可能没有反应的 PbI_2。在退火时，有两个可能发生的反应过程：①式(4-4)，CH_3NH_3I 和 PbI_2 形成棕黑色的 $CH_3NH_3PbI_3$；与此同时，过量的 CH_3NH_3Cl 从薄膜脱离。至于过量的 CH_3NH_3Cl 是如何从薄膜中脱离这个问题仍然不是很清晰，文献中有报道 CH_3NH_3Cl 可能是升华的，也有报道是分解的。②在退火或旋涂的早期阶段，中间相可能会出现式(4-5)的反应。在这种情况下，在分解的过程中，$CH_3NH_3PbI_3$ 晶体网络可以增长，它的驱动力可以释放 CH_3NH_3Cl(或其他有机氯化物)。

尽管人们对钙钛矿材料的形成有了一定的了解，但这些材料和器件由于存在一些问题依然没有得到充分的利用。一个典型的例子是对钙钛矿材料和器件的衰减机制缺乏清晰的认识。为了钙钛矿太阳电池的长远发展，了解钙钛矿材料和器件的衰减机理是必要的。钙钛矿衰减的研究是钙钛矿走向商业化应用的先决条件。钙钛矿太阳电池的衰退都在加速，或者会出现新的降解反应，从而引起钙钛矿层和器件性能的衰退。以下从钙钛矿材料、空穴传输材料、电子传输材料及电极材料来分析其对钙钛矿太阳电池稳定性的影响。

4.4.1　钙钛矿材料对钙钛矿太阳电池稳定性的影响

钙钛矿太阳电池材料是一种有机-无机杂化材料,容易受到工作环境中水、氧、光照、高温的影响而发生降解。其中影响最明显的就是钙钛矿材料会在潮湿环境中发生降解反应,其化学式如下所示。

$$CH_3NH_3PbI_3\ (s) \rightleftharpoons PbI_2\ (s) + CH_3NH_3I\ (aq) \qquad (4\text{-}6)$$

$$H^+ + CH_3NH_3I\ (aq) \rightleftharpoons CH_3NH_3^+ + HI\ (aq) \qquad (4\text{-}7)$$

$$2HI\ (aq) \rightleftharpoons H_2 + I_2\ (s) \qquad (4\text{-}8)$$

$$4HI\ (aq) + O_2 \rightleftharpoons 2I_2\ (s) + 2H_2O \qquad (4\text{-}9)$$

式(4-6)表示,水与钙钛矿材料有着强烈的相互作用,在潮湿环境中 $CH_3NH_3PbI_3$ 薄膜会重新分解成 PbI_2 固体和 CH_3NH_3I 水溶液。CH_3NH_3I 水溶液会进一步分解为 $CH_3NH_3^+$ 水溶液和 HI 水溶液[式(4-7)],然后 HI 水溶液在紫外照射下分解为碘单质和氢气[式(4-8)],或者 HI 水溶液会与空气中的氧气反应生成碘单质和水[式(4-9)]。Walsh 等报道了钙钛矿材料一旦曝光在水中,作为路易斯碱,$CH_3NH_3PbI_3$ 会和水形成 $[(CH_3NH_3^+)_{n-1}(CH_3NH_2)_nPbI_3][H_3O^+]$,降低钙钛矿的稳定性。当水分子进入钙钛矿晶体中时,钙钛矿材料发生严重的衰减,从而钙钛矿的器件性能发生下降。

当钙钛矿薄膜暴露在低湿度下时,水分子缓慢渗入钙钛矿晶体中形成 $[PbI_6]^{4-}$[108, 109]。晶体结构的形成取决于湿度、温度、曝光时间,最初形成的是单分子水的晶相,紧接着形成双分子晶相。水的渗入过程似乎是各向同性的,这意味着它在整个晶体中均匀发生,而不是从外部开始向内移动的结晶[110]。这种情况说明这个衰减过程在钙钛矿太阳电池中是可逆的,其衰减的钙钛矿器件的光伏性能在氮气气流下简单地风干数小时可以恢复。制备钙钛矿过程中的水分也会影响钙钛矿最终的形貌和稳定性。Petrus 等最近研究了水分对非化学计量比的前驱体溶液形成的钙钛矿薄膜和钙钛矿太阳电池的影响。他们通过控制空气湿度对不同样品进行 X 射线衍射表征(图 4-8)[111]。结果表明,稍过量的 PbI_2 制备的钙钛矿薄膜稳定性提高。这归因于过量的 PbI_2 存在于钙钛矿界面层或者钙钛矿晶体中以 Pb 和 I 为载体,这个结果是通过 Mosconi 等的理论计算得来[112]。相反,过量的 MAI 会导致形成更小的钙钛矿晶体,这将会减少电荷的传输,从而降低钙钛矿的器件性能。但是当暴露在水中后再进行脱水处理时,这些钙钛矿薄膜重结晶形成更大的、更定向的晶体。这样形成的钙钛矿太阳电池的光电流和光电效率提高，同时能得到一个相对稳定的效率。

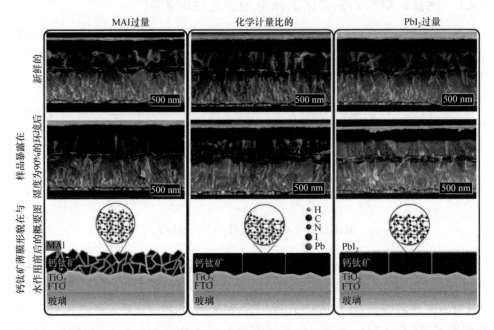

图 4-8　不同计量比的前驱体溶液制备的钙钛矿薄膜断面的 SEM 图。第一排是刚制备的钙钛矿的断面图，第二排是样品暴露在相对湿度为 90%，曝光时间 45 min 后的断面 SEM 图。当样品中 MAI 过量时，形成更大的晶体，其他两个样品都发生衰减。第三排是钙钛矿薄膜形貌在与水作用前后的示意图，插图是猜想的钙钛矿晶体在原子层面的图示[111]

因此，暴露在水中可能有利于钙钛矿的器件性能，但是从根本上水会使钙钛矿器件性能衰减。为了保护钙钛矿材料不被水影响且保持原有的器件性能，研究者做了很多的努力，目前有很多的方法可以提高钙钛矿太阳电池对水的稳定性。Hu 等引入水分子阻挡层结构[图 4-9(a)][113]，进而实现高稳定的钙钛矿太阳电池。他们展示了通过简单的阳离子渗透过程获得的钙钛矿异质结太阳电池，将层状钙钛矿结构沉积到钙钛矿薄膜上。阻水层的疏水性导致了复合的减少，因此开路电压和能量转换效率提高，器件对水的稳定性也提高[114]。You 等采用了类似的方法，将疏水性的叔胺盐和季铵盐功能化钙钛矿表面，从而大幅度提高钙钛矿薄膜的稳定性，这些阻水层可以保护钙钛矿薄膜在相对湿度[(90±5)%]环境下保持 30 天以上[图 4-9(b)][110]。尽管器件对水的稳定性提高了，器件的封装仍然是长期稳定性的关键[115]。但是钙钛矿本身具有热不稳定性和晶体结构的不稳定性，因此很难保证器件的长期稳定性[116, 117]。

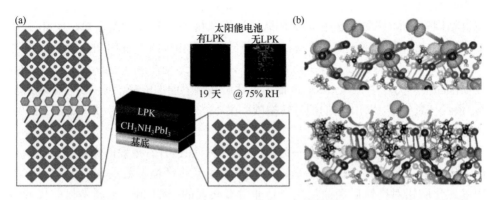

图 4-9 (a)钙钛矿和钙钛矿层状的晶体结构,层状的结构形成阻挡水层。插图是在相对湿度为
75%, 19 天之后的钙钛矿和有层状阻水层的钙钛矿的薄膜对比[112];(b)利用 MA 和 TAE 的钙
钛矿表面与水可能的相互作用途径[109]

　　在热不稳定性方面,钙钛矿的热重分析结果表明,温度达到 250 ℃时开始有
明显的质量损失[118]。根据文献中对钙钛矿分解原因的分析,发现钙钛矿薄膜热不
稳定性很大程度上都是有机阳离子的不稳定引起的。因此为了避免在高温下钙钛
矿发生衰减,引入甲脒(FA),铯(Cs)阳离子代替甲胺(MA)。而全无机 CsPbI$_3$ 有
一个更大的带隙(2.8 eV),仅在高温下才会稳定保持立方相,且带隙为 1.7 eV[119]。
最近文献中报道的最合适的是将 FA 替代 MA,形成更加热稳定的钙钛矿太阳电
池。FAPbI$_3$ 在 180 ℃下仍能在 60 min 内不分解,与之对应的 MAPbI$_3$ 则几乎完全
分解。而要使分解速度相同,FAPbBr$_3$ 所需的温度要比 MAPbBr$_3$ 高 50 ℃[120]。FA
的替换形成了窄带隙(1.53 eV)的正交 α 相,接近最佳的单结太阳电池[105]。这些
结果表明,在热稳定性方面,基于 FA 阳离子的钙钛矿材料要比基于 MA 阳离子的
钙钛矿材料更好。由于 FAPbI$_3$ 在室温下并不稳定,在研究中往往是将 FA 原子与其
他的原子混合使用在钙钛矿太阳电池中[121, 122]。例如,85% FA 和 15% MA 组成的钙
钛矿结构和 FAPbI$_3$ 结构是相同的[123]。而且,这样组合的钙钛矿材料在 60～220 ℃温
度下相都是稳定的[124]。为了提高钙钛矿器件的热稳定性且能保持其原有的能量转换
效率,引入铯、FA 和卤化物的混合物,以及额外的原子调节带隙是有必要的。通常
在文献中可能引入 2～4 个混合原子来实现高效和高稳定性的钙钛矿太阳电池。
Grätzel 等将 RbCsMAFAPbI$_x$Br$_{1-x}$ 作为钙钛矿材料,取得了 21.6%的能量转换效率,
且在 85 ℃环境下放置 500 h 后仍能保持 95%的原有效率[49]。Seok 等将(FAPbI$_3$)$_{0.95}$
(MAPbBr$_3$)$_{0.05}$ 作为钙钛矿材料,得到了 23.2%的能量转换效率,在 60 ℃环境下
放置 500 h 后仍能保持 95%的原有效率[125]。除此之外,研究表明动态光诱导结构
变化,也可以有效提高钙钛矿光电性能,增强钙钛矿太阳电池的稳定性。连续光
照可以影响离子迁移、钝化缺陷,从而控制电荷-载流子的复合行为。美国洛斯阿

拉莫斯国家实验室 Mohite 和 Nie 团队通过掺杂得到了 $FA_{0.7}MA_{0.25}Cs_{0.05}PbI_3$ 钙钛矿。Cs 掺杂有助于室温立方相的稳定，不至于出现相分离。而 FA 的引入也使带隙由 1.66 eV 变为 1.56 eV。并且在光照情况下，钙钛矿结构发生均匀的晶格膨胀行为，使局部晶格应力产生弛豫，从而降低了钙钛矿接触界面的能垒，并减少了非辐射复合，最终使钙钛矿太阳电池的能量转换效率由 18.5% 提高到 20.5%，并可进行 1500 h 的老化测试[126]。

除了阳离子，金属原子对钙钛矿结构的稳定性也有着重要的作用[105, 127]。目前，钙钛矿中使用最多的金属是铅，然而寻找无铅环境友好的材料替代现有的甲基碘化胺铅对钙钛矿商业化生产是非常有必要的。锡（Sn^{2+}）金属是目前代替铅使用最多的金属，但是 Sn^{2+} 极不稳定很容易被氧化成 Sn^{4+} [91, 128, 129]，对钙钛矿晶体的稳定性是极其不利的。钙钛矿材料 $FA_{0.75}Cs_{0.25}Sn_{0.5}Pb_{0.5}I_3$ 和 $FA_{0.83}Cs_{0.17}Pb(I_{0.5}Br_{0.5})_3$ 作为串联体系，获得了 17% 的能量转换效率[130]，且整个器件吸收拓宽至近红外光区时，表现出更好的稳定性。当然，无铅钙钛矿的大面积发展仍有很大的研究空间。

目前报道的钙钛矿太阳电池的最长稳定存储时间是 2000 h，还远远达不到商业化使用的标准。在传统的 $MAPbI_3$ 中引入 Br 或者 Cl 被证明是提高钙钛矿太阳电池稳定性的有效途径。Noh 等通过调节 $MAPb(I_{1-x}Br_x)_3$ 中 I^- 和 Br^- 的化学计量比来提高电池的稳定性。当 $x=0$, 0.06 时，钙钛矿在 55% 相对湿度下发生严重的衰减，然而当 x 值增大时，钙钛矿的效率会随之增加，而且相应的稳定性也会提高。含有更高 Br 含量的钙钛矿太阳电池对湿度的敏感性更弱，这是源于 Br 的比例增大，钙钛矿晶格参数减小，晶体结构也发生相变，从四方相转变为立方相。当 Br^- 被引入钙钛矿中时，晶格参数发生变化，$MAPbBr_3$ 的晶格参数是 5.921，MABr/MAI 2∶1 的晶格参数是 6.144，MABr/MAI 1∶2 的晶格参数是 6.223。晶格参数的改变主要是由于 Br^-（1.96 Å）和 I^-（2.2 Å）的半径不同[131]。Br^- 的半径较小，有利于立方晶相的形成。Misra 等报道将 Cl 原子引入到钙钛矿中替代少量的 I 原子，形成 $MAPbI_{3-x}Cl_x$ 钙钛矿太阳电池，结果表明钙钛矿太阳电池的稳定性有所提高。他们指出稳定性提高的原因是由于 Cl 原子的引入，形成了更加致密和稳定的晶体结构，晶格常数减小，并转变成更加稳定性的相[132]。Dai 等报道利用 "layer-by-layer" 的方法制备 $MAPbI_{3-y}Cl_y$ 钙钛矿来提高钙钛矿的稳定性，钙钛矿器件在无任何封装的情况下，在手套箱中放置 30 天后还能保持原有效率的 95%[133]。在后来的研究中，Cl 原子的引入也用来提高钙钛矿的结晶性，改善钙钛矿的形貌和整体的覆盖性[134]。此外，Cl 原子的引入也可以增强光电荷寿命[135, 136]。然而，实验证明 Cl 原子在钙钛矿中的含量应该小于 4%[137]。在实际应用中，Cl 和 I 混合卤化物的相容性对稳定性的影响还需进一步研究。为了研究不同 Br 含量的 $MAPb(I_{1-x}Br_x)_{3-y}Cl_y$ 钙钛矿稳定性，将制备好的钙钛矿器件放置在手套箱(氮气氛围、黑暗)中，30 天后，没有 Br 原子的 $MAPbI_{3-y}Cl_y$ 钙钛矿太阳电池的效率下降了 20%，而含有 50%比例的 Br 原子的钙钛矿太阳电池效率增加了 37%[138]。

与 I 原子化学性质和原子半径相似的卤代阴离子、类卤素原子也能够影响钙钛矿结构的容忍因子(简称 t 值)[139]。硫氰根离子(SCN^-)是一种与 I^- 相似性质的类卤素离子。Liang 等将少量的 $Pb(SCN)_2$ 添加到 PbI_2 溶液中制备 $MAPbI_{3-x}(SCN)_x$ 钙钛矿太阳电池，被少量 SCN^- 替代的 $MAPbI_{3-x}(SCN)_x$ 钙钛矿结构比传统的 $MAPbI_3$ 钙钛矿的结构更稳定[140]。Xu 等制备了 $MAPb(SCN)_2I$ 钙钛矿太阳电池,与 $MAPbI_3$ 钙钛矿对比，在 95%的湿度下放置几小时观察反射光谱，$MAPbI_3$ 在 0.5 h 后反射值明显增加，而 $MAPb(SCN)_2I$ 钙钛矿在 4 h 后反射值只有轻微的增加。同时也观察到 30 天后 $MAPbI_3$ 几乎都变为黄色，而 $MAPb(SCN)_2I$ 颜色没有明显变化。当放置在 95%相对湿度的环境中时，7 天后 $MAPbI_3$ 钙钛矿太阳电池效率由 8.3%降为 6.9%，14 天后效率降为 0，而 14 天后 $MAPb(SCN)_2I$ 钙钛矿太阳电池由原有的 8.3%降为 7.4%[141]。Tai 等制备了在空气中稳定的 $MAPbI_{3-x}(SCN)_x$ 钙钛矿太阳电池。$MAPbI_{3-x}(SCN)_x$ 钙钛矿太阳电池的平均效率达到 13.49%，最高效率超过 15%，在 70%相对湿度下可以保存 500 h。通过计算表明 SCN^- 引入到钙钛矿晶格中是热力学稳定的，而且 SCN^- 和 Pb^{2+} 之间强相互作用力及 SCN^- 与 MA^+ 之间形成的氢键作用有利于提高钙钛矿的化学稳定性[142]。

目前，钙钛矿中应用比较多的是 3D 钙钛矿太阳电池，但是 3D 钙钛矿结构是极不稳定的，所以 2D 钙钛矿结构也在不断地发展中，并有望成为提高钙钛矿稳定性的有前途的材料。2D 钙钛矿材料往往是增加更大的原子到 3D 钙钛矿结构中，如 $C_6H_5(CH_2)_2NH_3^+(PEA^+)$[143]、苯乙胺碘盐(phenylethylammonium iodide, PEAI)[144]、PEI^+[145]和 $CH_3(CH_2)_3NH_3^+(BA^+)$[146]。Karunadasa 等第一次报道将 PEA^+ 引入到钙钛矿晶体中形成 $(PEA)_2(MA)_2[Pb_3I_{10}]$ ($PEA=C_6H_5(CH_2)_2NH_3^+$，$MA=CH_3NH_3^+$)2D 钙钛矿，通过旋涂不需要热退火即可制得高质量的 $(PEA)_2(MA)_2[Pb_3I_{10}]$钙钛矿薄膜[143]。在 52%相对湿度下放置 46 天后，对钙钛矿薄膜进行 XRD 表征，发现其结晶度并没有太大的变化，说明 $(PEA)_2(MA)_2[Pb_3I_{10}]$钙钛矿表现出很好的稳定性。最近，Snaith 等通过引入丁胺到 3D $FA_{0.83}Cs_{0.17}Pb(I_{0.8}Br_{0.2})_3$ 钙钛矿中形成 2D-3D 异质结构钙钛矿太阳电池，减少了电荷的复合，获得了 19.5% 的高能量转换效率，而且稳定性也得到了提高。这种钙钛矿太阳电池可在太阳光照射下稳定工作，空气中工作 1000 h 可保持 80%的初始效率，封装后可工作接近 4000 h[147]。最近，Yang 等将 2D $(PEA)_2PbI_4$ 添加到 $FAPbI_3$ 或者 $Cs/FAPbI_3$ 中，不仅可以稳定 $FAPbI_3$ 的黑色钙钛矿相，而且没有引入其他杂相，2D 钙钛矿分布在 3D 钙钛矿的晶界处，进而稳定 3D 钙钛矿结构，得到一个效率为 20.64%的稳定钙钛矿太阳电池。并发现在 2D 钙钛矿的晶界处，电荷的分离和光生电子的收集更加有利。晶界处的超薄 2D 钙钛矿区域可能在照射下受到向下的能带弯曲，其中光生电子从晶粒内部转移。由于对空穴的高势垒，电荷复合将减少，这可能是 2D 钙钛矿荧光寿命长和光伏性能好的原因之一。在 500 h 后能保持初始效率的 72.3%，而不添加 2D 材料的只剩下 52.3%[148]。因此，2D 材料为钙钛矿稳定性的发展提供了可能。

4.4.2 空穴传输材料对钙钛矿太阳电池稳定性的影响

研究者通过大量的研究发现，空穴传输材料对钙钛矿太阳电池的稳定性有着很大的影响。空穴传输材料在空穴传输和防止电子-空穴复合方面有着重要的作用。空穴传输材料大致可以分为四种：小分子、聚合物、无机化合物和碳[149, 150]。小分子化合物往往会有高纯度和高的重现性等优势。目前，spiro-OMeTAD 是常用的小分子空穴传输材料。用 spiro-OMeTAD 作为空穴传输材料的钙钛矿太阳电池也取得了超过 21% 的能量转换效率[151]。然而 spiro-OMeTAD 的分子间距太大，导致空穴传输率较低、导电性较低和薄膜稳定性不佳，因此人们使用 LiTFSI、TBP 作为添加剂来提高电荷传输性能，LiTFSI 在调节 spiro-OMeTAD 的极性方面也起到了重要作用，增加钙钛矿与空穴传输层之间的接触面[152, 153]。然而，LiTFSI 自身的吸水性会对钙钛矿太阳电池的稳定性产生很大的影响。因此，很多研究工作集中在合成不需要这些添加剂也能够拥有高的器件性能的空穴传输材料，如四硫富价衍生物(tetrathiafulvalene derivative，TTF-1)[154]、SAF-OMe[155]、3,6-二(2H-咪唑-2-亚基)-1,4-环己二烯衍生物[3,6-di(2H-imidazol-2-ylidene) cyclohexa-1,4-diene derivatives, DIQ-C6 和 DIQ-C12][156]、BTPA-TCNE[157]等。Chen 等合成了一种新结构的空穴传输材料 trux-OMeTAD，其具有高的空穴迁移率和合适的界面能级，在无任何添加剂的情况下仍能获得稳定的 18.6% 的能量转换效率[158]。

对比 3D 结构的 spiro-OMeTAD，导电聚合物材料具有更高的空穴迁移率和更好的成膜性。其中 PEDOT∶PSS 是使用最广泛的空穴传输材料[159]。然而 PEDOT∶PSS 自身具有吸湿性和酸性，会影响钙钛矿太阳电池的长期稳定性[160]。掺杂纳米粒子或者导电氧化物，如聚环氧乙烷(polyethylene oxide，PEO)[161]、氧化钼(MoO₃)[162]、氧化石墨烯(graphene oxide，GO)[163]可调节 PEDOT∶PSS 的缺陷。有文献报道 PTAA[164]、P3HT[165]代替 PEDOT∶PSS 可实现更好的器件稳定性。Bi 等将 PTAA 作为空穴传输层，且在 PTAA 上制备出大晶粒尺寸的钙钛矿薄膜，减小电荷陷阱密度，增强空穴迁移率，最终获得 18.1% 的能量转换效率[88]。美国国家可再生能源实验室 Luther 和 Berry 团队报道了一种界面控制策略，构建了一种能在水、氧气、光照共存的实际环境中长期稳定工作的钙钛矿太阳电池结构，ITO/SnO₂/钙钛矿/EH44/MoOₓ/Al。在 10%～20% 相对湿度的空气，以及最大功率密度的模拟光照条件下，这种改进钙钛矿太阳电池在未封装的情况下可以稳定工作

1000 h，且效率可保持 94%。通过这种未封装结构，研究人员进一步发现了钙钛矿太阳电池稳定性降低的原因，有助于设计更有效的封装材料和结构[166]。Hou、Brabec 等报道了一种无离子掺杂的新型有机空穴传输层，Ta 掺杂的 WO_x/共聚物组成的聚噻吩衍生物空穴传输层（PDCBT/Ta-WO_x）。这种空穴传输层可以和电极形成准欧姆接触，极大地降低了电极和 π-共轭高分子之间的传递障碍，有效降低界面势垒，阻止 Au 迁移，结合使用 C_{60}-SAM/SnO_x/PC_{60}BM 作为电子传输层，使得新型的 $FA_{0.83}MA_{0.17}Pb_{1.1}Br_{0.50}I_{2.80}$ 钙钛矿太阳电池效率可达 21.2%，并且可以稳定工作超过 1000 h[167]。Stolterfoht 等发现钙钛矿体相中存在明显的准费米能级分裂损耗和界面额外自由能损失，以 PTAA 作为空穴传输层材料，且在 PTAA 和钙钛矿间引入 PFN-P2 界面层，以及钙钛矿和 C_{60} 层之间插入超薄 LiF 层时，非辐射界面的复合损失均会大大减少，因此电池效率显著提高，1 cm^2 大面积器件的效率超过 20%，开路电压高达 1.17 V[101]。研究者正在不断努力地寻求更多的聚合物空穴传输材料以期望能获得更高效、更稳定的钙钛矿太阳电池。

无机材料作为空穴传输材料被运用到钙钛矿太阳电池中的有 NiO_x[98, 168]、CuO_x[169]、CuI[170]、CuPc[171]、CuSCN[172]、CuPrPc[173]等。对比有机空穴传输材料，无机材料拥有更好的化学稳定性、更高的空穴迁移率、更低廉的价格及更简单的制备方法。Bian 等引入了一种可溶液制备的 CuO_x 作为空穴传输材料应用在平面 p-i-n 结构中，在未封装的状态下与 PEDOT∶PSS 作为空穴传输材料的器件对比发现，CuO_x 的器件表现出更好的稳定性。Kamat 等报道了另一种无机材料 CuI 作为介孔结构中的 p 型空穴传输材料，获得了 6.0% 的能量转换效率[174]。CuSCN 由于储量丰富，成本较低，具有良好的导电性、空穴迁移率、热稳定性，逐渐进入研究人员的视野，用于替代 spiro-OMeTAD，从而提高器件的稳定性。Dar 和 Grätzel 等报道了一种以 CuSCN 为空穴传输材料的 n-i-p $CsFAMAPbI_{3-x}Br_x$ 钙钛矿太阳电池，空穴迁移率和热稳定性提高了，钙钛矿的效率达到 20.5%，同时在 CuSCN 和 Au 之间加入具有良好导电性的还原氧化石墨烯中间层，避免了 CuSCN/Au 界面的恶化，使工作稳定性提高，在 60 ℃连续工作 1000 h 后，效率可保持原有的 95%[175]。许宗祥教授课题组通过烷基链工程调控酞菁分子结构，在酞菁环处引入四个丙基长链烷烃，获得了可溶液加工的无掺杂铜酞菁基空穴传输材料 CuPrPc，制备了 n-i-p 型平面异质结钙钛矿太阳电池器件，其最高效率达到 17.8%。同时光滑致密薄膜的形成及长链烷烃的疏水性能有效阻止了水氧对钙钛矿的侵蚀，大幅度提高了器件稳定性。无封装器件在室温和 75% 相对湿度下运行 800 h，仍可保持超过 94% 以上的初始效率[176]。方国家等采用真空热蒸发法在 spiro-OMeTAD 薄膜表面引入一层无机 p 型空穴传输材料硫化铜 $Cu_{1.75}S$，制备了高质量的空穴传输薄膜和高性能的钙钛矿太阳电池器件。基于 $Cu_{1.75}S$ 的钙钛矿太阳电池能量转换效率达到了 18.58%，在相对湿度为 40% 的空气中保存

1000 h 后，器件可保持初始效率的 90%以上[177]。研究者相信，高迁移率和高疏水性的无机 p 型金属硫化物半导体材料的引入将会为提高钙钛矿太阳电池的效率和稳定性提供新的思路。

对比有机材料，碳基空穴传输材料可以提供更加稳定的可溶液制备的钙钛矿器件。Seo 等第一次将还原氧化石墨烯作为空穴传输材料来增强钙钛矿太阳电池的导电性和稳定性[120]。Snaith 等将聚合物功能化的单壁碳纳米管嵌入绝缘的聚合物基质中代替有机材料，单壁碳纳米管充当了一个强的保护层为钙钛矿层起到阻隔水的作用，进而增强了钙钛矿太阳电池的稳定性[178]。2015 年，Zheng 等第一次应用功能化的纳米石墨烯 TSHBC 实现了从钙钛矿层高效的电荷提取。同时他们还发现，钙钛矿层表面疏水性的硫醇很容易抑制水分子对钙钛矿膜的侵蚀，并显著提高了钙钛矿太阳电池的稳定性。在无任何封装的情况下，45%相对湿度，AM 1.5 G 照明下测量基于 spiro-MeOTAD 和 TSHBC/石墨烯层的器件的稳定性，基于 TSHBC/石墨烯的器件在 10 天后能保持原始效率的 90%以上。相比之下，10 h 后，在相同的条件下，基于 spiro-MeOTAD 的器件只剩下 20%的原始效率，这个结果表明 TSHBC 能够显著改善钙钛矿器件的稳定性[179]。

4.4.3　电子传输材料对钙钛矿太阳电池稳定性的影响

n 型金属氧化物被普遍用作钙钛矿太阳电池中的电子传输材料。它具有很多优点，如稳定性好、透明度高及电子传输和空穴阻挡效果良好，但同时有些电子传输材料也会对钙钛矿晶体造成破坏，从而降低电池的稳定性。TiO_2 由于具有合适的能级优点被广泛地用作钙钛矿太阳电池的电子传输层[19, 28]。但是一些实验证明，当 TiO_2 作为电子传输材料时，钙钛矿太阳电池器件性能会快速发生衰减，即使封装在惰性气体中也会这样[180]。排除钙钛矿和 spiro-MeOTAD 在光照下的不稳定的影响之后，研究者认为 TiO_2 粒子中的氧空位会形成电子陷阱，该缺陷与来自钙钛矿中的光生电子结合，导致器件性能下降。图 4-10 演示了假设的结合机制，TiO_2 粒子表面的氧缺位是很强的给电子位点，并且很容易吸附氧原子，UV 光照激发 TiO_2 中的电子形成电子-空穴对，TiO_2 价带中的空穴在氧吸附位点与电子复合，导致氧原子吸附。在这种状态下，TiO_2 导带中的自由电子和 TiO_2 表面的带正电荷的氧缺位点结合，在 spiro-MeOTAD 中将空穴与自由电子重新结合。同时，来自吸光材料中的光生电子被氧缺位点捕获。最后，空穴传输材料中的空穴将与被捕获的电子复合。过量氧的存在可以补充这些氧缺位位点，从而减少电子陷阱的数量[181]。

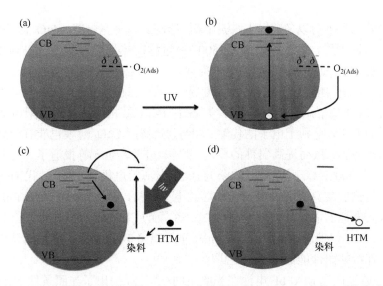

图 4-10　紫外光下钙钛矿的衰减机制。(a)空位上的氧吸收；(b)TiO$_2$ 中的空穴与氧位点上的电子结合；(c)空穴传输材料 spiro-OMeTAD 中的空穴与 TiO$_2$ 上留下的自由电子结合；(d)空穴传输材料 spiro-OMeTAD 中的空穴与染料中的自由电子结合[181]

因此，阻止紫外光对电子传输层和钙钛矿的照射可以有效地缓解 TiO$_2$ 导致的钙钛矿的分解。其中荧光下转换方法是最简单可行的方法之一，通过荧光物质将紫外光转换为可见光，不仅可以降低紫外光对电池的影响，也可以提高电池对光子的利用率。利用非稀土荧光材料(Sr$_4$Al$_{14}$O$_{25}$:Mn^{4+},0.5% Mg)作为转换层旋涂在 FTO 外侧，从而减少了紫外光对电池稳定性的影响，同时电池的效率相对未旋涂荧光材料的样品获得了 10%的提升[182]。

更多的无机电子传输材料已被应用于钙钛矿太阳电池中，获得了高效稳定的钙钛矿太阳电池。Si 等和 Snaith 等证明通过低温处理的 Al$_2$O$_3$ 电子传输材料取代 TiO$_2$ 可以保持较高的效率，同时提升器件的稳定性[183, 184]。ZnO 已被证明比 TiO$_2$ 的电子迁移率更高[185]，而且 ZnO 在制备薄膜过程中不需要高温烧结，制备工艺比 TiO$_2$ 更为简单。但是大量实验证明，当钙钛矿沉积在 ZnO 薄膜上时，钙钛矿薄膜往往很容易发生分解，导致钙钛矿器件性能降低[186, 187]。通过不断探索，发现 SnO$_2$ 的电子迁移率也比 TiO$_2$ 更高，而且具有很好的化学稳定性和简单的制备工艺，有望成为制备高效稳定的钙钛矿太阳电池的电子传输材料的最佳选择。SnO$_2$ 纳米粒子已经被成功地应用在钙钛矿太阳电池中，并取得了 20.5%的能量转换效率，且器件没有出现迟滞现象[93]。Kong 等在 TiO$_2$ 与钙钛矿之间插入非晶 SnO$_2$(a-SnO$_2$)层，这种 TiO$_2$ 致密层(c-TiO$_2$)和 a-SnO$_2$ 的双层电子传输层结构，使得钙钛矿太阳电池器件获得高达 21.4%的效率，开路电压和稳定性都得到了提高，同时迟滞效应几乎可以忽略[188]。方国家等研制了一种宽带隙 MgO 掺杂的 SnO$_2$ 量子点作为致密层。即使通过高温(500 ℃)过程的热处理仍然可以得到高质量的 SnO$_2$ 致密层,大大提高了电池的电子提取效率,改善了稳定性并抑制了其 *J-V* 曲线回滞效应,使得电池性能得到大幅度提升,最高效率达到 19.2%[189]。本课题组 胡婷等将 CeO$_x$ 作为电子传输材料,制备了 p-i-n 结构的钙钛矿太阳电池,CeO$_x$ 具有合适的能级,有利于电子的传输,同时,致密的 CeO$_x$ 薄膜也能有效地保护下 层的钙钛矿薄膜,从而提高器件的稳定性[190]。最近,Shin 等报道了一种胶体化学 制备方法,在 300 ℃ 以下沉积 La 掺杂的 BaSnO$_3$ 薄膜电极(LBSO)替代 TiO$_2$。LBSO 作为电子传输层具有合适的电子迁移性和电子结构,由 LBSO 和 MAPbI$_3$ 组成的 钙钛矿太阳电池的能量转换效率高达 21.2%,而且 LBSO 有效减少了紫外线诱导 的副反应,在全太阳光谱(1.5G, 100 mW/cm^2)辐照 1000 h 后,这种钙钛矿太阳电 池仍然能保持初始性能的 90%以上[191]。

Ito 等通过研究 MAPbI$_3$ 电池在光照下的稳定性,提出了光照条件下 TiO$_2$ 诱导 钙钛矿太阳电池降解的另外一种机制。他们研究了 2 种不同结构的器件: FTO/TiO$_2$/MAPbI$_3$/CuSCN/Au(A)和 FTO/TiO$_2$/Sb$_2$S$_3$/MAPbI$_3$/CuSCN/Au(B)。在光 照 12 h 之后,器件 B 在无封装的情况下仍保持初始效率的 65%,而器件 A 的稳 定性在 5 h 内急剧下降,并且在 12 h 内衰减到 0。因此可以认为 TiO$_2$/MAPbI$_3$ 界 面处的 Sb$_2$S$_3$ 层提高了器件的稳定性[180]。这个结果也证明紫外线诱导 TiO$_2$/MAPbI$_3$ 界面的反应导致钙钛矿的衰减。此外,一些其他的界面修饰层也被 报道,如羧酸硫醇配体(carboxylic acid-thiol ligands,HOOC-Ph-SH)[192]、富勒烯衍 生物 PCBDAN[193]、离子液体[194]、LiSPS[195]、氯化铯[196]和 PEO[197]等。除了界 面修饰提高钙钛矿的稳定性,掺杂也是一种增强 TiO$_2$ 电荷性能和提高钙钛矿器 件稳定性的有效方法。Han 等将 Nb^{5+} 掺杂 TiO$_2$,有效地提高了载流子的提取并 增强了钙钛矿的稳定性,在 1000 h 之后仍能保持原始效率的 97%。同时铝掺杂 TiO$_2$ 可以从 TiO$_2$ 晶格中去除氧缺位点,提高钙钛矿器件性能和稳定性[198]。Tan 等利用 Cl 保护的 TiO$_2$ 纳米晶形成的薄膜作为电子传输层,极大地限制了溶液法 钙钛矿太阳电池中界面的复合,最终实现了 19.5%的认证效率(1.1 cm^2)和 20.1% 的认证效率(0.049 cm^2),而且在 500 h 室温工作后,保持初始效率的 90%(1 个 太阳辐照条件下)[199]。

富勒烯及其衍生物也常作为 n 型电子传输材料被用在 p-i-n 结构中,如 PC$_{61}$BM[94]、ICBA[200]、PC$_{71}$BM[201]等。它们由于都具有低温制备、能级匹配和电 子迁移率高等优点,成为理想电子传输材料[202],然而它们的化学稳定性并不好。 因此,通常通过掺杂或者界面修饰提高器件的稳定性。Snaith 等将 4-(1,3-二甲基- 2,3-二氢-1*H*-苯并咪唑-2-基)-*N*,*N*-二苯基苯胺[4-(1,3-dimethyl-2,3-dihydro-1*H*- benzimidazol-2-yl)-*N*, *N*-diphenylaniline,N-DPBI]掺杂到 C$_{60}$ 中作为电子传输材料,

并将其应用到 $MAPbI_xCl_{3-x}$ 和 $FA_{0.83}Cs_{0.17}Pb(I_{0.6}Br_{0.4})_3$ 钙钛矿太阳电池中。N-DPBI 掺杂剂提供了更高的导电性，并改善了 C_{60} 界面浸润性，在获得了 18.3%的效率的同时提高了钙钛矿太阳电池的稳定性[203]。Yang 等通过沉积石墨烯 n 型掺杂富勒烯衍生物 PCBM 作为电子传输层，制备了高效稳定的钙钛矿太阳电池，在 85 ℃下放置 500 h 或者在 AM 1.5G 下放置 1000 h 还能保持超过 15%的效率[204]。Huang 等报道了在钙钛矿和电子收集层之间插入聚苯乙烯(polystyrene，PS)、聚四氟乙烯和聚偏氟乙烯三氟乙烯共聚物的绝缘隧穿层，可以减少电荷复合，大大提高钙钛矿太阳电池的水稳定性[205]。许家瑞等引入氧化铬形成双层电子传输层 $(PC_{61}BM/CrO_x)$，使得钙钛矿光吸收层与金属电极之间的能级匹配，更加有利于电子的收集，从而提高了钙钛矿太阳电池器件性能。同时氧化铬层作为界面钝化层可以阻挡空气中水汽和氧气的渗透，阻止钙钛矿光吸收层与金属银电极的反应，提高钙钛矿太阳电池的空气稳定性，在无封装的情况下，空气稳定性比单层电子传输层 $(PC_{61}BM)$ 器件提高了 10 倍，同时能量转换效率提高至 17.5%[206]。

4.4.4　电极材料对钙钛矿太阳电池稳定性的影响

电极是钙钛矿器件中不可或缺的一部分，除了可以传导电子之外，致密的电极也可以起到隔绝钙钛矿与空气的作用，从而减少空气对器件的影响，但电极材料在有的情况下也会影响钙钛矿太阳电池的稳定性[59, 207]。金是钙钛矿太阳电池中常用的电极材料，通常使用热蒸发的方法沉积在电池上。然而，金价格昂贵并且在蒸发沉积的过程中只有一小部分最终沉积到器件上，造成大量的浪费。对于商业化大规模生产，降低成本是很关键的一步。因此，银和铝相比金而言是更好的选择。然而，银和铝作为电极与钙钛矿膜容易生成卤化物，影响电极的导电性能，导致电荷收集效率降低，降低器件稳定性；同时钙钛矿内卤素原子缺位也会导致钙钛矿稳定性降低[208-210]。王立铎等[211]通过飞行时间-二次离子质谱结果表明，在高温条件下，钙钛矿薄膜中的碘离子和甲胺离子通过电子传输层扩散至银电极表面并富集。电极界面内碘化银的形成，为碘离子的进一步扩散提供了驱动力，导致钙钛矿层的加剧分解。离子脱离的过程主要发生在钙钛矿晶界，在晶粒内部的离子迁移作用下，薄膜中晶界重构并伴随"熔融"现象。大量的离子缺失导致晶界处形成很厚的碘化铅间隙，从而阻碍载流子的扩散与传递。该工作为钙钛矿太阳电池热稳定性研究提供了重要的实验证据，也为提高钙钛矿器件热稳定性提供了理论指导。根据电极诱导离子扩散机制的产生过程，改善钙钛矿器件热稳定性可以针对不同的研究方向，例如，提高钙钛矿自身的结构稳定性，避免高温下的离子脱离分解；更换惰性电极，抑制其与卤素离子的反应过程；使用能够阻隔离子迁移的电子-空穴传输材料，或者增加阻隔层。因此，研究者在电荷传输材料与电极之间引入金属氧化物或聚合物的超薄层作为缓冲层，也可以增强电极的稳定性并改善电荷收集效率。Riedl 等将 AZO/SnO$_x$ 插入 PCBM 和电极之间,不仅阻碍了电极与钙钛矿的直接接触,还隔绝了水汽并抑制了 MAI 的逸出,从而极大地提高了钙钛矿的稳定性[212]。Ma 等使用铜铟锡纳米晶体作为插入层也提高了器件的稳定性,这种缓冲层还可以减小器件工作时金属迁移导致的不稳定性[213, 214]。有研究者也尝试使用铜或者其他种类的电极材料替代银和铝电极,Huang 等报道了以铜作为电极材料制备出效率为 20%且表现出高稳定性的钙钛矿器件,在无封装的条件下放置 816 h 还能保持原始效率的 98%[208]。

碳材料能满足太阳电池所需的导电性要求,并且其最大的竞争优势在于其能极大程度削弱水、氧气、太阳光照等对钙钛矿层的影响,从而提高电池稳定性。并且可利用喷墨打印的方式制备碳电极,降低成本且易于大面积制备,在钙钛矿太阳电池工业化应用方面具有特殊优势[215-217]。Ma 等成功制备出低温碳电极并应用在钙钛矿中,在无封装的条件下可以保存 2000 h[216]。Han 等制备出可打印的碳电极,将其应用在钙钛矿太阳电池中,也表现出优异的稳定性,在空气中保存 1000 h 仍能保持很好的光电性能[89]。Li 等用碳纳米管纤维制备出柔性器件,这种技术也可以用在可穿戴电子等大规模应用中。这种器件在 1000 次弯折后还能很好地保持原有的光电性能[218]。Chen 等将碳纳米管材料沉积在钙钛矿层,减少了空穴传输层和金属电极的使用,获得了 6.29%的效率[219]。碳电极材料由于具有低耗且制备工艺简单等优点,有望成为钙钛矿中电极材料的最优选择[216]。

4.5　小结

钙钛矿太阳电池由于具有优良的光电性能,得到研究者不断的关注,短短几年内迅速发展,效率不断攀升,相关材料的设计与制备方法、器件结构的优化及原理分析的研究也在不断地完善。但是钙钛矿的稳定性是钙钛矿太阳电池能否实现商业化的关键因素。钙钛矿层材料的稳定性取决于钙钛矿材料的设计,选择更加合适的元素材料组合,使得最终形成的钙钛矿晶格结构更加稳定。例如,Cs/FA/MA 钙钛矿是目前最合适的高稳定性的 3D 钙钛矿材料。此外,二维钙钛矿材料及添加剂的应用对钙钛矿层的稳定性也起着至关重要的作用。钙钛矿太阳能器件结构的稳定性,主要涉及器件结构的设计与优化。选择疏水性的材料,从而避免钙钛矿材料受到周围环境的影响而降低钙钛矿器件的稳定性,同时结合界面工程实现钙钛矿太阳电池结构设计的优化,从而提高钙钛矿太阳电池的能量转换效率和稳定性。

参 考 文 献

[1] Stranks S D, Nayak P K, Zhang W, Stergiopoulos T, Snaith H J. Formation of thin films of organic-inorganic perovskites for high-efficiency solar cells. Angewandte Chemie International Edition, 2015, 54 (11): 3240-3248.

[2] Chueh C C, Li C Z, Jen A K Y. Recent progress and perspective in solution-processed interfacial materials for efficient and stable polymer and organometal perovskite solar cells. Energy & Environmental Science, 2015, 8 (4): 1160-1189.

[3] Wang B, Xiao X D, Chen T. Perovskite photovoltaics: A high-efficiency newcomer to the solar cell family. Nanoscale, 2014, 6 (21): 12287-12297.

[4] He M, Zheng D J, Wang M Y, Lin C J, Lin Z Q. High efficiency perovskite solar cells: From complex nanostructure to planar heterojunction. Journal of Materials Chemistry A, 2014, 2 (17): 5994-6003.

[5] Zhao Y X, Zhu K. Organic-inorganic hybrid lead halide perovskites for optoelectronic and electronic applications. Chemical Society Reviews, 2016, 45 (3): 655-689.

[6] Lee M M, Teuscher J, Miyasaka T, Murakami T N, Snaith H J. Efficient hybrid solar cells based on meso-superstructured organometal halide perovskites. Science, 2012, 338 (6107): 643-647.

[7] Eperon G E, Burlakov V M, Docampo P, Goriely A, Snaith H J. Morphological control for high performance, solution-processed planar heterojunction perovskite solar cells. Advanced Functional Materials, 2014, 24 (1): 151-157.

[8] Saliba M, Tan K W, Sai H, Moore D T, Scott T, Zhang W, Estroff L A, Wiesner U, Snaith H J. Influence of thermal processing protocol upon the crystallization and photovoltaic performance of organic-inorganic lead trihalide perovskites. The Journal of Physical Chemistry C, 2014, 118(30): 17171-17177.

[9] Yu H, Wang F, Xie F Y, Li W W, Chen J, Zhao N. The role of chlorine in the formation process of "$CH_3NH_3PbI_{3-x}Cl_x$" perovskite. Advanced Functional Materials, 2014, 24 (45): 7102-7108.

[10] Dualeh A, Tétreault N, Moehl T, Gao P, Nazeeruddin M K, Grätzel M. Effect of annealing temperature on film morphology of organic-inorganic hybrid pervoskite solid-state solar cells. Advanced Functional Materials, 2014, 24 (21): 3250-3258.

[11] Zhou H P, Chen Q, Li G, Luo S, Song T B, Duan H S, Hong Z R, You J B, Liu Y S, Yang Y. Interface engineering of highly efficient perovskite solar cells. Science, 2014, 345 (6196): 542-546.

[12] Aldibaja F K, Badia L, Mas-Marza E, Sanchez R S, Barea E M, Mora-Sero I. Effect of different lead precursors on perovskite solar cell performance and stability. Journal of Materials Chemistry A, 2015, 3 (17): 9194-9200.

[13] Zhao Y X, Zhu K. Efficient planar perovskite solar cells based on 1.8 eV band gap $CH_3NH_3PbI_2Br$ nanosheets via thermal decomposition. Journal of the American Chemical Society, 2014, 136 (35): 12241-12244.

[14] Jeon N J, Noh J H, Yang W S, Kim Y C, Ryu S, Seo J, Seok S I. Compositional engineering of

perovskite materials for high-performance solar cells. Nature, 2015, 517 (7537): 476-480.

[15] Giorgi G, Fujisawa J I, Segawa H, Yamashita K. Small photocarrier effective masses featuring ambipolar transport in methylammonium lead iodide perovskite: A density functional analysis. The Journal of Physical Chemistry Letters, 2013, 4 (24): 4213-4216.

[16] Xiao M D, Huang F Z, Huang W C, Dkhissi Y, Zhu Y, Etheridge J, Gray-Weale A, Bach U, Cheng Y B, Spiccia L. A fast deposition-crystallization procedure for highly efficient lead iodide perovskite thin-film solar cells. Angewandte Chemie International Edition, 2014, 53 (37): 9898-9903.

[17] Huang F Z, Dkhissi Y, Huang W C, Xiao M D, Benesperi I, Rubanov S, Zhu Y F, Lin X F, Jiang L C, Zhou Y C, Gray-Weale A, Etheridge J, McNeill C R, Caruso R A, Bach U, Spiccia L, Cheng Y B. Gas-assisted preparation of lead iodide perovskite films consisting of a monolayer of single crystalline grains for high efficiency planar solar cells. Nano Energy, 2014, 10 (1016): 10-18.

[18] Liang K, Mitzi D B, Prikas M T. Synthesis and characterization of organic-inorganic perovskite thin films prepared using a versatile two-step dipping technique. Chemistry of Materials, 1998, 10 (1): 403-411.

[19] Burschka J, Pellet N, Moon S J, Humphry-Baker R, Gao P, Nazeeruddin M K, Grätzel M. Sequential deposition as a route to high-performance perovskite-sensitized solar cells. Nature, 2013, 499 (7458): 316-319.

[20] Zhou Y Y, Yang M J, Vasiliev A L, Garces H F, Zhao Y X, Wang D, Pang S P, Zhu K, Padture N P. Growth control of compact $CH_3NH_3PbI_3$ thin films via enhanced solid-state precursor reaction for efficient planar perovskite solar cells. Journal of Materials Chemistry A, 2015, 3 (17): 9249-9256.

[21] Cao D H, Stoumpos C C, Malliakas C D, Katz M J, Farha O K, Hupp J T, Kanatzidis M G. Remnant PbI_2, an unforeseen necessity in high-efficiency hybrid perovskite-based solar cells? APL Materials, 2014, 2 (9): 091101.

[22] Hu Q, Wu J, Jiang C, Liu T H, Que X L, Zhu R, Gong Q H. Engineering of electron-selective contact for perovskite solar cells with efficiency exceeding 15%. ACS Nano, 2014, 8 (10): 10161-10167.

[23] Zhao Y X, Zhu K. Three-step sequential solution deposition of PbI_2-free $CH_3NH_3PbI_3$ perovskite. Journal of Materials Chemistry A, 2015, 3 (17): 9086-9091.

[24] Wu Y Z, Islam A, Yang X D, Qin C J, Liu J, Zhang K, Peng W Q, Han L Y. Retarding the crystallization of PbI_2 for highly reproducible planar-structured perovskite solar cells via sequential deposition. Energy & Environmental Science, 2014, 7 (9): 2934-2938.

[25] Im J H, Jang I H, Pellet N, Grätzel M, Park N G. Growth of $CH_3NH_3PbI_3$ cuboids with controlled size for high-efficiency perovskite solar cells. Nature Nanotechnology, 2014, 9 (11): 927-932.

[26] Li W Z, Fan J D, Li J W, Mai Y H, Wang L D. Controllable grain morphology of perovskite absorber film by molecular self-assembly toward efficient solar cell exceeding 17%. Journal of the American Chemical Society, 2015, 137 (32): 10399-10405.

[27] Yang W S, Noh J H, Jeon N J, Kim Y C, Ryu S, Seo J, Seok S I. High-performance photovoltaic perovskite layers fabricated through intramolecular exchange. Science, 2015, 348（6240）: 1234-1237.

[28] Liu M Z, Johnston M B, Snaith H J. Efficient planar heterojunction perovskite solar cells by vapour deposition. Nature, 2013, 501（7467）: 395-398.

[29] Ono L K, Wang S H, Kato Y, Raga S R, Qi Y B. Fabrication of semi-transparent perovskite films with centimeter-scale superior uniformity by the hybrid deposition method. Energy & Environmental Science, 2014, 7（12）: 3989-3993.

[30] Chen Q, Zhou H, Hong Z, Luo S, Duan H S, Wang H H, Liu Y, Li G, Yang Y. Planar heterojunction perovskite solar cells via vapor assisted solution process. Journal of the American Chemical Society, 2014, 136: 622-625.

[31] Xiao Y M, Han G Y, Li Y P, Li M Y, Wu J. Electrospun lead-doped titanium dioxide nanofibers and the in situ preparation of perovskite-sensitized photoanodes for use in high performance perovskite solar cells. Journal of Materials Chemistry A, 2014, 2（40）: 16856-16862.

[32] Xiao Y M, Han G Y, Chang Y Z, Zhang Y, Li Y P, Li M Y. Investigation of perovskite-sensitized nanoporous titanium dioxide photoanodes with different thicknesses in perovskite solar cells. Journal of Power Sources, 2015, 286: 118-123.

[33] Liang Y G, Yao Y Y, Zhang X H, Hsu W L, Gong Y H, Shin J M, Wachsman E D, Dagenais M, Takeuchi I. Fabrication of organic-inorganic perovskite thin films for planar solar cells via pulsed laser deposition. AIP Advances, 2016, 6（1）: 015001.

[34] Zheng H F, Wang W Q, Yang S W, Liu Y Q, Sun J. A facile way to prepare nanoporous PbI$_2$ films and their application in fast conversion to CH$_3$NH$_3$PbI$_3$. RSC Advances, 2016, 6（2）: 1611-1617.

[35] Raga S R, Ono L K, Qi Y. Rapid perovskite formation by CH$_3$NH$_2$ gas-induced intercalation and reaction of PbI$_2$. Journal of Materials Chemistry A, 2016, 4（7）: 2494-2500.

[36] Heo J H, Im S H. Highly reproducible, efficient hysteresis-less CH$_3$NH$_3$PbI$_{3-x}$Cl$_x$ planar hybrid solar cells without requiring heat-treatment. Nanoscale, 2016, 8（5）: 2554-2560.

[37] Heo J H, Jang M H, Lee M H, Han H J, Kang M G, Lee M L, Im S H. Efficiency enhancement of semi-transparent sandwich type CH$_3$NH$_3$PbI$_3$ perovskite solar cells with island morphology perovskite film by introduction of polystyrene passivation layer. Journal of Materials Chemistry A, 2016, 4（42）: 16324-16329.

[38] Michiel L P, Johannes S, Cheng L, Tanaji G, Nadja G, Peter M B, Mukundan T, Thomas B, Sven H, Pablo D. Capturing the sun: A review of the challenges and perspectives of perovskite solar cells. Advanced Energy Materials, 2018, 8（2）: 1703396.

[39] Nie W Y, Tsai H, Asadpour R, Blancon J C, Neukirch A J, Gupta G, Crochet J J, Chhowalla M, Tretiak S, Alam M A, Wang H L, Mohite A D. High-efficiency solution-processed perovskite solar cells with millimeter-scale grains. Science, 2015, 347（6221）: 522-525.

[40] Li G, Zhang T Y, Zhao Y X. Hydrochloric acid accelerated formation of planar CH$_3$NH$_3$PbI$_3$ perovskite with high humidity tolerance. Journal of Materials Chemistry A, 2015, 3（39）: 19674-19678.

[41] Eperon G E, Stranks S D, Menelaou C, Johnston M B, Herz L M, Snaith H J. Formamidinium lead trihalide: A broadly tunable perovskite for efficient planar heterojunction solar cells. Energy & Environmental Science, 2014, 7 (3): 982-988.

[42] Yang L J, Wang J C, Leung W W F. Lead iodide thin film crystallization control for high-performance and stable solution-processed perovskite solar cells. ACS Applied Materials & Interfaces, 2015, 7 (27): 14614-14619.

[43] Lee J W, Kim H S, Park N G. Lewis acid-base adduct approach for high efficiency perovskite solar cells. Accounts of Chemical Research, 2016, 49 (2): 311-319.

[44] Liang P W, Liao C Y, Chueh C C, Zuo F, Williams S T, Xin X K, Lin J, Jen A K Y. Additive enhanced crystallization of solution-processed perovskite for highly efficient planar-heterojunction solar cells. Advanced Materials, 2014, 26 (22): 3748-3754.

[45] Feng J S, Zhu X J, Yang Z, Zhang X R, Niu J Z, Wang Z Y, Zuo S N, Priya S S, Liu S Z, Yang D. Record efficiency stable flexible perovskite solar cell using effective additive assistant strategy. Advanced Materials, 2018, 30 (35): 1801418.

[46] Huang Z Q, Hu X T, Liu C, Tan L C, Chen Y W. Nucleation and crystallization control via polyurethane to enhance the bendability of perovskite solar cells with excellent device performance. Advanced Functional Materials, 2017, 27 (41): 1703061.

[47] Chiang C H, Wu C G. Bulk heterojunction perovskite-PCBM solar cells with high fill factor. Nature Photonics, 2016, 10: 196.

[48] Boopathi K M, Mohan R, Huang T Y, Budiawan W, Lin M Y, Lee C H, Ho K C, Chu C W. Synergistic improvements in stability and performance of lead iodide perovskite solar cells incorporating salt additives. Journal of Materials Chemistry A, 2016, 4 (5): 1591-1597.

[49] Saliba M, Matsui T, Domanski K, Seo J Y, Ummadisingu A, Zakeeruddin S M, Correa-Baena J P, Tress W R, Abate A, Hagfeldt A, Grätzel M. Incorporation of rubidium cations into perovskite solar cells improves photovoltaic performance. Science, 2016, 354 (6309): 206-209.

[50] Liao W Q, Zhao D W, Yu Y, Shrestha N R, Ghimire K R, Grice C R, Wang C L, Xiao Y Q, Cimaroli A J, Ellingson R J, Podraza N J, Zhu K, Xiong R G, Yan Y E. Fabrication of efficient low-bandgap perovskite solar cells by combining formamidinium tin iodide with methylammonium lead iodide. Journal of the American Chemical Society, 2016, 138 (38): 12360-12363.

[51] Zhao L C, Luo D Y, Wu J, Hu Q, Zhang W, Chen K, Liu T H, Liu Y, Zhang Y F, Liu F, Russell T P, Snaith H J, Zhu R, Gong Q H. High-performance inverted planar heterojunction perovskite solar cells based on lead acetate precursor with efficiency exceeding 18%. Advanced Functional Materials, 2016, 26 (20): 3508-3514.

[52] Bi D Q, Gao P, Scopelliti R, Oveisi E, Luo J, Grätzel M, Hagfeldt A, Nazeeruddin M K. High-performance perovskite solar cells with enhanced environmental stability based on amphiphile-modified CH$_3$NH$_3$PbI$_3$. Advanced Materials, 2016, 28 (15): 2910-2915.

[53] Zhang Y, Tan L C, Fu Q X, Chen L, Ji T, Hu X T, Chen Y W. Enhancing the grain size of organic halide perovskites by sulfonate-carbon nanotube incorporation in high performance perovskite solar cells. Chemical Communications, 2016, 52 (33): 5674-5677.

[54] Bi D Q, Tress W G, Dar M I, Gao P, Luo J S, Renevier C, Schenk K, Abate A, Giordano F, Correa- Baena J P, Decoppet J D, Zakeeruddin S M, Nazeeruddin M K, Grätzel M, Hagfeldt A. Efficient luminescent solar cells based on tailored mixed-cation perovskites. Science Advances, 2016, 2（1）: e1501170.

[55] Wu Y Z, Yang X D, Chen W, Yue Y F, Cai M L, Xie F X, Bi E B, Islam A, Han L Y. Perovskite solar cells with 18.21% efficiency and area over 1 cm^2 fabricated by heterojunction engineering. Nature Energy, 2016, 1（11）: 16148.

[56] Zhang F, Shi W D, Luo J S, Pellet N, Yi C Y, Li X M, Zhao X, Dennis T J S, Li X G, Wang S R, Xiao Y, Zakeeruddin S M, Bi D Q, Grätzel M. Isomer-pure bis-PCBM-assisted crystal engineering of perovskite solar cells showing excellent efficiency and stability. Advanced Materials, 2017, 29（17）: 1606806.

[57] Niu T Q, Lu J, Munir R, Li J, Barrit D, Zhang X, Hu H L, Yang Z, Amassian A, Zhao K, Liu S Z. Stable high-performance perovskite solar cells via grain boundary passivation. Advanced Materials, 2018, 30（16）: 1706576.

[58] Bi D Q, Yi C Y, Luo J S, Décoppet J D, Zhang F, Zakeeruddin Shaik M, Li X, Hagfeldt A, Grätzel M. Polymer-templated nucleation and crystal growth of perovskite films for solar cells with efficiency greater than 21%. Nature Energy, 2016, 1（10）: 16142.

[59] Xu J, Buin A, Ip A H, Li W, Voznyy O, Comin R, Yuan M, Jeon S, Ning Z, McDowell J J, Kanjanaboos P, Sun J P, Lan X, Quan L N, Kim D H, Hill I G, Maksymovych P, Sargent E H. Perovskite-fullerene hybrid materials suppress hysteresis in planar diodes. Nature Communications, 2015, 6: 7081.

[60] Edri E, Kirmayer S, Henning A, Mukhopadhyay S, Gartsman K, Rosenwaks Y, Hodes G, Cahen D. Why lead methylammonium tri-iodide perovskite-based solar cells require a mesoporous electron transporting scaffold（but not necessarily a hole conductor）. Nano Letters, 2014, 14（2）: 1000-1004.

[61] Liu C, Wang K, Du P C, Yi C, Meng T Y, Gong X. Efficient solution-processed bulk heterojunction perovskite hybrid solar cells. Advanced Energy Materials, 2015, 5（12）: 1402024.

[62] Ran C X, Chen Y H, Gao W Y, Wang M Q, Dai L M. One-dimensional（1D）[6,6]-phenyl-C_{61}-butyric acid methyl ester（PCBM）nanorods as an efficient additive for improving the efficiency and stability of perovskite solar cells. Journal of Materials Chemistry A, 2016, 4（22）: 8566-8572.

[63] Qing J, Liu X K, Li M J, Liu F, Yuan Z C, Tiukalova E, Yan Z B, Duchamp M, Chen S, Wang Y M, Bai S, Liu J M, Snaith H J, Lee C S, Sum T C, Gao F. Aligned and graded type- II ruddlesden-popper perovskite films for efficient solar cells. Advanced Energy Materials, 2018, 8（21）: 1800185.

[64] Liu Z H, Hu J N, Jiao H Y, Li L, Zheng G H, Chen Y H, Huang Y, Zhang Q, Shen C, Chen Q, Zhou H P. Chemical reduction of intrinsic defects in thicker heterojunction planar perovskite solar cells. Advanced Materials, 2017, 29（23）: 1606774.

[65] Heo J H, Song D H, Han H J, Kim S Y, Kim J H, Kim D, Shin H W, Ahn T K, Wolf C, Lee T W,

Im S H. Planar CH₃NH₃PbI₃ perovskite solar cells with constant 17.2% average power conversion efficiency irrespective of the scan rate. Advanced Materials, 2015, 27（22）: 3424-3430.

[66] Kim J, Yun J S, Wen X, Soufiani A M, Lau C F J, Wilkinson B, Seidel J, Green M A, Huang S, Ho-Baillie A W Y. Nucleation and growth control of HC（NH₂）₂PbI₃ for planar perovskite solar cell. The Journal of Physical Chemistry C, 2016, 120（20）: 11262-11267.

[67] Eperon G E, Paternò G M, Sutton R J, Zampetti A, Haghighirad A A, Cacialli F, Snaith H J. Inorganic caesium lead iodide perovskite solar cells. Journal of Materials Chemistry A, 2015, 3（39）: 19688-19695.

[68] Heo J H, Song D H, Im S H. Planar CH₃NH₃PbBr₃ hybrid solar cells with 10.4% power conversion efficiency, fabricated by controlled crystallization in the spin-coating process. Advanced Materials, 2014, 26（48）: 8179-8183.

[69] Pan J L, Mu C, Li Q, Li W Z, Ma D, Xu D S. Room-temperature, hydrochloride-assisted, one-step deposition for highly efficient and air-stable perovskite solar cells. Advanced Materials, 2016, 28（37）: 8309-8314.

[70] Zhang W, Pathak S, Sakai N, Stergiopoulos T, Nayak P K, Noel N K, Haghighirad A A, Burlakov V M, de Quilettes D W, Sadhanala A, Li W Z, Wang L D, Ginger D S, Friend R H, Snaith H J. Enhanced optoelectronic quality of perovskite thin films with hypophosphorous acid for planar heterojunction solar cells. Nature Communications, 2015, 6: 10030.

[71] Guo Y L, Sato W, Shoyama K, Nakamura E. Sulfamic acid-catalyzed lead perovskite formation for solar cell fabrication on glass or plastic substrates. Journal of the American Chemical Society, 2016, 138（16）: 5410-5416.

[72] Long M Z, Zhang T K, Xu W Y, Zeng X L, Xie F Y, Li Q, Chen Z F, Zhou F R, Wong K S, Yan K Y, Xu J B. Large-grain formamidinium PbI₃₋ₓBrₓ for high-performance perovskite solar cells via intermediate halide exchange. Advanced Energy Materials, 2017, 7（12）: 1601882.

[73] Chang C Y, Chu C Y, Huang Y C, Huang C W, Chang S Y, Chen C A, Chao C Y, Su W F. Tuning perovskite morphology by polymer additive for high efficiency solar cell. ACS Applied Materials & Interfaces, 2015, 7（8）: 4955-4961.

[74] Zhao Y C, Wei J, Li H, Yan Y, Zhou W K, Yu D P, Zhao Q. A polymer scaffold for self-healing perovskite solar cells. Nature Communications, 2016, 7: 10228.

[75] Tripathi N, Shirai Y, Yanagida M, Karen A, Miyano K. Novel surface passivation technique for low-temperature solution-processed perovskite PV cells. ACS Applied Materials & Interfaces, 2016, 8（7）: 4644-4650.

[76] Zuo L J, Guo H X, deQuilettes D W, Jariwala S, de Marco N, Dong S Q, DeBlock R, Ginger D S, Dunn B, Wang M K, Yang Y. Polymer-modified halide perovskite films for efficient and stable planar heterojunction solar cells. Science Advances, 2017, 3（8）: e1700106.

[77] Bu T L, Wu L, Liu X P, Yang X K, Zhou P, Yu X X, Qin T S, Shi J J, Wang S, Li S S, Ku Z L, Peng Y, Huang F Z, Meng Q B, Cheng Y B, Zhong J. Synergic interface optimization with green solvent engineering in mixed perovskite solar cells. Advanced Energy Materials, 2017, 7（20）: 1700576.

[78] Fu Q X, Tang X L, Huang B, Hu T, Tan L C, Chen L, Chen Y M. Recent progress on the long-term stability of perovskite solar cells. Advanced Science, 2018, 5 (5): 1700387.

[79] Lee M M, Teuscher J, Miyasaka T, Murakami T N, Snaith H J. Efficient hybrid solar cells based on meso-superstructured organometal halide perovskites. Science, 2012, 338 (6107): 643-647.

[80] Jeon N J, Noh J H, Kim Y C, Yang W S, Ryu S, Seok S I. Solvent engineering for high-performance inorganic-organic hybrid perovskite solar cells. Nature Materials, 2014, 13 (9): 897-903.

[81] Saliba M, Matsui T, Seo J Y, Domanski K, Correa-Baena J P, Nazeeruddin M K, Zakeeruddin S M, Tress W, Abate A, Hagfeldt A, Grätzel M. Cesium-containing triple cation perovskite solar cells: Improved stability, reproducibility and high efficiency. Energy & Environmental Science, 2016, 9 (6): 1989-1997.

[82] Kim H S, Park N G. Parameters affecting I-V hysteresis of $CH_3NH_3PbI_3$ perovskite solar cells: Effects of perovskite crystal size and mesoporous TiO_2 layer. The Journal of Physical Chemistry Letters, 2014, 5 (17): 2927-2934.

[83] Liu D J, Kelly T L. Perovskite solar cells with a planar heterojunction structure prepared using room-temperature solution processing techniques. Nature Photonics, 2013, 8 (2): 133-138.

[84] Etgar L, Gao P, Xue Z S, Peng Q, Chandiran A K, Liu B, Nazeeruddin M K, Grätzel M. Mesoscopic $CH_3NH_3PbI_3/TiO_2$ heterojunction solar cells. Journal of the American Chemical Society, 2012, 134 (42): 17396-17399.

[85] Shi J J, Dong J, Lv S T, Xu Y Z, Zhu L F, Xiao J Y, Xu X, Wu H J, Li D W, Luo Y H, Meng Q B. Hole-conductor-free perovskite organic lead iodide heterojunction thin-film solar cells: High efficiency and junction property. Applied Physics Letters, 2014, 104 (6): 063901.

[86] Wei H Y, Shi J J, Xu X, Xiao J Y, Luo J, Dong J, Lv S T, Zhu L F, Wu H J, Li D M, Luo Y H, Meng Q B, Chen Q. Enhanced charge collection with ultrathin AlO_x electron blocking layer for hole-transporting material-free perovskite solar cell. Physical Chemistry Chemical Physics, 2015, 17 (7): 4937-4944.

[87] Tsai K W, Chueh C C, Williams S T, Wen T C, Jen A K Y. High-performance hole-transporting layer-free conventional perovskite/fullerene heterojunction thin-film solar cells. Journal of Materials Chemistry A, 2015, 3 (17): 9128-9132.

[88] Li Y L, Ye S Y, Sun W H, Yan W B, Li Y, Bian Z Q, Liu Z W, Wang S F, Huang C H. Hole-conductor-free planar perovskite solar cells with 16.0% efficiency. Journal of Materials Chemistry A, 2015, 3 (36): 18389-18394.

[89] Bi C, Wang Q, Shao Y, Yuan Y, Xiao Z, Huang J. Non-wetting surface-driven high-aspect-ratio crystalline grain growth for efficient hybrid perovskite solar cells. Nature Communications, 2015, 6: 7747.

[90] Mei A Y, Li X, Liu L F, Ku Z L, Liu T F, Rong Y G, Xu M, Hu M, Chen J Z, Yang Y, Grätzel M, Han H W. A Hole-conductor-free, fully printable mesoscopic perovskite solar cell with high stability. Science, 2014, 345 (6194): 295-298.

[91] Ball J M, Lee M M, Hey A, Snaith H J. Low-temperature processed meso-superstructured to thin-film perovskite solar cells. Energy & Environmental Science, 2013, 6 (6): 1739-1743.

[92] Eperon G E, Burlakov V M, Docampo P, Goriely A, Snaith H J. Morphological control for high performance, solution-processed planar heterojunction perovskite solar cells. Advanced Functional Materials, 2014, 24 (1): 151-157.

[93] Liu M, Johnston M B, Snaith H J. Efficient planar heterojunction perovskite solar cells by vapour deposition. Nature, 2013, 501 (7467): 395.

[94] Jiang Q, Zhang L Q, Wang H L, Yang X L, Meng J H, Liu H G, Yin Z G, Wu J L, Zhang X W, You J B. Enhanced electron extraction using SnO_2 for high-efficiency planar-structure $HC(NH_2)_2PbI_3$-based perovskite solar cells. Nature Energy, 2016, 2: 16177.

[95] Jeng J Y, Chiang Y F, Lee M H, Peng S R, Guo T F, Chen P, Wen T C. $CH_3NH_3PbI_3$ Perovskite/fullerene planar-heterojunction hybrid solar cells. Advanced Materials, 2013, 25 (27): 3727-3732.

[96] Sun S Y, Salim T, Mathews N, Duchamp M, Boothroyd C, Xing G, Sum T C, Lam Y M. The origin of high efficiency in low-temperature solution-processable bilayer organometal halide hybrid solar cells. Energy & Environmental Science, 2014, 7 (1): 399-407.

[97] Malinkiewicz O, Yella A, Lee Y H, Espallargas G M, Graetzel M, Nazeeruddin M K, Bolink H J. Perovskite solar cells employing organic charge-transport layers. Nature Photonics, 2013, 8: 128.

[98] Yao K, Salvador M, Chueh C C, Xin X K, Xu Y X, de Quilettes D W, Hu T, Chen Y, Ginger D S, Jen A K Y. A general route to enhance polymer solar cell performance using plasmonic nanoprisms. Advanced Energy Materials, 2014, 4 (9): 1400206.

[99] You J B, Meng L, Song T B, Guo T F, Yang Y, Chang W H, Hong Z R, Chen H J, Zhou H P, Chen Q, Liu Y S, de Marco N, Yang Y. Improved air stability of perovskite solar cells via solution-processed metal oxide transport layers. Nature Nanotechnology, 2015, 11 (1): 75-81.

[100] Luo D Y, Zhao L C, Wu J, Hu Q, Zhang Y F, Xu Z J, Liu Y, Liu T H, Chen K, Yang W Q, Zhang W H, Zhu R, Gong Q H. Dual-source precursor approach for highly efficient inverted planar heterojunction perovskite solar cells. Advanced Materials, 2017, 29 (19): 1604758.

[101] Liu Z Y, Chang J J, Lin Z H, Zhou L, Yang Z, Chen D Z, Zhang C F, Liu S Z, Hao Y. High-performance planar perovskite solar cells using low temperature, solution-combustion-based nickel oxide hole transporting layer with efficiency exceeding 20%. Advanced Energy Materials, 2018, 8 (19): 1703432.

[102] Stolterfoht M, Wolff C M, Márquez J A, Zhang S, Hages C J, Rothhardt D, Albrecht S, Burn P L, Meredith P, Unold T, Neher D. Visualization and suppression of interfacial recombination for high-efficiency large-area pin perovskite solar cells. Nature Energy, 2018, 3 (10): 847-854.

[103] Luo D Y, Yang W Q, Wang Z P, Sadhanala A, Hu Q, Su R, Shivanna R, Trindade G F, Watts J F, Xu Z, Liu T H, Chen K, Ye F J, Wu P, Zhao L C, Wu J, Tu Y G, Zhang Y F, Yang X Y, Zhang W, Friend R H, Gong Q, Snaith H J, Zhu R. Enhanced photovoltage for inverted planar heterojunction perovskite solar cells. Science, 2018, 360 (6396): 1442-1446.

[104] Kim H S, Lee C R, Im J H, Lee K B, Moehl T, Marchioro A, Moon S J, Humphry-Baker R, Yum J H, Moser J E, Grätzel M, Park N G. Lead iodide perovskite sensitized all-solid-state submicron thin film mesoscopic solar cell with efficiency exceeding 9%. Scientific reports, 2012,

2: 591.

[105] Stoumpos C C, Malliakas C D, Kanatzidis M G. Semiconducting tin and lead iodide perovskites with organic cations: Phase transitions, high mobilities, and near-infrared photoluminescent properties. Inorganic Chemistry, 2013, 52 (15): 9019-9038.

[106] Giorgi G, Fujisawa J I, Segawa H, Yamashita K. Small photocarrier effective masses featuring ambipolar transport in methylammonium lead iodide perovskite: A density functional analysis. The Journal of Physical Chemistry Letters, 2013, 4 (24): 4213-4216.

[107] Supasai T, Rujisamphan N, Ullrich K, Chemseddine A, Dittrich T. Formation of a passivating $CH_3NH_3PbI_3/PbI_2$ interface during moderate heating of $CH_3NH_3PbI_3$ layers. Applied Physics Letters, 2013, 103 (18): 183906.

[108] Hao F, Stoumpos C C, Liu Z, Chang R P H, Kanatzidis M G. Controllable perovskite crystallization at a gas-solid interface for hole conductor-free solar cells with steady power conversion efficiency over 10%. Journal of the American Chemical Society, 2014, 136 (46): 16411-16419.

[109] Christians J A, Miranda Herrera P A, Kamat P V. Transformation of the excited state and photovoltaic efficiency of $CH_3NH_3PbI_3$ perovskite upon controlled exposure to humidified air. Journal of the American Chemical Society, 2015, 137 (4): 1530-1538.

[110] You J, Yang Y, Hong Z, Song T B, Meng L, Liu Y, Jiang C, Zhou H, Chang W H, Li G, Yang Y. Moisture assisted perovskite film growth for high performance solar cells. Applied Physics Letters, 2014, 105(18): 183902.

[111] Hu Y, Schlipf J, Wussler M, Petrus M L, Jaegermann W, Bein T, Müller-Buschbaum P, Docampo P. Hybrid perovskite/perovskite heterojunction solar cells. ACS Nano, 2016, 10 (6): 5999-6007.

[112] Mosconi E, Azpiroz J M, de Angelis F. *Ab initio* molecular dynamics simulations of methylammonium lead iodide perovskite degradation by water. Chemistry of Materials, 2015, 27(13): 4885-4892.

[113] Yang S, Wang Y, Liu P, Cheng Y B, Zhao H J, Yang H G. Functionalization of perovskite thin films with moisture-tolerant molecules. Nature Energy, 2016, 1: 15016.

[114] Smith I C, Hoke E T, Solislbarra D. A layered hybrid perovskite solar-cell absorber with enhanced moisture stability. Angewandte Chemie International Edition, 2014, 126 (42): 11414-11417.

[115] Law C, Miseikis L, Dimitrov S, Shakya-Tuladhar P, Li X, Barnes P R F, Durrant J, O'Regan B C. Performance and stability of lead perovskite/TiO_2, polymer/PCBM, and dye sensitized solar cells at light intensities up to 70 suns. Advanced Materials, 2014, 26 (36): 6268-6273.

[116] Yuan Y B, Chae J, Shao Y C, Wang Q, Xiao Z G, Centrone A, Huang J S. Photovoltaic switching mechanism in lateral structure hybrid perovskite solar cells. Advanced Energy Materials, 2015, 5 (15): 1500615.

[117] Conings B, Drijkoningen J, Gauquelin N, Babayigit A, D'Haen J, D'Olieslaeger L, Ethirajan A, Verbeeck J, Manca J, Mosconi E, Angelis F D, Boyen H G. Intrinsic thermal instability of methylammonium lead trihalide perovskite. Advanced Energy Materials, 2015, 5 (15): 1500477.

[118] Dualeh A, Gao P, Seok S I, Nazeeruddin M K, Grätzel M. Thermal behavior of methylammonium lead-trihalide perovskite photovoltaic light harvesters. Chemistry of Materials, 2014, 26 (21): 6160-6164.

[119] Beal R E, Slotcavage D J, Leijtens T, Bowring A R, Belisle R A, Nguyen W H, Burkhard G F, Hoke E T, McGehee M D. Cesium lead halide perovskites with improved stability for tandem solar cells. The Journal of Physical Chemistry Letters, 2016, 7 (5): 746-751.

[120] Yeo J S, Kang R, Lee S, Jeon Y J, Myoung N, Lee C L, Kim D Y, Yun J M, Seo Y H, Kim S S, Na S I. Highly efficient and stable planar perovskite solar cells with reduced graphene oxide nanosheets as electrode interlayer. Nano Energy, 2015, 12: 96-104.

[121] Luo S Q, You P, Cai G D, Zhou H, Yan F, Daoud W A. The influence of chloride on interdiffusion method for perovskite solar cells. Materials Letters, 2016, 169: 236-240.

[122] Tae-Youl Y, Giuliano G, Norman P, Michael G, Joachim M. The significance of ion conduction in a hybrid organic-inorganic lead-iodide-based perovskite photosensitizer. Angewandte Chemie International Edition, 2015, 127 (27): 8016-8021.

[123] Bag M, Jiang Z W, Renna L A, Jeong S P, Rotello V M, Venkataraman D. Rapid combinatorial screening of inkjet-printed alkyl-ammonium cations in perovskite solar cells. Materials Letters, 2016, 164: 472-475.

[124] Binek A, Hanusch F C, Docampo P, Bein T. Stabilization of the trigonal high-temperature phase of formamidinium lead iodide. The Journal of Physical Chemistry Letters, 2015, 6 (7): 1249-1253.

[125] Jeon N J, Na H, Jung E H, Yang T Y, Lee Y G, Kim G, Shin H W, Il Seok S, Lee J, Seo J. A fluorene-terminated hole-transporting material for highly efficient and stable perovskite solar cells. Nature Energy, 2018.

[126] Tsai H, Asadpour R, Blancon J C, Stoumpos C C, Durand O, Strzalka J W, Chen B, Verduzco R, Ajayan P M, Tretiak S, Even J, Alam M A, Kanatzidis M G, Nie W, Mohite A D. Light-induced lattice expansion leads to high-efficiency perovskite solar cells. Science, 2018, 360 (6384): 67-70.

[127] Snaith H J, Abate A, Ball J M, Eperon G E, Leijtens T, Noel N K, Stranks S D, Wang J T W, Wojciechowski K, Zhang W. Anomalous hysteresis in perovskite solar cells. The Journal of Physical Chemistry Letters, 2014, 5 (9): 1511-1515.

[128] Hao F, Stoumpos C C, Cao D H, Chang R P H, Kanatzidis M G. Lead-free solid-state organic-inorganic halide perovskite solar cells. Nature Photonics, 2014, 8 (6): 489-494.

[129] Noel N K, Stranks S D, Abate A, Wehrenfennig C, Guarnera S, Haghighirad A A, Sadhanala A, Eperon G E, Pathak S K, Johnston M B, Petrozza A, Herz L M, Snaith H J. Lead-free organic-inorganic tin halide perovskites for photovoltaic applications. Energy & Environmental Science, 2014, 7 (9): 3061-3068.

[130] Eperon G E, Leijtens T, Bush K A, Prasanna R, Green T, Wang J T W, McMeekin D P, Volonakis G, Milot R L, May R, Palmstrom A, Slotcavage D J, Belisle R A, Patel J B, Parrott E S, Sutton R J, Ma W, Moghadam F, Conings B, Babayigit A, Boyen H G, Bent S, Giustino F, Herz L M, Johnston M B, McGehee M D, Snaith H J. Perovskite-perovskite tandem

photovoltaics with optimized band gaps. Science, 2016, 354（6314）: 861-865.

[131] Aharon S, Cohen B E, Etgar L. Hybrid lead halide iodide and lead halide bromide in efficient hole conductor free perovskite solar cell. The Journal of Physical Chemistry C, 2014, 118（30）: 17160-17165.

[132] Misra R K, Aharon S, Li B, Mogilyansky D, Visoly-Fisher I, Etgar L, Katz E A. Temperature- and component-dependent degradation of perovskite photovoltaic materials under concentrated sunlight. The Journal of Physical Chemistry Letters, 2015, 6（3）: 326-330.

[133] Chen Y, Chen T, Dai L. Layer-by-layer growth of $CH_3NH_3PbI_{3-x}Cl_x$ for highly efficient planar heterojunction perovskite solar cells. Advanced Materials, 2015, 27（6）: 1053-1059.

[134] Yu H, Wang F, Xie F Y, Li W W, Chen J, Zhao N. The role of chlorine in the formation process of "$CH_3NH_3PbI_{3-x}Cl_x$" perovskite. Advanced Functional Materials, 2014, 24（45）: 7102-7108.

[135] Jiang F Y, Rong Y G, Liu H W, Liu T F, Mao L, Meng W, Qin F, Jiang Y Y, Luo B W, Xiong S X, Tong J H, Liu Y, Li Z F, Han H W, Zhou Y H. Synergistic effect of PbI_2 passivation and chlorine inclusion yielding high open-circuit voltage exceeding 1.15 V in both mesoscopic and inverted planar $CH_3NH_3PbI_3$（Cl）-based perovskite solar cells. Advanced Functional Materials, 2016, 26（44）: 8119-8127.

[136] Chen Q, Zhou H P, Fang Y H, Stieg A Z, Song T B, Wang H H, Xu X B, Liu Y S, Lu S R, You J B, Sun P Y, McKay J, Goorsky M S, Yang Y. The optoelectronic role of chlorine in $CH_3NH_3PbI_3$（Cl）-based perovskite solar cells. Nature Communications, 2015, 6: 7269.

[137] Colella S, Mosconi E, Fedeli P, Listorti A, Gazza F, Orlandi F, Ferro P, Besagni T, Rizzo A, Calestani G, Gigli G, de Angelis F, Mosca R. $MAPbI_{3-x}Cl_x$ Mixed halide perovskite for hybrid solar cells: The role of chloride as dopant on the transport and structural properties. Chemistry of Materials, 2013, 25（22）: 4613-4618.

[138] Suarez B, Gonzalez-Pedro V, Ripolles T S, Sanchez R S, Otero L, Mora-Sero I. Recombination study of combined halides（Cl, Br, I）perovskite solar cells. The Journal of Physical Chemistry Letters, 2014, 5（10）: 1628-1635.

[139] Bella F, Sacco A, Salvador G P, Bianco S, Tresso E, Pirri C F, Bongiovanni R. First pseudohalogen polymer electrolyte for dye-sensitized solar cells promising for *in situ* photopolymerization. The Journal of Physical Chemistry C, 2013, 117（40）: 20421-20430.

[140] Chen Y N, Li B B, Huang W, Gao D Q, Liang Z Q. Efficient and reproducible $CH_3NH_3PbI_{3-x}$（SCN）$_x$ perovskite based planar solar cells. Chemical Communications, 2015, 51（60）: 11997-11999.

[141] Jiang Q L, Rebollar D, Gong J, Piacentino E L, Zheng C, Xu T. Pseudohalide-induced moisture tolerance in perovskite CH_3NH_3Pb（SCN）$_2I$ thin films. Angewandte Chemie International Edition, 2015, 127（26）: 7727-7730.

[142] Tai Q D, You P, Sang H Q, Liu Z K, Hu C L, Chan H L W, Yan F. Efficient and stable perovskite solar cells prepared in ambient air irrespective of the humidity. Nature Communications, 2016, 7: 11105.

[143] Smith I C, Hoke E T, Solis-Ibarra D, McGehee M D, Karunadasa H I. A layered hybrid perovskite solar-cell absorber with enhanced moisture stability. Angewandte Chemie

International Edition, 2014, 126（42）: 11414-11417.

[144] Quan L N, Yuan M, Comin R, Voznyy O, Beauregard E M, Hoogland S, Buin A, Kirmani A R, Zhao K, Amassian A, Kim D H, Sargent E H. Ligand-stabilized reduced-dimensionality perovskites. Journal of the American Chemical Society, 2016, 138（8）: 2649-2655.

[145] Yao K, Wang X F, Xu Y X, Li F, Zhou L. Multilayered perovskite materials based on polymeric-ammonium cations for stable large-area solar cell. Chemistry of Materials, 2016, 28（9）: 3131-3138.

[146] Cao D H, Stoumpos C C, Farha O K, Hupp J T, Kanatzidis M G. 2D Homologous perovskites as light-absorbing materials for solar cell applications. Journal of the American Chemical Society, 2015, 137（24）: 7843-7850.

[147] Wang Z P, Lin Q Q, Chmiel F, Sakai N, M Herz L, J Snaith H, Efficient ambient-air-stable solar cells with 2D-3D heterostructured butylammonium-caesium-formamidinium lead halide perovskites. Nature Energy, 2017, 2（9）: 17135.

[148] Lee J W, Dai Z H, Han T H, Choi C, Chang S Y, Lee S J, De Marco N, Zhao H X, Sun P Y, Huang Y, Yang Y. 2D Perovskite stabilized phase-pure formamidinium perovskite solar cells. Nature Communications, 2018, 9（1）: 3021.

[149] Ameen S, Rub M A, Kosa S A, Alamry K A, Akhtar M S, Shin H S, Seo H K, Asiri A M, Nazeeruddin M K. Perovskite solar cells: Influence of hole transporting materials on power conversion efficiency. ChemSusChem, 2016, 9（1）: 10-27.

[150] Teh C H, Daik R, Lim E L, Yap C C, Ibrahim M A, Ludin N A, Sopian K, Mat Teridi M A. A review of organic small molecule-based hole-transporting materials for meso-structured organic-inorganic perovskite solar cells. Journal of Materials Chemistry A, 2016, 4（41）: 15788-15822.

[151] Saliba M, Orlandi S, Matsui T, Aghazada S, Cavazzini M, Correa-Baena J P, Gao P, Scopelliti R, Mosconi E, Dahmen K H, de Angelis F, Abate A, Hagfeldt A, Pozzi G, Graetzel M, Nazeeruddin M K. A molecularly engineered hole-transporting material for efficient perovskite solar cells. Nature Energy, 2016, 1: 15017.

[152] Wang S, Yuan W, Meng Y S. Spectrum-dependent spiro-OMeTAD oxidization mechanism in perovskite solar cells. ACS Applied Materials & Interfaces, 2015, 7（44）: 24791-24798.

[153] Abate A, Leijtens T, Pathak S, Teuscher J, Avolio R, Errico M E, Kirkpatrik J, Ball J M, Docampo P, McPherson I, Snaith H J. Lithium salts as "redox active" p-type dopants for organic semiconductors and their impact in solid-state dye-sensitized solar cells. Physical Chemistry Chemical Physics, 2013, 15（7）: 2572-2579.

[154] Chen W, Wu Y, Liu J, Qin C, Yang X D, Islam A, Cheng Y B, Han L Y. Hybrid interfacial layer leads to solid performance improvement of inverted perovskite solar cells. Energy & Environmental Science, 2015, 8（2）: 629-640.

[155] Wang Y K, Yuan Z C, Shi G Z, Li Y X, Li Q, Hui F, Sun B Q, Jiang Z Q, Liao L S. Dopant-free spiro-triphenylamine/fluorene as hole-transporting material for perovskite solar cells with enhanced efficiency and stability. Advanced Functional Materials, 2016, 26（9）: 1375-1381.

[156] Ni J S, Hsieh H C, Chen C A, Wen Y S, Wu W T, Shih Y C, Lin K F, Wang L, Lin J T. Near-infrared-absorbing and dopant-free heterocyclic quinoid-based hole-transporting materials for efficient perovskite solar cells. ChemSusChem, 2016, 9（22）: 3139-3144.

[157] Li Z A, Zhu Z L, Chueh C C, Jo S B, Luo J D, Jang S H, Jen A K Y. Rational design of dipolar chromophore as an efficient dopant-free hole-transporting material for perovskite solar cells. Journal of the American Chemical Society, 2016, 138（36）: 11833-11839.

[158] Huang C Y, Fu W F, Li C Z, Zhang Z Q, Qiu W M, Shi M M, Heremans P, Jen A K Y, Chen H Z. Dopant-free hole-transporting material with a C_{3h} symmetrical truxene core for highly efficient perovskite solar cells. Journal of the American Chemical Society, 2016, 138（8）: 2528-2531.

[159] Mengistie D A, Ibrahem M A, Wang P C, Chu C W. Highly conductive PEDOT:PSS treated with formic acid for ITO-free polymer solar cells. ACS Applied Materials & Interfaces, 2014, 6（4）: 2292-2299.

[160] Sun W H, Peng H T, Li Y L, Yan W B, Liu Z L, Bian Z Q, Huang C H. Solution-processed copper iodide as an inexpensive and effective anode buffer layer for polymer solar cells. The Journal of Physical Chemistry C, 2014, 118（30）: 16806-16812.

[161] Huang X, Wang K, Yi C, Meng T Y, Gong X. Efficient perovskite hybrid solar cells by highly electrical conductive PEDOT:PSS hole transport layer. Advanced Energy Materials, 2016, 6（3）: 1501773.

[162] Hou F H, Su Z S, Jin F M, Yan X W, Wang L D, Zhao H F, Zhu J Z, Chu B, Li W L. Efficient and stable planar heterojunction perovskite solar cells with an MoO_3/PEDOT:PSS hole transporting layer. Nanoscale, 2015, 7（21）: 9427-9432.

[163] Lee D Y, Na S I, Kim S S. Graphene Oxide/PEDOT:PSS Composite hole transport layer for efficient and stable planar heterojunction perovskite solar cells. Nanoscale, 2016, 8（3）: 1513-1522.

[164] Bi C, Wang Q, Shao Y C, Yuan Y B, Xiao Z G, Huang J S. Non-wetting surface-driven high-aspect-ratio crystalline grain growth for efficient hybrid perovskite solar cells. Nature Communications, 2015, 6: 7747.

[165] Conings B, Baeten L, de Dobbelaere C, D'Haen J, Manca J, Boyen H G. Perovskite-based hybrid solar cells exceeding 10% efficiency with high reproducibility using a thin film sandwich approach. Advanced Materials, 2014, 26（13）: 2041-2046.

[166] Christians J A, Schulz P, Tinkham J S, Schloemer T H, Harvey S P, Tremolet de Villers B J, Sellinger A, Berry J J, Luther J M. Tailored interfaces of unencapsulated perovskite solar cells for >1,000 hour operational stability. Nature Energy, 2018, 3（1）: 68-74.

[167] Guerrero A, Bou A, Matt G, Almora O, Heumüller T, Garcia-Belmonte G, Bisquert J, Hou Y, Brabec C. Switching off hysteresis in perovskite solar cells by fine-tuning energy levels of extraction layers. Advanced Energy Materials, 2018, 8（21）: 1703376.

[168] Kim J H, Liang P W, Williams S T, Cho N, Chueh C C, Glaz M S, Ginger D S, Jen A K Y. High-performance and environmentally stable planar heterojunction perovskite solar cells based on a solution-processed copper-doped nickel oxide hole-transporting layer. Advanced Materials,

2015, 27（4）: 695-701.

[169] Sun W H, Li Y L, Ye S Y, Rao H X, Yan W B, Peng H T, Li Y, Liu Z W, Wang S F, Chen Z J, Xiao L X, Bian Z Q, Huang C H. High-performance inverted planar heterojunction perovskite solar cells based on a solution-processed CuO$_x$ hole transport layer. Nanoscale, 2016, 8（20）: 10806-10813.

[170] Sepalage G A, Meyer S, Pascoe A, Scully A D, Huang F, Bach U, Cheng Y B, Spiccia L. Copper（Ⅰ）iodide as hole-conductor in planar perovskite solar cells: probing the origin of J-V hysteresis. Advanced Functional Materials, 2015, 25（35）: 5650-5661.

[171] Zhang F G, Yang X C, Cheng M, Wang W H, Sun L C. Boosting the efficiency and the stability of low cost perovskite solar cells by using CuPc nanorods as hole transport material and carbon as counter electrode. Nano Energy, 2016, 20: 108-116.

[172] Qin P, Tanaka S, Ito S, Tetreault N, Manabe K, Nishino H, Nazeeruddin M K, Grätzel M. Inorganic hole conductor-based lead halide perovskite solar cells with 12.4% conversion efficiency. Nature Communications, 2014, 5: 3834.

[173] Yang G, Wang Y L, Xu J J, Lei H W, Chen C, Shan H Q, Liu X Y, Xu Z X, Fang G J. A facile molecularly engineered copper（Ⅱ）phthalocyanine as hole transport material for planar perovskite solar cells with enhanced performance and stability. Nano Energy, 2017, 31: 322-330.

[174] Christians J A, Fung R C M, Kamat P V. An inorganic hole conductor for organo-lead halide perovskite solar cells. Improved hole conductivity with copper iodide. Journal of the American Chemical Society, 2014, 136（2）: 758-764.

[175] Arora N, Dar M I, Hinderhofer A, Pellet N, Schreiber F, Zakeeruddin S M, Grätzel M. Perovskite solar cells with CuSCN hole extraction layers yield stabilized efficiencies greater than 20%. Science, 2017, 358（6364）: 768-771.

[176] Liu X Y, Wang Y L, Rezaee E, Chen Q, Feng Y N, Sun X, Dong L, Hu Q K, Li C, Xu Z X. Tetra-propyl-substituted copper（Ⅱ）phthalocyanine as dopant-free hole transporting material for planar perovskite solar cells. Solar RRL, 2018, 2（7）: 1800050.

[177] Lei H W, Yang G, Zheng X L, Zhang Z G, Chen C, Ma J J, Guo Y X, Chen Z L, Qin P L, Li Y F, Fang G J. Incorporation of high-mobility and room-temperature-deposited Cu$_x$S as a hole transport layer for efficient and stable organo-lead halide perovskite solar cells. Solar RRL, 2017, 1（6）: 1700038.

[178] Habisreutinger S N, Leijtens T, Eperon G E, Stranks S D, Nicholas R J, Snaith H J. Carbon nanotube/polymer composites as a highly stable hole collection layer in perovskite solar cells. Nano Letters, 2014, 14（10）: 5561-5568.

[179] Cao J, Liu Y M, Jing X J, Yin J, Li J, Xu B, Tan Y Z, Zheng N F. Well-defined thiolated nanographene as hole-transporting material for efficient and stable perovskite solar cells. Journal of the American Chemical Society, 2015, 137（34）: 10914-10917.

[180] Ito S, Tanaka S, Manabe K, Nishino H. Effects of surface blocking layer of Sb$_2$S$_3$ on nanocrystalline TiO$_2$ for CH$_3$NH$_3$PbI$_3$ perovskite solar cells. The Journal of Physical Chemistry C, 2014, 118（30）: 16995-17000.

[181] Leijtens T, Eperon G E, Pathak S, Abate A, Lee M M, Snaith H J. Overcoming ultraviolet light

instability of sensitized TiO₂ with meso-superstructured organometal tri-halide perovskite solar cells. Nature Communications, 2013, 4: 2885.

[182] Cui J, Li P F, Chen Z, Cao K, Li D, Han J B, Shen Y, Peng M Y, Fu Y Q, Wang M K. Phosphor coated NiO-based planar inverted organometallic halide perovskite solar cells with enhanced efficiency and stability. Applied Physics Letters, 2016, 109 (17): 171103.

[183] Si H N, Liao Q L, Zhang Z, Li Y, Yang X H, Zhang G J, Kang Z, Zhang Y. An innovative design of perovskite solar cells with Al₂O₃ inserting at ZnO/perovskite interface for improving the performance and stability. Nano Energy, 2016, 22: 223-231.

[184] Zhang W, Saliba M, Stranks S D, Sun Y, Shi X, Wiesner U, Snaith H J. Enhancement of perovskite-based solar cells employing core-shell metal nanoparticles. Nano Letters, 2013, 13 (9): 4505-4510.

[185] Zhang Q F, Dandeneau C S, Zhou X Y, Cao G Z. ZnO Nanostructures for dye-sensitized solar cells. Advanced Materials, 2009, 21 (41): 4087-4108.

[186] Dong X, Hu H W, Lin B C, Ding J N, Yuan N Y. The effect of ALD-Zno layers on the formation of CH₃NH₃PbI₃ with different perovskite precursors and sintering temperatures. Chemical Communications, 2014, 50 (92): 14405-14408.

[187] Yang J L, Siempelkamp B D, Mosconi E, de Angelis F, Kelly T L. Origin of the thermal instability in CH₃NH₃PbI₃ thin films deposited on ZnO. Chemistry Of Materials, 2015, 27 (12): 4229-4236.

[188] Tavakoli M M, Yadav P, Tavakoli R, Kong J. Surface engineering of TiO₂ ETL for highly efficient and hysteresis-less planar perovskite solar cell (21.4%) with enhanced open-circuit voltage and stability. Advanced Energy Materials, 2018, 1800794.

[189] Xiong L B, Qin M C, Chen C, Wen J, Yang G, Guo Y X, Ma J J, Zhang Q, Qin P L, Li S Z, Fang G J. Fully high-temperature-processed SnO₂ as blocking layer and scaffold for efficient, stable, and hysteresis-free mesoporous perovskite solar cells. Advanced Functional Materials, 2018, 28 (10): 1706276.

[190] Hu T, Xiao S Q, Yang H J, Chen L, Chen Y W. Cerium oxide as an efficient electron extraction layer for p-i-n structured perovskite solar cells. Chemical Communications, 2018, 54 (5): 471-474.

[191] Shin S S, Yeom E J, Yang W S, Hur S, Kim M G, Im J, Seo J, Noh J H, Seok S I. Colloidally prepared La-doped BaSnO₃ electrodes for efficient, photostable perovskite solar cells. Science, 2017, 356 (6334): 167-171.

[192] Cao J, Yin J, Yuan S F, Zhao Y, Li J, Zheng N F. Thiols as interfacial modifiers to enhance the performance and stability of perovskite solar cells. Nanoscale, 2015, 7 (21): 9443-9447.

[193] Zhang Y H, Wang P, Yu X D, Xie J S, Sun X, Wang H H, Huang J, Xu L B, Cui C, Lei M, Yang D R. Enhanced performance and light soaking stability of planar perovskite solar cells using an amine-based fullerene interfacial modifier. Journal of Materials Chemistry A, 2016, 4 (47): 18509-18515.

[194] Yang D, Zhou X, Yang R X, Yang Z, Yu W, Wang X L, Li C, Liu S Z, Chang R P H. Surface optimization to eliminate hysteresis for record efficiency planar perovskite solar cells. Energy &

Environmental Science, 2016, 9 (10): 3071-3078.

[195] Wang K, Liu C, Yi C, Chen L, Zhu J H, Weiss R A, Gong X. Efficient perovskite hybrid solar cells via ionomer interfacial engineering. Advanced Functional Materials, 2015, 25 (44): 6875-6884.

[196] Li W Z, Li J W, Niu G D, Wang L D. Effect of cesium chloride modification on the film morphology and UV-induced stability of planar perovskite solar cells. Journal of Materials Chemistry A, 2016, 4 (30): 11688-11695.

[197] Dong H P, Li Y, Wang S F, Li W Z, Li N, Guo X D, Wang L D. Interface engineering of perovskite solar cells with PEO for improved performance. Journal of Materials Chemistry A, 2015, 3 (18): 9999-10004.

[198] Chen W, Wu Y, Yue Y, Liu J, Zhang W, Yang X, Chen H, Bi E, Ashraful I, Grätzel M, Han L. Efficient and stable large-area perovskite solar cells with inorganic charge extraction layers. Science, 2015, 350(6263): 944-948.

[199] Tan H R, Jain A, Voznyy O, Lan X Z, García de Arquer F P, Fan J Z, Quintero-Bermudez R, Yuan M J, Zhang B, Zhao Y C, Fan F J, Li P C, Quan L N, Zhao Y B, Lu Z H, Yang Z Y, Hoogland S, Sargent E H. Efficient and stable solution-processed planar perovskite solar cells via contact passivation. Science, 2017, 355 (6326): 722-726.

[200] Bi C, Yuan Y B, Fang Y J, Huang J S. Low-temperature fabrication of efficient wide-bandgap organolead trihalide perovskite solar cells. Advanced Energy Materials, 2015, 5 (6): 1401616.

[201] Chiang C H, Tseng Z L, Wu C G. Planar heterojunction perovskite/PC71BM solar cells with enhanced open-circuit voltage via a (2/1)-step spin-coating process. Journal of Materials Chemistry A, 2014, 2 (38): 15897-15903.

[202] Docampo P, Ball J M, Darwich M, Eperon G E, Snaith H J. Efficient organometal trihalide perovskite planar-heterojunction solar cells on flexible polymer substrates. Nature Communications, 2013, 4: 2761.

[203] Wang Z, McMeekin D P, Sakai N, van Reenen S, Wojciechowski K, Patel J B, Johnston M B, Snaith H J. Efficient and air-stable mixed-cation lead mixed-halide perovskite solar cells with n-doped organic electron extraction layers. Advanced Materials, 2017, 29 (5): 1604186.

[204] Chen H, Ye F, Tang W T, He J J, Yin M S, Wang Y B, Xie F X, Bi E B, Yang X D, Grätzel M, Han L Y. A solvent- and vacuum-free route to large-area perovskite films for efficient solar modules. Nature, 2017, 550 (7674): 92-95.

[205] Wang Q, Dong Q F, Li T, Gruverman A, Huang J S. Thin insulating tunneling contacts for efficient and water-resistant perovskite solar cells. Advanced Materials, 2016, 28 (31): 6734-6739.

[206] Zheng S Z, Li W L, Su T T, Xie F Y, Chen J, Yang Z Y, Zhang Y, Liu S W, Aldred M P, Wong K Y, Xu J R, Chi Z G. Metal oxide CrOx as a promising bilayer electron transport material for enhancing the performance stability of planar perovskite solar cells. Solar RRL, 2018, 2 (6): 1700245.

[207] Machui F, Hösel M, Li N, Spyropoulos G D, Ameri T, Søndergaard R R, Jørgensen M, Scheel A, Gaiser D, Kreul K, Lenssen D, Legros M, Lemaitre N, Vilkman M, Välimäki M, Nordman S,

Brabec C J, Krebs F C. Cost analysis of roll-to-roll fabricated ITO free single and tandem organic solar modules based on data from manufacture. Energy & Environmental Science, 2014, 7 (9): 2792-2802.

[208] Zhao J J, Zheng X P, Deng Y H, Li T, Shao Y C, Gruverman A, Shield J, Huang J S. Is Cu a stable electrode material in hybrid perovskite solar cells for a 30-year lifetime? Energy & Environmental Science, 2016, 9 (12): 3650-3656.

[209] Domanski K, Correa Baena J P, Mine N, Nazeeruddin M K, Abate A, Saliba M, Tress W, Hagfeldt A, Grätzel M. Not all that glitters is gold: Metal-migration-induced degradation in perovskite solar cells. ACS Nano, 2016, 10 (6): 6306-6314.

[210] Deng Y H, Dong Q F, Bi C, Yuan Y B, Huang J S. Air-stable, efficient mixed-cation perovskite solar cells with Cu electrode by scalable fabrication of active layer. Advanced Energy Materials, 2016, 6 (11): 1600372.

[211] Li J W, Dong Q S, Li N, Wang L D. Direct evidence of ion diffusion for the silver-electrode-induced thermal degradation of inverted perovskite solar cells. Advanced Energy Materials, 2017, 7 (14): 1602922.

[212] Brinkmann K O, Zhao J, Pourdavoud N, Becker T, Hu T, Olthof S, Meerholz K, Hoffmann L, Gahlmann T, Heiderhoff R, Oszajca M F, Luechinger N A, Rogalla D, Chen Y W, Cheng B, Riedl T. Suppressed decomposition of organometal halide perovskites by impermeable electron-extraction layers in inverted solar cells. Nature Communications, 2017, 8: 13938.

[213] Bush K A, Bailie C D, Chen Y, Bowring A R, Wang W, Ma W, Leijtens T, Moghadam F, McGehee M D. Thermal and environmental stability of semi-transparent perovskite solar cells for tandems enabled by a solution-processed nanoparticle buffer layer and sputtered ITO electrode. Advanced Materials, 2016, 28 (20): 3937-3943.

[214] Guarnera S, Abate A, Zhang W, Foster J M, Richardson G, Petrozza A, Snaith H J. Improving the long-term stability of perovskite solar cells with a porous Al_2O_3 buffer layer. The Journal of Physical Chemistry Letters, 2015, 6 (3): 432-437.

[215] Ku Z L, Rong Y G, Xu M, Liu T F, Han H W. Full printable processed mesoscopic $CH_3NH_3PbI_3/TiO_2$ heterojunction solar cells with carbon counter electrode. Scientific Reports, 2013, 3: 3132.

[216] Zhou H W, Shi Y T, Dong Q S, Zhang H, Xing Y J, Wang K, Du Y, Ma T L. Hole-conductor-free, metal-electrode-free $TiO_2/CH_3NH_3PbI_3$ heterojunction solar cells based on a low-temperature carbon electrode. The Journal of Physical Chemistry Letters, 2014, 5 (18): 3241-3246.

[217] Zhou H W, Shi Y T, Wang K, Dong Q S, Bai X G, Xing Y J, Du Y, Ma T L. Low-temperature processed and carbon-based $ZnO/CH_3NH_3PbI_3/C$ planar heterojunction perovskite solar cells. The Journal of Physical Chemistry C, 2015, 119 (9): 4600-4605.

[218] Li R, Xiang X, Tong X, Zou J Y, Li Q W. Wearable double-twisted fibrous perovskite solar cell. Advanced Materials, 2015, 27 (25): 3831-3835.

[219] Fu H Y, Tan L C, Shi Y Q, Chen Y W. Tunable size and sensitization of ZnO nanoarrays as electron transport layer for enhancing photocurrent of photovoltaic devices. Journal of Materials Chemistry C, 2014.

第 **5** 章

串联钙钛矿太阳电池

5.1 引言

对于光伏器件，太阳电池的一维电流密度(J_n)可表示为

$$J_n(x) = n\mu_n \nabla E_{Fn}(x) \tag{5-1}$$

式中，$\nabla E_{Fn}(x)$为光电流通过材料时的费米能级梯度，这决定了电池的开路电压(V_{OC})；n为电子密度；μ为电子迁移率。该式同样适用于空穴迁移率。在标准条件下，太阳电池的总电流密度遵循如下给出的 Shockley 方程：

$$J = J_p + J_n = J_S\,(e^{\frac{eV}{k_B T}} - 1) \tag{5-2}$$

式中，J_S为饱和电流密度；J_p和J_n分别为空穴和电子的电流密度；e为电荷；k_B是玻尔兹曼常量；T为温度。

光照下的电流密度公式可表示为

$$J = J_S(e^{\frac{eV}{k_B T}} - 1) - J_{photo} \tag{5-3}$$

除了上述参数之外，光吸收材料的带隙及横截面吸收进一步限制了 J_{SC} 和 V_{OC}。在没有非辐射复合的情况下，带隙(E_g)为 1.1~1.4 eV，单个 p-n 结的 Shockley-Queisser 极限效率约为 33%[图 5-1(a)]。这表明来自太阳的大约 67%的能量对太阳能发电没有任何贡献。造成其损失的两个主要原因是：①光子的传输能量低于材料的 E_g，导致其没有被充分吸收；②通过位于连续谱带的旋转和振动能级的声子发射，能量高于材料 E_g 所损失的能量[图 5-1(b)]。图 5-1(c)以更简洁的方式解释了这两种现象，并显示了光子和光电流相对于 E_g 的效率。据报道，与

连续谱带相比，具有离散能级的量子点等材料将 Shockley-Queisser 极限提高了超过 70%[1]。关于这个方面的最新的一些综述可以在其他地方找到[2-5]。考虑到整个太阳光谱[图 5-1(d)]，吸收带隙的作用变得更加明显，换句话说，带隙约 0.92 eV 的材料可以吸收高达约 94%的太阳光，而带隙约 1.6 eV 的材料仅能吸收 60%的太阳光。

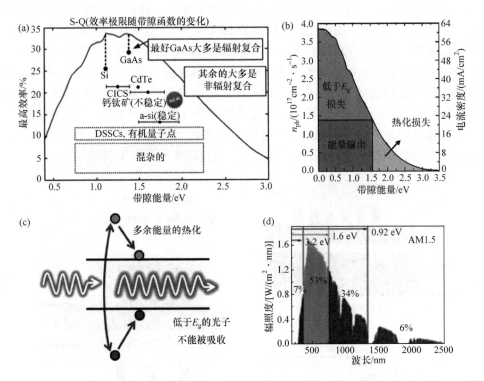

图 5-1　(a)根据 Shockley-Queisser 极限计算单结太阳电池的理论最大效率，基于 Si 和 GaAs 的单结太阳电池目前保持着最高效率的纪录，CIGS 系统可通过控制 In/Ga 比率进行调节[6]；(b,c)光致电子和光子的热化，其能量低于 E_g；(d)各种材料对太阳光谱的响应[7]

　　子带隙传输和热载流子热化作为单结太阳电池中的两个主要损耗，研究者们已经进行了许多尝试以使损耗达到最小化，如多个激子产生、热载流子和串联设计。其中，串联太阳电池已经证明了具有比 Shockley-Queisser 极限更好地构思实际性能的潜力[8]。串联电池是两个或更多个子电池的独特组合，其将大部分太阳光能转换成电能并最小化光谱损失。在单结器件中[图 5-2(a)]，能量小于 E_g 的光子不会被材料吸收，而能量高于 E_g 的光子将产生热载流子。由于声子的相互作用，这些热载流子会被热化到带边缘，并将多余的能量以热量散发出来。这种情况下的光谱损耗将会损失大量能量。同时，串联器件由两个不同的太阳电池或来自相

同体系的具有不同 E_g 的材料组成。它包括具有宽 E_g 的顶部电池和具有窄 E_g 的底部电池。具有宽 E_g 的顶部电池吸收更高能量的光子(产生更高的电压和更低的光电流),同时窄 E_g 的底部电池吸收更低能量的光子(产生更低的电压和更高的光电流),如图 5-2(b)所示。因此,串联器件能够吸收一个较宽的光谱范围以获得高的光电流,这从顶部电池和底部电池对电磁辐射的响应可以被看出[图 5-2(c)]。同时,高能光子(热载流子)的热化远高于硅的光学 E_g,导致了硅单结电池中的辐射损失减小,而辐射损耗占单结硅电池总损耗的 50%以上。串联太阳电池概念早在 1978 年就已建立,使用砷化铝镓(AlGaAs)/砷化镓(GaAs)制备的器件展现出非常高的开路电压(2.0 V),短路电流密度为 7 mA/cm²,填充因子为 70%~80%,能量转换效率为 9%[9]。如此高的开路电压表明两个电池串联连接,各个电池的电压通过连接二极管相加,而顶部电池和底部电池之间的带隙差仅为 0.2 eV。在标准光照条件下,通过计算得到的带隙最佳组合中,顶部电池带隙为 1.9 eV,底部电池为 1.0 eV,根据详细的平衡极限所产生的最大能量转换效率为 42%[10]。

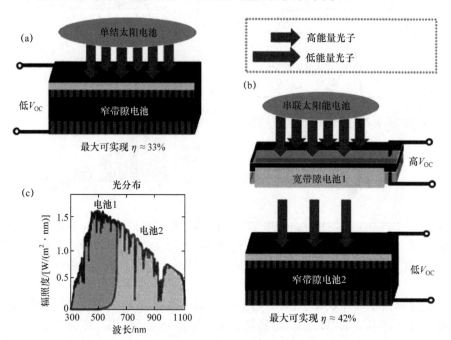

图 5-2　(a)单结和(b)串联太阳电池示意图,单结窄带隙太阳电池产生的 V_{OC} 较低,而串联利用宽带隙顶部电池吸收高能光子,产生较高的 V_{OC},同时底部窄带隙太阳电池通过利用低能量的光子产生较低的 V_{OC};(c)顶部电池和底部电池对光谱的响应

这种串联方法充分利用了更宽的太阳光谱范围,在最大限度地提高吸收率的同时,最大限度地减少了能量损失。III-V 型半导体是硅太阳电池顶层的最佳选择[11, 12],

然而它们的加工非常昂贵并且难以进行大规模生产。

　　不同带隙的太阳电池堆叠数量的增加显著增强了串联器件的整体性能。例如，使用聚光器的四结或更多结电池的最高能量转换效率高达约 46.0%，无聚光器的能量转换效率高达 38.8%。类似地，三结并且使用聚光器产生的能量转换效率高达约 44.4%，无聚光器为 37.9%，两结并且使用聚光器的能量转换效率高达约 34.1%，无聚光器的约为 31.6%。叠层电池的带隙优化及顶部电池和底部电池之间的带隙差在提高叠层器件的能量转换效率方面起着关键作用。从理论上讲，对于带隙为 1.7 eV/1.1 eV，采用串联配置的两个电池，可以实现能量转换效率约为 40%[13]。此外，为了探索更高的效率，科学家们提出了堆叠两结以上的电池，如五或六结的串联器件。据报道，基于铝镓铟磷(AlGaInP)/镓铟磷(GaInP)/铝镓铟砷(AlGaInAs)/镓铟砷(GaInAs)/锗(Ge)的五结串联器件的能量转换效率为 42%，而在 1 个太阳条件下的能量转换效率也能达到 24.1%。基于 AlGaInP/ AlGaInAs / GaInAs /镓铟氮砷(GaInNAs)/Ge 优化后的五结器件的能量转换效率可以高达约 55%[14]。除了叠层太阳电池之外，使用两个适当角度的子电池将光谱线分成两个频带，可以使能量转换效率增加到 40%，而分成三个、四个或无限数量的频带可以将能量转换效率分别提高 55%、77%及 110%[15, 16]。串联太阳电池可以设计为 2 终端(2T)的单片器件，或者设计为独立连接的机械堆叠电池，称为 4 终端(4T)或光学分裂串联太阳电池。在两结(串联)结构中，带隙为 1.73 eV 的顶部电池和 0.94 eV 的底部电池的结构在标准测试条件下的能量转换效率理论极限为 46.1%，而带隙为 1.60 eV 的顶部电池和 0.94 eV 的底部电池的结构在标准测试条件下的能量转换效率理论极限则为 45.7%，将其分别用于机械堆叠 4T 和单片 2T 器件[17]。单片 2T 串联器件需要调整单元(顶部和底部)及它们与重组结的互连，因此代表了一种可长期实现的更先进的器件。

　　硅基串联器件中的顶部电池应具有 1.6～1.9 eV 的带隙[18]，然而在这个带隙范围内，很少有材料能产生高的开路电压。如今，最有希望与硅单结电池协同制备串联器件的候选者就非有机-无机杂化钙钛矿这一新生代太阳电池莫属了，如典型的甲基卤化铵钙钛矿材料，我们称之为钙钛矿太阳电池[19]。在过去的几年中，钙钛矿太阳电池表现出巨大的潜能，其实验室规模能量转换效率已从 2009 年的 3.8%提高至 25.2%[20-23]。目前实验室规模的能量转换效率已经接近第二代商业化薄膜电池的能量转换效率。此外，钙钛矿太阳电池可以通过低成本的方法制备，无论是溶液还是真空处理，同时它能在诸如玻璃、柔性甚至纤维等任意基底上进行制备。最重要的是，电池的制造工艺可以在低于 150 ℃温度下进行[24, 25]。钙钛矿材料表现出陡峭的吸收边缘、较低的子带隙吸收与较低的载流子复合率[26]，同时它具有可调带隙(1.48～2.23 eV)及理想的开路电压(约 1.15 V)[27]，这取决于卤化物的

组成 [28, 29]。这些特性使得钙钛矿适用于串联结构的顶部宽带隙电池，而底部电池可以是铜铟镓硒(CIGS)或单晶硅(c-Si)电池。此外，钙钛矿的低温加工技术使其可以整体地集成在串联器件的顶部而不损坏底部电池。因此，硅/钙钛矿串联太阳电池能够提供远高于约30%的能量转换效率[30-32]。

现有的研究表明，当与底部硅或CIGS太阳电池结合时，钙钛矿太阳电池是顶部电池的完美选择。在这种结构中，顶部钙钛矿电池吸收可见光，但将红外和近红外光透射到底部电池[图 5-2(b)]，因此可以利用大部分的太阳光谱[图 5-2(c)]。在电学和光学模拟的基础上，钙钛矿/c-Si串联太阳电池理论上可以达到30%~35%的能量转换效率，远高于单结硅太阳电池(能量转换效率约26%)。最近，香港理工大学成功开发出钙钛矿-硅串联太阳电池，使用钙钛矿太阳电池所获得的能量转换效率最高(约25.5%)。此外，Duong等采用铷多晶钙钛矿制备的钙钛矿/硅串联太阳电池的能量转换效率高达约26%。尽管钙钛矿太阳电池直接与其他太阳电池集成存在重大挑战，但在过去几年中取得了显著进展，这凸显了钙钛矿太阳电池在串联太阳电池中的应用前景。

5.2 串联太阳电池的设计与分类

串联结构的钙钛矿太阳电池和 c-Si/CIGS 太阳电池的耦合被认为是一种创新的方法，它可以超越 Shockley-Queisser 极限，提高单结太阳电池的能量转换效率。根据结在顶部电池和底部电池之间电耦合方式的不同，串联太阳电池可分为三种：机械堆叠太阳电池，也被称为 4 终端(4T)串联太阳电池；单片串联太阳电池，也被称为 2 终端(2T)串联太阳电池；光学分裂串联太阳电池。

5.2.1 机械堆叠 4T 串联太阳电池

在机械堆叠的 4T 串联太阳电池中，两个子电池(即顶部电池和底部电池)独立地制备，然后彼此机械堆叠，如图 5-3(a)所示。两个子电池是完全相互独立制造的，因此 4T 串联的方法在处理过程中提供了更大的灵活性。同时，4T 串联器件的实验条件，如机械承受力(温度、应力和其他障碍)也因此要求更低。最近用硫族化物和单晶硅底电池所制备的基于钙钛矿的 4T 串联电池，能量转换效率分别达到了 20.5%和 22.8%[33-35]。据报道，目前 4T 机械堆叠钙钛矿/硅太阳电池的能量转换效率已突破 26.4%[36]。

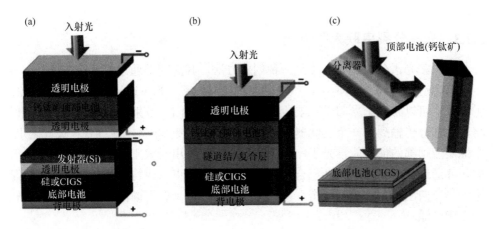

图 5-3　(a)机械堆叠 4T；(b)单片 2T 及(c)光学分裂串联太阳电池示意图

5.2.2　单片 2T 串联太阳电池

在单片 2T 器件中，所有层(顶部钙钛矿电池和底部 c-Si/CIGS 电池)都是直接在彼此的顶部进行处理，如图 5-3(b)所示。因此，在分层处理过程中必须严格执行，并且必须调整顶部钙钛矿电池以满足如底部硅电池的温度限制的要求，这使得器件工艺更复杂。然而，2T 器件结构采用了较少的导电层，这样能减少寄生吸收，即在两个子电池之间的透明接触区域中的横向电流收集更少。这是因为在互连层中仅需要垂直传输。此外，2T 单片结构仅需要一个外部电路和一个基底支撑，这降低了最终产品的生产成本。为了实现高效率，单片 2T 需要两个子电池之间的电耦合，即需要在实现这两个子电池之间的电流匹配的同时实现红外光到底部电池的传输。带间隧道结还可以促进从钙钛矿子电池到底部 c-Si/CIGS 太阳电池的电子隧穿[37]。

这类串联器件在工艺兼容性方面提出了严格的条件，因此顶部电池和底部电池的制备方案必须专门针对其集成进行调整：①两个子电池都需要优化，以便在最大功率点输送相同的电流，因此串联太阳电池的电流会受到单独的较低电流的限制[38]；②钙钛矿太阳电池的制备工艺必须在 a-Si∶H/c-Si 太阳电池顶部进行，这需要在相对较低的温度下进行，因为它们对温度非常敏感[39]；③钙钛矿太阳电池的顶电极通常是不透明的(通常为 Au、Ag 或 Al)，因此应该用在整个可见光和近红外(near infrared，NIR)光谱中具有高透明度的导电层代替[40]。在单片钙钛矿/硅 2T 串联太阳电池中已经实现了高达约 23.6%的能量转换效率，据报道，该器件在 1000 h 以上的工作状况下表现了稳定的性能[41]。

5.2.3 光学分裂串联太阳电池

将太阳光谱分裂成光谱带是一种创新方法，其原理是通过将所需光谱带引导至具有合适 E_g 的太阳电池中，以提高能量转换效率。光可以通过两种方式调控：①滤波器可以将高于太阳电池响应阈值的能量的太阳光反射到目标电池上，同时将其余部分传输到下一个过滤器，在此进行重复分裂；②将电池堆叠在彼此之上，电池响应顶部的最高能量光子。从图 5-3(c)可以看出，太阳电池在空间上是分开的，并通过"光分路器"光耦合，该光分路器将光束分成特定波长。光分路器基本上是二向色镜，它控制光谱反射率和透射率，将具有不同波长的光子导向所需的太阳电池。

串联太阳电池的光学分裂测量具有优于单独测量的优点，因为单独测量的电池和相应匹配的电流不是强制性的。因此这也能够为光学的系统管理提供更广泛的材料选择和设计选择。调整半导体的带隙，使每个单元对低于其带隙能量的光子透明，可以更容易地获得合适的透明度。而剩余波长的光线自动通过底层的子带隙单元，找到通往精确单元，以实现最有效的转换。原则上，与单结电池相比，采用两个太阳电池将太阳光分成两个频带，可以将能量转换效率提高近 40%(相对而言)，而分成三个、四个或几乎无限数量的频带则能使能量转换效率分别相对提高约 55%、70%及 110%[16]。将入射太阳光谱分配到每个子电池来分离入射太阳光谱，可以更有效地利用太阳能。光分路器将入射光分成光谱范围的某些部分，然后将每个部分引导至带隙能量对应于该范围各个组成的电池(顶部电池和底部电池)[42]。光分路器是一种多层分束器，它可以高度反射较短波长范围内的光，并且强烈透射较长波长范围内的光[15]。

5.3 串联钙钛矿太阳电池研究进展

5.3.1 钙钛矿/DSSCs

DSSCs 是一个很好的研究领域，其性能及其他参数主要依赖于敏化剂及先进技术的运用[4, 43, 44]。目前，尽管已报道的钙钛矿太阳电池的能量转换效率>20%，但其在长波一侧的吸收边限制为 800 nm。串联异质结是一种增强长波长在 NIR 区域光谱响应的创新方法。Kinoshita 等[45]在使用光谱分裂系统的钙钛矿太阳电池/DSSCs 混合串联器件中采用了全色钌络合物(DX2 和 DX3)。其中所用的敏化剂DX1、DX2 和 DX3 的化学结构如图 5-4(a)～(c)所示，用甲酯基团(DX2 和 DX3中的蓝色部分)代替 DX1 的羧基，以改善其在有机溶剂中的溶解性。另外，掺入了含有庞大取代基(紫色部分)的膦配体以控制激发三线态的能级。

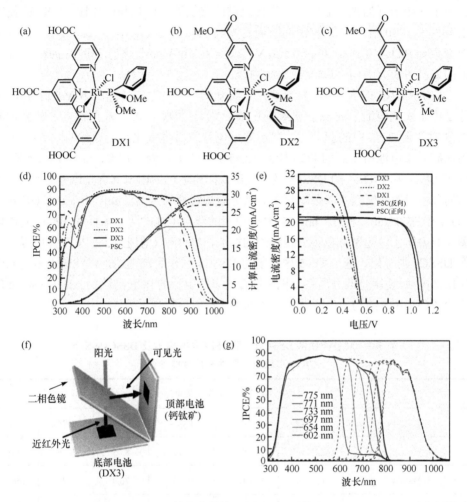

图 5-4　(a~c)DX1、DX2 和 DX3 的化学结构；(d)DSSCs(基于 DX3、DX2、DX1)和钙钛矿太阳电池的 IPCE 谱图及所拟合出的 J_{SC}；(e)相应器件的 J-V 曲线；(f)光谱分离器：钙钛矿太阳电池/DSSCs 串联器件的示意图；(g)各波长具有各类分色镜的串联器件的 IPCE 谱图：可见吸收单元，钙钛矿太阳电池(实线)；NIR 吸收电池，基于 DX3 的 DSSCs(虚线)[45]

　图 5-4(d)比较了钙钛矿太阳电池和基于 DX1、DX2 和 DX3 全色敏化剂的 DSSCs 的入射光子转换效率(incident photon conversion efficiency，IPCE)光谱。可以看出，钙钛矿太阳电池在 800 nm 以上波长处并没有表现出光学响应，而基于 DX3 的电池能够持续保持最高的 IPCE 值并且响应达到 1100 nm。IPCE 在 400~ 850 nm 范围内能够保持 80%~90%这一极高值，延伸至 900 nm 以上仍能达到

70%，同时尾部响应延伸至约 1100 nm，这些都证明了 DX1 敏化剂的优势。DX3 实现了迄今最好的光捕获能力，它接近硅的灵敏度，而且与硅相比，DX3 的使用量减少了 1000 倍。DX3 敏化剂的最高光响应 J-V 曲线如图 5-3(e)所示，一些性能参数如 PCE≈10.2%，V_{OC}≈0.556 V，J_{SC}≈30.3 mA/cm^2，使用 IPCE 曲线拟合出来的 J_{SC}[图 5-4(d)]也与 J-V 数据相吻合。

用 E_g≈1.16 eV 的 DX3 材料获得了约 0.556V 的 V_{OC}，其中 0.6 V 的差异一部分是由于光伏电池中的最小电压损失(0.3 V)，而另外 0.3 V 用作电子从激发的 DX3 注入到 TiO$_2$ 中的驱动力，随后通过电解质再生敏化剂所导致的[46, 47]。单结钙钛矿太阳电池所得到的 PCE 约为 18.4%，其中 V_{OC} 为 1.12 V，J_{SC}≈20.7 mA/cm^2，FF≈79.4%。基于 DX3 的 DSSCs 及钙钛矿太阳电池已经用于混合光谱分离系统，采用的分色镜的角度为 45°[图 5-4(f)]，其分裂边缘波长为 602 nm、654 nm、697 nm、733 nm、771 nm 及 775 nm。各种分色镜的混合电池的各个器件的 IPCE 光谱如图 5-4(g)所示，随着分色镜分裂波长的增加，钙钛矿太阳电池的 PCE 有所提高，而 DSSCs 则恶化。基于 DX3 敏化剂的 DSSCs 用作底部电池，钙钛矿太阳电池用作顶部电池，使用光谱分离系统机械堆叠的串联电池的 PCE 高达 21.5%。DSSCs/c-Si 或 DSSCs/CIGS 结构的串联器件的详细光伏性能参数列于表 5-1 中。

表 5-1 对各类顶部 DSSCs、底部 Si/CIGS 电池及 DSSCs/c-Si 或
CIGS 串联电池器件光伏性能参数

DSSCs/Si 或 CIGS 串联太阳电池						
器件结构	有效面积	J_{SC}/(mA/cm^2)	V_{OC}/V	FF/%	PCE/%	文献
GaAs/Al$_x$Ga$_{1-x}$	0.25 cm^2	8.82	1.11	83.5	7.66	[46]
DSSCs	0.25 cm^2	6.47	0.76	76.9	3.78	[46]
GaAs/Al$_x$Ga$_{1-x}$	0.25 cm^2	4.88	1.10	82.9	4.43	[46]
通过 DSSCs 过滤						
DSSCs/GaAs/Al$_x$Ga$_{1-x}$	0.25 cm^2	4.99	1.85	82.6	7.63	[46]
DSSCs/CIGS		13.38	1.287	71	12.3	[47]
DSSCs(FTO 背接触)		15.3	0.74	74	8.4	[48]
CIGS(未过滤)		27.3	0.62	68	11.6	[48]
DSSCs/CIGS	0.125 cm^2	13.9	1.22	72	12.2	[48]

续表

DSSCs/Si 或 CIGS 串联太阳电池						
器件结构	有效面积	J_{SC}/(mA/cm²)	V_{OC}/V	FF/%	PCE/%	文献
单片 (2T)						
单结 CIGS		26.3	0.45	52.3	6.2	[31]
单结 DSSCs		14.7	0.725	68	7.25	[31]
DSSCs/CIGS	0.21 cm²	14.6	1.17	77	13.0	[31]
单片						
DSSCs 顶部电池		13.66	0.798	75	8.18	[49]
CIGS 底部电池		14.3	0.65	77	7.28	[49]
DSSCs/CIGS 串联		14.05	1.45	74	15.09	[49]
堆叠						
DSSCs/DSSCs 堆叠		9.34	1.19	65	7.19	[50]
基于 N719 的 DSSCs 顶部电池		12.1	0.79	70	6.7	[51]
基于 DX1 的 DSSCs 底部电池		12.2	0.60	64	4.7	[51]
DSSCs/DSSC 串联电池	0.16 cm²	12.2	1.40	67	11.4	[51]

5.3.2　钙钛矿/钙钛矿串联太阳电池

太阳电池仅在白天工作，因此将这种能量转化为化学能非常重要，例如，太阳能燃料可以通过在施加>1.23 V 的偏压下直接电解水或通过光催化分解水来获得[48]。Heo 和 Im 制备了 MAPbBr$_3$-MAPbI$_3$ 钙钛矿串联太阳电池，并历史性地实现了高达 2.2 V 的 V_{OC}[49]。图 5-5(a)所示为 FTO 上制造的 MAPbBr$_3$ 顶部电池示意图，其中器件的基本结构由玻璃 FTO/c-TiO$_2$/MAPbBr$_3$/HTL(P3HT 或 PTTA)/ Au 组成，相应的 SEM 图在图 5-5(a)的底部。图 5-5(b)所展示的是结构为玻璃 ITO/ PEDOT：PSS/MAPbI$_3$/PCBM/Au 所组成的底部电池示意图，其底部也具有相应的 SEM 图。

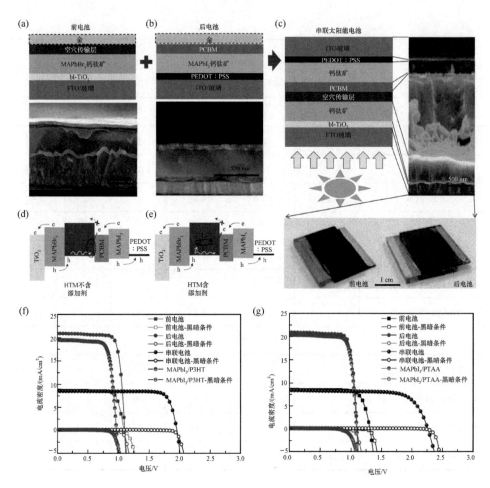

图 5-5　(a)上方为 MAPbBr₃ 前电池的器件结构示意图，下方是器件结构为 FTO / c-TiO₂ /
MAPbBr₃ / HTL（含添加剂）/ Au 的 SEM 断面图；（b）上方为 MAPbI₃ 后电池的器件结构示意图，
下方是器件结构为 ITO/PEDOT∶PSS/MAPbI₃/PCBM/Au 的 SEM 断面图；（c）MAPbBr₃-MAPbI₃
串联器件的器件结构图，其右侧和下面分别是 SEM 断面图及单个前面和后面电池的照片；（d）含
和（e）不含 LiTFSI + t-BP 添加剂的 MAPbBr₃-MAPbI₃ 钙钛矿串联器件的能带示意图；（f, g）单结
MAPbBr₃（前电池）和 MAPbI₃（后电池），以及具有 P3HT 和 PTTA 的 MAPbBr₃-MAPbI₃ 串联器
件的 J-V 曲线[49]

　　上面介绍的串联太阳电池是在两个夹子的帮助下，通过夹住两个基底压制而
成的[图 5-5（c）]，相应的 SEM 图在图 5-5（c）的插图中可以看到，而底部照片图是
串联太阳电池中的前后钙钛矿太阳电池。含有 Li TFSI + t-BP 添加剂与不含添加
剂的空穴传输层所制备的 MAPbBr₃ 钙钛矿器件的电荷传输机理及能量示意图如
图 5-5（d）和（e）所示。图 5-5（f）和（g）为基于两种不同的空穴传输层 P3HT 和 PTTA、

MAPbBr$_3$ 顶部电池、MAPbI$_3$ 底部电池及 MAPbBr$_3$-MAPbI$_3$ 串联器件的 J-V 特性曲线。MAPbBr$_3$ 顶部电池获得的 PCE≈8.4%，其相应的光伏性能参数为 J_{SC}≈8.4 mA/cm^2，V_{OC}≈1.3 V，FF≈77%，而底部的 MAPbI$_3$ 电池获得的 PCE≈18%，其光伏性能参数为 J_{SC}≈20.7 mA/cm^2，V_{OC}≈1.1 V，FF≈79%。最终 MAPbBr$_3$-MAPbI$_3$ 串联器件所获得的 PCE≈10.4%，其光伏性能参数为 J_{SC}≈8.3 mA/cm^2，V_{OC}≈2.25 V，FF≈56%。

空穴传输层厚度对于钙钛矿太阳电池和串联器件的整体性能起着至关重要的作用。空穴传输层过厚导致导电性差，在无添加剂的情况下，MAPbI$_3$ 吸收层中产生的空穴不能有效地传输到空穴传输层界面。因此，空穴传输层过厚会抑制空穴提取效率，使得大多数产生的空穴在 HTL/PCBM 界面处与电子发生复合，从而严重影响了器件的性能。同时，在无添加剂的条件下，较薄空穴传输层相比于较厚的空穴传输层可以更有效地提取空穴，然而要在保持前后子电池之间的黏合性的同时形成这种极薄的空穴传输层是比较困难的。因此，添加如 Li TFSI 和 t-BP 这类添加剂能够使空穴传输层同时保持优异的导电性及合适的厚度。同样，Jiang 等[50]使用钙钛矿 MAPbI$_3$ 作为两个子电池，其中底部电池由玻璃 FTO/c-TiO$_2$/m-TiO$_2$/MAPbI$_3$/spiro-OMeTAD/电极组成，而顶部电池由玻璃 ITO/PEI/PCBM/MAPbI$_3$/spiro-OMeTAD/Ag 组成。底部电池用高导电性 PEDOT：PSS 及 Ag 电极分别获得了约 10.1% 和 11.7% 的 PCE，而顶部电池则分别获得了 8.3% 和 11.4% 的 PCE。基于此结构制备的钙钛矿串联器件的 PCE≈7.0%，其中 V_{OC} 高达 1.89 V。Eperon 等[51]证明了 2T 和 4T 钙钛矿-钙钛矿串联太阳电池具有理想匹配的 E_g，他们采用 E_g 约 1.8 eV 这种更宽带隙的 FA$_{0.83}$Cs$_{0.17}$Pb(I$_{0.5}$Br$_{0.5}$)$_3$ 钙钛矿及 E_g 约 1.2 eV 的相对较窄带隙的 FA$_{0.75}$Cs$_{0.25}$Sn$_{0.5}$Pb$_{0.5}$I$_3$ 钙钛矿制备了单片 2T 串联器件，PCE 约 14.8%，其中 V_{OC} 高达 1.65 V。然而，对于采用类似钙钛矿材料制备的机械堆叠 4T 串联器件，其报道的 PCE 已经达到约 20.3%。

如图 5-6(a)所示为机械堆叠的 4T 串联太阳电池和单片 2T 串联太阳电池的器件结构示意图，其中光从器件底部射入。E_g 约 1.2 eV 的钙钛矿太阳电池非常适合作为机械堆叠的 4T 串联太阳电池或单片 2T 串联太阳电池中的后电池。图 5-6(b)展示了性能最好的单结 1.2 eV 电池、1.8 eV 电池及最佳 2T 串联器件的 J-V 曲线。2T 装置的 J_{SC} 约为 14.5 mA/cm^2，V_{OC} 约为 1.66 V，FF 约为 0.70，最终所获得的 PCE 接近 17%。从外量子效率(EQE)测量的结果[图 5-6(c)]上基本可以看出，两个子电池对太阳光谱表现了良好的匹配响应。图 5-6(d)为机械堆叠的 4T 串联器件的 EQE 光谱图，其采用了 E_g 约 1.6 eV 的宽带隙及过滤后的 E_g 约 1.2 eV(仍显示 PCE 约 4.5%)的子电池，最终串联后电池的总 PCE 约为 18.1%[图 5-6(e)]。钙钛矿/钙钛矿串联电池器件的光伏性能参数列于表 5-2 中。

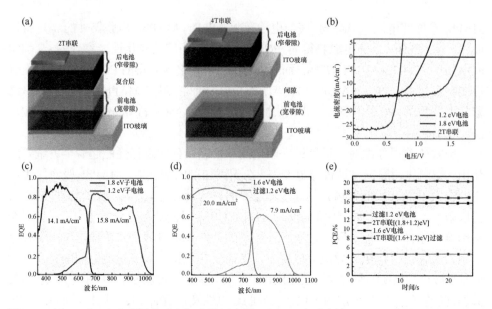

图 5-6 (a) 2T 和 4T 串联钙钛矿太阳电池示意图；(b) 2T 串联电池、1.2 eV 电池及 1.8 eV 电池在 AM 1.5G 光照下的电流密度-电压特性曲线；(c) 两个子电池的 EQE 光谱图；(d) 机械堆叠串联的 EQE 光谱图；(e) 在 AM 1.5G 光照下各种电池在最大输出功率点时效率随时间变化的稳定性[51]

表 5-2 各类顶部钙钛矿电池及钙钛矿/钙钛矿串联电池器件光伏性能参数

器件结构	有效面积	J_{SC}/(mA/cm^2)	V_{OC}/V	FF/%	PCE/%	文献
钙钛矿/钙钛矿 (2T) 从底部照射	10 mm^2	5.15	1.88	54	5.2	[52]
钙钛矿/钙钛矿 (2T) 从顶部照射	10 mm^2	6.61	1.89	56	7.0	[52]
FTO/c-TiO$_2$/MAPbBr$_3$/P3HT/Au	0.096 cm^2	8.6	1.08	78	7.2	[53]
ITO/PEDOT：PSS/MAPbI$_3$/PCBM/Au	0.096 cm^2	20.7	1.1	79	18.0	[53]
MAPbBr$_3$-MAPbI$_3$ 串联电池	0.096 cm^2	8.4	1.95	66	10.8	[53]
FTO/c-TiO$_2$/MAPbBr$_3$/PTAA/Au	0.096 cm^2	8.4	1.3	77	8.4	[53]
ITO/PEDOT：PSS/MAPbI$_3$/PCBM/Au	0.096 cm^2	20.7	1.1	79	18.0	[53]
MAPbBr$_3$-MAPbI$_3$ 串联电池	0.096 cm^2	8.3	2.25	56	10.4	[53]
钙钛矿电池 (1.2 eV)	1 cm^2	24.0	0.73	65	11.3	[54]

续表

器件结构	有效面积	J_{SC}/(mA/cm²)	V_{OC}/V	FF/%	PCE/%	文献
钙钛矿电池(1.8 eV)	1 cm²	13.3	1.09	67	9.7	[54]
钙钛矿/钙钛矿 2T 串联	1 cm²	12.3	1.83	60	13.4	[54]
钙钛矿/钙钛矿 4T 串联	1 cm²	—	—	—	16.4	[54]

5.3.3　钙钛矿/单晶硅串联太阳电池

在钙钛矿/c-Si 串联结构中，较高能量的光子在顶部钙钛矿电池内被吸收并在高电压下发生转换，并没有由于热化造成的任何损失。而红外光通过钙钛矿传输，在 c-Si 底部电池内产生光，其光谱范围宽，可达 c-Si 带隙定义的 1.12 eV。Snaith 等[51]报道了串联钙钛矿太阳电池结构可以将商业化硅基模块的效率从目前的 20%提高到30%。通过改变组分中卤化物的组成，可以获得具有最佳光学 E_g 约 1.75 eV 的钙钛矿太阳电池，但是迄今，这些材料显示出的光稳定性和热稳定性都不太理想。据报道，使用高结晶性和光稳定的混合钙钛矿[HC(NH₂)₂]₀.₈₃Cs₀.₁₇Pb(I₀.₆Br₀.₄)₃(最佳 E_g 约 1.74 eV)所制备的钙钛矿太阳电池 V_{OC}≈1.2 V 并且 PCE>17%。通过在"硅"底部电池上方放置宽带隙顶部电池而开发的串联钙钛矿太阳电池这一概念，可以实现将硅太阳电池的 PCE 从 25.6%增加到>30%的突破[53,55]。硅的 E_g 约 1.1 eV(底部电池)，而顶部电池需要 1.75 eV 的带隙，这样才能使两者之间的电流相匹配[52]。光学模拟表明，当与底部 Si 电池结合，顶部电池的带隙在 1.70 eV 和 1.85 eV 之间时可以很容易地实现高于 30%的 PCE，而 Si 的窄带隙(1.1 eV)几乎是双结串联太阳电池实现高 PCE 的最理想选择[54]。这项模拟结合了俄歇复合和朗伯光捕获来计算底部硅电池的电流-电压特性，而顶部电池的特性是在只考虑辐射复合的情况下，通过详细平衡模型计算得到的[54]。

对于串联太阳电池来说，钙钛矿材料是最具有吸引力的材料，因为它具有可调节的 E_g(1.48~2.3 eV)，但高效串联电池同时需要合适且稳定性优异的材料。阳离子 A(MA⁺、FA⁺和 Cs⁺)通过与卤化铅结合形成钙钛矿，带隙约 1.75 eV 的 CsPbI₃ 所形成的黑色相钙钛矿，其只能在 200~300 ℃稳定，而在室温下最稳定的相是黄色非钙钛矿斜方晶相。同时，基于 MA 的钙钛矿具有热不稳定性，并且易与卤化物分离，因此不适合此类应用[56]。文献报道 FAPbI₃ 的 E_g 为 1.48 eV，而 CsPbI₃ 的 E_g 约为 1.73 eV[28]，因此，Cs 与 FA 或 MA 的混合会略微扩大带隙[57]。图 5-7(a)为一系列 FAPb(I₁₋ₓBrₓ)₃ 薄膜的照片，其中当 x 的值在 0.3~0.6 时薄膜发生"黄化",这是相位不稳定导致的,发生了从四方相(x<0.3)到立方相(x>0.5)对称性的转变[28]。与之形成鲜明对比的是,使用混合阳离子铅卤化物 $FA_{0.83}Cs_{0.17}Pb(I_{1-x}Br_x)_3$ 制备的薄膜显示了一系列连续的暗膜[图5-7(b)]。在 UV 吸收光谱中也证实了这一结果,图 5-7(c)和(d)展示了 $FAPb(I_{1-x}Br_x)_3$ 及 $FA_{0.83}Cs_{0.17}Pb(I_{1-x}Br_x)_3$ 材料的所有组分钙钛矿的吸收带边,可以看出 $FAPb(I_{1-x}Br_x)_3$ 薄膜在中间范围内的吸收有所减弱。

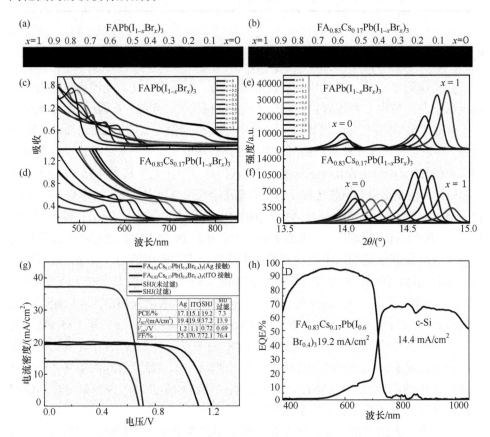

图 5-7　Br 含量从 x=0 至 1 增加的钙钛矿薄膜光学照片:(a)$FAPb(I_{1-x}Br_x)_3$ 钙钛矿;(b)$FA_{0.83}Cs_{0.17}Pb(I_{1-x}Br_x)_3$ 钙钛矿;(c, d)$FAPb(I_{1-x}Br_x)_3$ 及 $FA_{0.83}Cs_{0.17}Pb(I_{1-x}Br_x)_3$ 钙钛矿薄膜的紫外-可见吸收光谱图;(e, f)$FAPb(I_{1-x}Br_x)_3$ 及 $FA_{0.83}Cs_{0.17}Pb(I_{1-x}Br_x)_3$ 钙钛矿薄膜的 XRD 图;(g)$FA_{0.83}Cs_{0.17}Pb(I_{1-x}Br_x)_3$/Si 机械堆叠串联太阳电池的 J-V 曲线;(h)最高效钙钛矿太阳电池及 SHJ c-Si 电池的 EQE 光谱图[51]

通常我们会采用 XRD 以了解 Cs 对钙钛矿结晶的影响。如图 5-7(e)和(f)所示,以 $FA_{0.83}Cs_{0.17}Pb(I_{1-x}Br_x)_3$ 钙钛矿为案例,分析了一系列由 I 与 Br 所组成钙钛矿薄膜的 XRD 图，并报道了在整个组成范围内所形成的单相材料。其中，(100)面从 $2\theta\approx14.2°$ 向 $14.9°$ 发生位移，这一结果与之前报道的立方晶格常数从 6.306 Å 变化至 5.955 Å 是一致的。因此，在 $FA_{0.83}Cs_{0.17}Pb(I_{1-x}Br_x)_3$ 钙钛矿的整个组成范围内的结构相变和不稳定性问题能够得到有效的解决。这些结果表明，当与具有最高 PCE 的 $FA_{0.83}Cs_{0.17}Pb(I_{1-x}Br_x)_3$ 电池组合时，串联太阳电池的 PCE 可以高达 25.2%。通过调整钙钛矿的光学带隙及对 Si 后部电池的选择和集成，叠层电池的 PCE 可以进一步达到 30%。图 5-7(g) 显示了具有 ITO 和 Ag 接触的 $FA_{0.83}Cs_{0.17}Pb(I_{0.6}Br_{0.4})_3$ 钙钛矿太阳电池的 J-V 曲线和参数，以及单异质结（single heterojunction，SHJ）未过滤和过滤后器件的 J-V 曲线和参数，相应器件的光谱响应如图 5-7(h) 所示，其中通过 EQE 测量值拟合的 J_{SC} 与测量的 J-V 数据十分吻合。

另一项研究报道，单片钙钛矿/硅串联结构中的 V_{OC} 非常高（约 1.78 V），相应的 PCE 约为 20%[58]。如图 5-8(a) 所示，单片 2T 钙钛矿/硅串联太阳电池的顶部为平面钙钛矿太阳电池，在底部具有非晶硅（a-Si：H）/单晶硅（c-Si）。图 5-8(b) 中所示的钙钛矿/硅单片 2T 串联电池的横截面 SEM 图中每层都是清晰可见的，其中 c-Si 位于器件的最底部，并且 ITO 和 SnO_2 在其顶部形成复合接触。在单片 2T 串联器件中，光在被钙钛矿层吸收之前会先后穿过与顶部接触的 spiro-OMeTAD 层。

图 5-8(c) 为标准参考硅的 SHJ、钙钛矿太阳电池及单片 2T 串联器件的 J-V 曲线。在扫描速率为 500 mV/s 的反扫（OC-SC）条件下，串联器件产生的 PCE≈19.9%，其中 $J_{SC}\approx14$ mA/cm², $V_{OC}\approx1.785$ V，FF≈79.5%。在这种情况下，V_{OC} 和 FF 分别在正扫（SC-OC）情况下下降至 1.759 V 和 77.3%。此外，串联器件中 PCE 较低的原因是底部硅太阳电池中的电流较低，可以通过采取有效的光管理和光捕获等措施来改善。

图 5-8(d) 为单片 2T 串联器件的 EQE 光谱图。从图 5-8(d) 中可以看出，底部硅电池所产生的电流小于顶部钙钛矿电池所产生的电流，因此限制了整体电池的 PCE。两个电池（底部硅电池和顶部钙钛矿电池）串联产生约 28.7 mA/cm² 的电流，这甚至小于单结硅太阳电池所贡献的电流（31 mA/cm²）。串联器件中 J_{SC} 偏低的现象可能是目前所设计结构中的平整界面所引起的光学损耗导致的。此外，在没有任何抗反射（antireflection，AR）层的状况下，可以观察到在整个钙钛矿吸收范围内只有 10% 的反射，而在 NIR 范围中可以观察到约 25% 的反射，从而导致光利用率的降低。透明和低折射率材料氟化锂（LiF）可以减少空气/ITO 界面处的反射损失，从而使底部硅电池的电流提高约 1.5 mA/cm²。此外，底部硅电池中的极限电流可以通过位于基底顶部的纹理箔来改善，该箔具有抗反射和光捕获特性，尤其是在长波长范围内[59]。

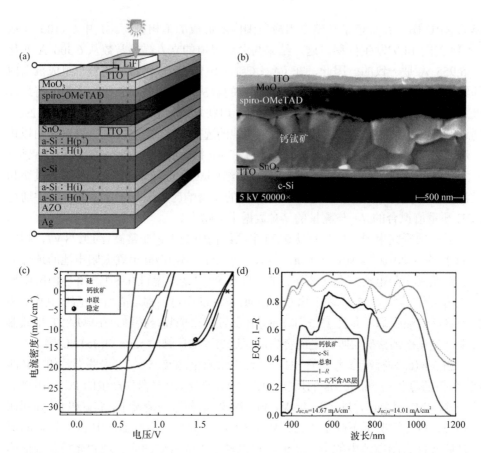

图 5-8　(a)硅异质结/钙钛矿串联太阳电池的示意图；(b)单片 2T 串联器件的断面 SEM 图；(c)在 500 mV/s 的扫速下测量的串联器件、钙钛矿太阳电池及单结标准硅电池的 *J-V* 曲线；(d)单片 2T 串联器件中各个子电池的 EQE 光谱图[58]

另外，ITO/SnO₂ 连接层在顶部钙钛矿电池和底部 c-Si 器件之间形成中间复合层，可用作导电接触。然而，ITO 在其中充当中间反射层，从而显著减少了传递到底部硅电池的光。减小该层的厚度或采用具有高折射率的替代材料（如 μc-Si/H）作为连接层可能提高底部电池中的电流，并因此提高串联器件的 PCE。在无封装的情况下，串联器件能够在惰性气氛中储存约 3 个月，展示了优异的稳定性能。

到目前为止，大多数钙钛矿串联器件受到了寄生吸收及较差的环境稳定性的干扰。为此，最近 Bush 等[41]使用了铯甲脒卤化物钙钛矿，这种材料更稳定，并且能够耐受通过原子层沉积方法所沉积的氧化锡缓冲层，从而最大限度地减少了分流和寄生吸收。以此制备的 1 cm² 钙钛矿/硅单片 2T 串联太阳电池获得了非常高的 PCE（23.6%，如图 5-9 所示）。最初，使用带隙为 1.63 eV 的混合钙钛矿

$Cs_{0.17}FA_{0.83}Pb(Br_{0.17}I_{0.83})_3$ 在 ITO 玻璃上制备 p-i-n 结构的单结钙钛矿太阳电池，其中电子传输层直接沉积在钙钛矿的顶部，如图 5-9(a)所示。制备的单结半透明钙钛矿太阳电池的 *J-V* 曲线如图 5-9(b)所示，最大 FF 为 78.8%。对于 2T 串联器件，钙钛矿太阳电池直接沉积在硅太阳电池的顶部，如图 5-9(c)所示。

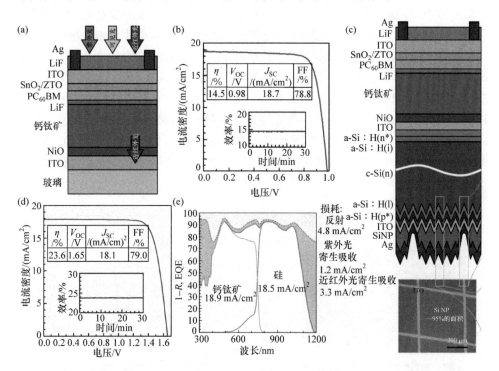

图 5-9　(a) 半透明单结钙钛矿顶部电池示意图；(b) 钙钛矿太阳电池的 *J-V* 曲线随最大功率点(插图中)效率的变化；(c) 钙钛矿/硅单片 2T 串联器件总吸光度示意图；(d) 在最大功率点(插图)通过 NREL 认证的钙钛矿/硅串联器件的最佳 *J-V* 曲线；(e) 顶部钙钛矿和底部硅电池的总吸光度及 EQE[41]

美国国家可再生能源实验室(National Renewable Energy Laboratory，NREL)认证的钙钛矿/硅单片 2T 串联器件的 *J-V* 曲线如图 5-9(d)所示，其相应的光伏性能参数 V_{OC} 为 1.65 V，J_{SC} 为 18.1 mA/cm^2，FF 为 79.0，所产生的 PCE 为 23.6%。器件的有效区域或孔径面积保持在 1 cm^2 左右，串联器件在恒定光照下持续工作 0.5 h，其性能没有表现出明显的变化。图 5-9(e)显示了基于顶部钙钛矿和底部硅的串联太阳电池的总吸光度(1–*R*，其中 *R* 表示反射率)及 EQE。对于顶部钙钛矿电池和底部硅电池，来自 EQE 测量值所拟合的 J_{SC} 分别为 18.9 mA/cm^2 和 18.5 mA/cm^2。在串联结构中，钙钛矿和硅太阳电池之间存在非常薄的 ITO(20 nm)电极，因此底部硅电池在 800～875 nm 的范围内能够表现出非常高的 EQE(约 90%)。

　　同时 Werner 等[40]制备了单片钙钛矿/c-Si 串联太阳电池，器件结构如图 5-10(a)所示。在<150 ℃的温度下，通过使用双面镜面抛光的硅晶片在 c-SHJ 底部电池上沉积顶部平面钙钛矿太阳电池来形成单片串联器件结构。在单片串联太阳电池中，钙钛矿的沉积应在低温下进行，以避免损坏底部 SHJ 电池。两个子电池由氧化铟锌(IZO)电子连接，由于其具有惊人的电光特性，这种材料已被证明在串联太阳电池中是十分有效的中间接触层[60]。据报道，有效面积为 1.22 cm² 的单片串联太阳电池通过正向扫描能够获得 PCE≈19.5%，V_{OC}≈1.703 V，FF≈70.9%，J_{SC}≈16.1 mA/cm²。图 5-10(b)和(c)展示出了 J-V 和 IPCE 的全部细节，其中串联钙钛矿太阳电池/c-Si 器件表现出比单独的顶部钙钛矿电池及底部 c-Si 器件更好的性能。具有较小有效面积(0.17 cm²)的串联器件 PCE 高达 21.2%，如图 5-10(d)所示。由于电流和串联电阻减小，较小的有效面积(0.17 cm²)与 1.22 cm² 相比显示出可忽略的迟滞效应和更好的 FF。

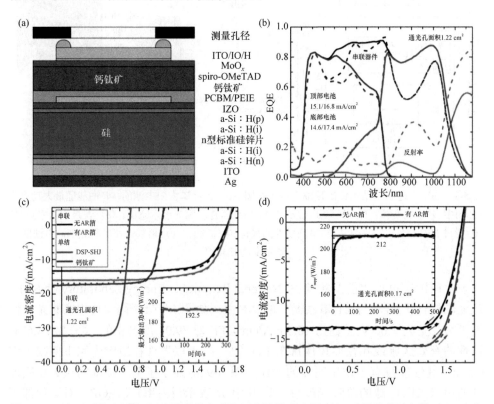

图 5-10 (a)平面单片钙钛矿/硅异质结串联叠层电池的示意图；(b, c)最佳单片钙钛矿/ SHJ 串联器件的 EQE 和 J-V 曲线，其有效面积为 1.22 cm²；(d) 在有无 AR 箔情况下 SHJ 电池在 0.53 太阳的强度下照射的 J-V 曲线，其有效面积为 0.17 cm²[40]

可以看出，通过在电池的正面上施加 AR 箔，强烈地提高了这些器件的性能。因此可知，AR 箔显著降低了反射损耗，并且在顶部单元中将 J_{SC} 提高了约 10%，在有效面积大于 $1.22\ cm^2$ 的较大底部单元器件中提高了约 16%。中间复合层厚度（这里为 IZO）在器件性能中起着至关重要的作用，即分别增加或减少 IZO 的厚度以限制底部和顶部电池电流。当中间复合层 IZO 的厚度为 40～50 nm 时，能够实现电流匹配的最佳条件。

最近，Duong 等[36]在普通 ABX_3 钙钛矿中摒弃了传统的 FA/MA/Cs 作为阳离子，而采用铷（Rb）作为阳离子，得到的钙钛矿表现出 1.73 eV 的带隙。如图 5-11（a）所示，基于 Rb 的钙钛矿太阳电池几乎没有迟滞现象，然而与反扫相比，正扫方向上能够观察到略微提高的性能，其中最好的电池 PCE≈17.3%。Rb 的引入不仅改善了钙钛矿的结晶度，还抑制了钙钛矿材料中的缺陷产生。结果表明，基于市售 FTO 基材制备的不透明器件的 J-V 曲线中的迟滞效应可忽略不计，并且器件性能稳定，能够获得约 17.4% 的 PCE。器件在长波长状态下极其透明且高效稳定是钙钛矿太阳电池作为顶部电池的先决条件。Duong 等制备的半透明钙钛矿太阳电池高效稳定（PCE≈16%），并且在波长 720～1100 nm 范围内具有 84% 的平均透明度。如图 5-11（b）所示为原始硅电池、半透明钙钛矿太阳电池下的硅电池、钙钛矿稳态器件及钙钛矿太阳电池的 J-V 特性曲线图。这类基于 Rb 的钙钛矿太阳电池几乎没有迟滞现象，但正向扫描方向的性能稍有改善。从钙钛矿太阳电池及其下方的硅太阳电池的 EQE[图 5-11（c）]，以及钙钛矿的吸光度和透射率曲线可以明显看出器件的太阳光谱响应。钙钛矿太阳电池极高的透明度使硅电池能够获得约为 83% 的 EQE，保证硅电池的效率保持在 10.4% 左右（原始值为 23.9%）。

在 720 nm 附近可以看到半透明钙钛矿太阳电池的 EQE 的边缘非常尖锐，表明厚钙钛矿层的吸收更好。通过采用非常透明的基底和有效的抗反射策略，半透明钙钛矿太阳电池能够表现出非常高的 EQE（在可见波长范围内>94%）。除了在低波长范围内，EQE 紧密地遵循吸收曲线，这可能是由基底的显著吸收导致的。采用 4T 串联器件已经获得了非常高的 PCE（26.4%），相关参数列于表 5-3 中。图 5-11（d）比较了双阳离子 $FA_{0.75}Cs_{0.25}PbI_2Br$、三重阳离子 $FA_{0.75}MA_{0.15}Cs_{0.1}PbI_2Br$ 和四重阳离子 Rb-$FA_{0.75}MA_{0.15}Cs_{0.1}PbI_2Br$ 的光稳定性。可以看出，阳离子工程能够显著提高钙钛矿光稳定性，在持续光照 12 h 后双阳离子钙钛矿仅保留了约 70%，三重阳离子钙钛矿保留了 90%，而四重阳离子钙钛矿在约 12 h 里仍能保持原始 PCE 的 95% 以上。

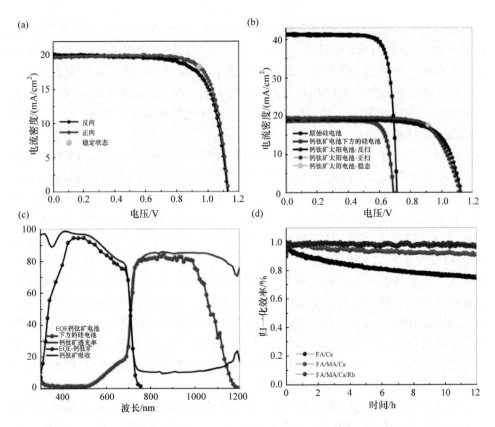

图 5-11　(a)基于 Rb 的最佳钙钛矿太阳电池的正反扫 *J-V* 曲线及稳态性能；(b)原始硅电池的 *J-V* 曲线图，钙钛矿半透明太阳电池下的硅电池的 *J-V* 曲线图，半透明钙钛矿太阳电池的正反扫 *J-V* 曲线图及其稳态性能；(c)半透明钙钛矿太阳电池和过滤的硅电池两者的 EQE 与半透明钙钛矿太阳电池的吸收及透光率；(d)不同 A 阳离子的非透明钙钛矿太阳电池在连续光照 12 h 下的光稳定性[36]

表 5-3　各个顶部钙钛矿电池、底部硅电池和钙钛矿/硅串联太阳电池的光伏性能参数

器件结构	有效面积/cm²	J_{SC}/(mA/cm²)	V_{OC}/V	FF/%	PCE/%	文献
顶部钙钛矿电池(反扫)	0.3	19.4	1.13	70	15.4	[36]
顶部钙钛矿电池(正扫)	0.3	19.4	1.12	73	15.9	[36]
未过滤底部硅电池	0.3	41.6	0.71	81	23.9	[36]
过滤后底部硅电池	0.3	18.8	0.69	80	10.4	[36]

续表

器件结构	有效面积/cm²	J_{SC}/(mA/cm²)	V_{OC}/V	FF/%	PCE/%	文献
钙钛矿/硅串联太阳电池(4T)	0.3				26.4	[36]
钙钛矿/硅串联太阳电池(2T)	1	18.1	1.65	79	23.6	[41]
顶部钙钛矿电池		20.6	1.08	74.1	16.5	[61]
未过滤底部硅电池		39.0	0.716	75.9	21.2	[61]
过滤后底部硅电池		12.3	0.679	77.9	6.5	[61]
钙钛矿/硅串联太阳电池(4T)					23.0	[61]
钙钛矿/硅串联太阳电池(2T)	1	11.5	1.58	75	13.7	[62]
标准硅电池	1	31.3	0.703	71.4	15.7	[58]
钙钛矿太阳电池(反向)	0.25	20.1	1.13	68.3	15.5	[58]
钙钛矿太阳电池(正向)	0.25	20.1	1.048	49.3	10.4	[58]
钙钛矿/硅串联(2T)反向		11.8	1.785	79.5	16.8	[58]
钙钛矿/硅串联(2T)正向		11.8	1.759	77.3	16.1	[58]
硅电池-原始		40.3	0.697	79.7	22.4	[63]
钙钛矿/硅串联电池(4T)					23.1	[63]
顶部钙钛矿电池		14.5	0.821	51.9	6.2	[64]
过滤后底部硅电池		13.7	0.689	76.7	7.2	[64]
钙钛矿/硅串联电池(4T)					13.4	[64]
钙钛矿电池前光照反扫	0.25	17.5	1.029	76.9	13.8	[40]
钙钛矿电池前光照正扫	0.25	17.5	1.034	77.7	14.0	[40]
锯齿状-硅电池正扫	1.22	32.1	0.704	74.4	16.8	[40]
含 AR 箔单片 2T 钙钛矿/硅串联电池(正扫)	0.17	15.8	1.692	79.9	21.4	[40]

同样，面积为 1 cm² 的大面积 2T 单片钙钛矿/硅串联太阳电池也能获得高的 V_{OC}(约 1.65 V)[62]。所获得的串联器件中 V_{OC} 值接近于顶部钙钛矿电池(1.05 V)和底部硅电池(0.55 V)的总和。同时，串联太阳电池产生的 J_{SC} 较低(11.5 mA/cm²)，

这可能是钙钛矿太阳电池的迟钝的动力学过程及其滞后效应导致的[65]。串联器件中较低的 J_{SC}(11.5 mA/cm^2)主要是由于钙钛矿透光 p 型异质结上的光照射与传统钙钛矿太阳电池完全相反。可以发现通过 TiO$_2$ 入射的单结钙钛矿太阳电池与通过 sprio-OMeTAD 入射的单结钙钛矿太阳电池产生的 J_{SC} 完全不同。对于采用 sprio-OMeTAD 的电池来说,可能掺杂材料引起的寄生吸收,导致了底部 c-Si 电池的 J_{SC} 较低。

通过使 sprio-OMeTAD 更薄或者用其他 p 型接触材料代替,可以最小化或完全去除寄生吸收。假如 V_{OC} 在 660~720 mV 范围内,并且匹配的串联 J_{SC} 在 18~19 mA/cm^2 范围内(从顶部钙钛矿电池照射),单片串联器件将具有 V_{OC}≈1.84 V,J_{SC}≈19 mA/cm^2,FF≈83%,PCE≈29%的性能[62]。在另一篇报道中,有人提出钙钛矿/硅单片串联太阳电池可通过缜密的光子管理得到超过 35%的 PCE[31]。钙钛矿/硅串联太阳电池的器件参数列于表 5-3 中。

5.3.4 钙钛矿/CIGS 串联太阳电池

随着单结太阳电池的 PCE 接近其理论限值(33.7%),研究者们又纷纷将注意力转向如何超越 Shockley-Queisser 极限。例如,由Ⅲ-Ⅴ族化合物半导体(如 InGaP/GaAs/InGaAs)制成的双结和三结太阳电池实现了 PCE>37%[66]。一般而言,单结太阳电池的 PCE 受两个因素的影响:低于带隙的传输和热载流子的热弛豫。为了避免这些问题的出现,最有希望的方法就是开发串联器件,其包括了具有更宽带隙的钙钛矿顶部电池(约 1.55 eV 并且可以通过简单地改变卤化物组成调节至 2.48 eV)及具有窄带隙(1.2 eV)的硅或 CIGS 底部电池。

常规的无机 CIGS 太阳电池由诸如 Mo 的不透明物质构成,而钙钛矿太阳电池由基于具有 p-i-n 或 n-i-p 结构的半透明电极(ITO 和 FTO)构成。为了使钙钛矿与 CIGS 串联可行,钙钛矿太阳电池的顶层必须是透明的。所有介电材料原则上都可以起到这种作用,只要它们具有宽的带隙以避免光学吸收,如 LiF[67]。Bailie 等[34]制备了钙钛矿太阳电池/ CIGS 串联太阳电池,器件结构示意图如图 5-12(a)所示。CIGS、半透明钙钛矿太阳电池和底部过滤后的 CIGS 器件的 J-V 曲线如图 5-12(b)所示。当 CIGS 电池(原始效率为 17.0%)置于半透明钙钛矿太阳电池顶部电池(PCE≈12.7%)之下时,钙钛矿/CIGS 串联器件获得的 PCE 约为 18.6%。

如图 5-12(c)所示,Yang 等报道的溶液处理 CIGS 和钙钛矿太阳电池的 4T 串联太阳电池的 PCE>15%[68]。图 5-12(d)显示的是顶部钙钛矿电池、未过滤的 CIGS 太阳电池和钙钛矿太阳电池下方的 CIGS 底部电池的 J-V 曲线。CIGS 装置产生的 V_{OC}、J_{SC}、FF 和 PCE 分别为 0.59 V、29.8 mA/cm^2、70.7%和 12.4%。顶部钙钛矿电池下方的 CIGS 底部电池的 PCE≈4%（J_{SC}≈10.2 mA/cm²，V_{OC}≈0.56 V，FF≈69.6%）。当在 4T 串联装置中将 PCE=11.5% 有效的半透明顶部钙钛矿电池与溶液处理的底部 CIGS 电池连接时，组合产生的 PCE 约为 15.5%，与传统钙钛矿太阳电池相比，得到了约 35% 的提升。Fu 等[35]报道了将 CIGS 作为底部电池，顶部电池在低于 50 ℃ 的一定温度下预处理的 4T 机械堆叠的钙钛矿串联装置。当添加半透明钙钛矿作为顶部电池时，如图 5-12(e) 中的 J-V 曲线所示，由于光强度降低，CIGS 底部电池的 J_{SC} 如预期那样显著降低。然而，过滤的底部 CIGS 电池的 FF 和 V_{OC} 略有下降，且最终电池的 PCE 约 6.3%，该串联装置通过将 PCE≈14.2% 的顶部钙钛矿电池与和经过滤的 PCE 约 6.3% 的有效底部 CIGS 电池组合而得到 PCE 约 20.5% 的结果。

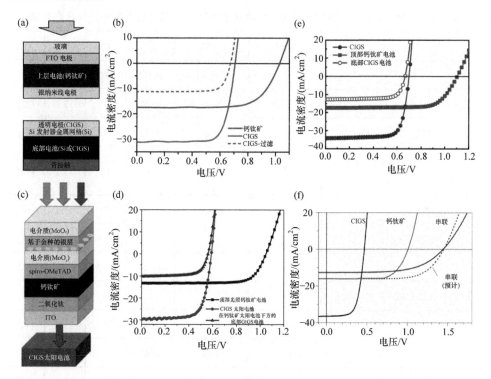

图 5-12　(a) 4T 机械堆叠钙钛矿太阳电池/CIGS 串联器件的示意图；(b) 钙钛矿太阳电池、CIGS 及底部过滤后 CIGS 的 J-V 曲线[34]；(c) 4T 串联钙钛矿太阳电池/CIGS 器件的示意图；(d) 顶部钙钛矿电池、CIGS 及底部过滤后 CIGS 电池的 J-V 曲线[68]；(e) CIGS、顶部钙钛矿电池及底部 CIGS 电池的 J-V 曲线[35]；(f) 最佳钙钛矿/CIGS 串联太阳电池和相应的钙钛矿及 CIGS 太阳电池的 J-V 曲线[69]

Todorov 等报道了 PCE 约 8%[69]、V_{OC} 约 1315 mV 的单片钙钛矿/ CIGS 的串

联太阳电池,其相关的 *J-V* 曲线显示在图 5-12(f)中。其中,串联装置产生的 J_{SC}(8.9 mA/cm²)较差, 大约为独立顶部钙钛矿电池和底部 CIGS 电池的 56%。J_{SC} 较差的原因是由于顶部半透明钙钛矿电池中的 Al 接触,仅允许 50% 的入射光进入。钙钛矿与 CIGS 串联透射率在 70%～80% 范围内的 Ca 基薄膜接触则显示出光伏性能参数(PCE≈10.98%, V_{OC}≈1450 mV, J_{SC}≈12.7 mA/cm²)的增强。设想 100% 透明的理想顶部电极和单个 CIGS(11.6%)和钙钛矿太阳电池(11.4%)可预计达到 PCE> 15% 的效果。那么通过类似计算,所记录 CIGS(20.8%)[70] 和钙钛矿太阳电池 (18.4%)[71] 的串联器件的 PCE 可达到 25.0%, V_{OC} 可高达 1828 mV, 该串联设备的光伏性能参数列于表 5-4 中。

表 5-4　单个顶部钙钛矿电池、底部硅电池和串联钙钛矿/硅太阳电池的光伏性能参数

器件结构	有效面积/cm²	J_{SC}/(mA/cm²)	V_{OC}/V	FF/%	PCE/%	文献
CZTSSe 单结		35.7	0.477	68.2	11.6	[72]
钙钛矿单结		16.8	0.953	76.6	12.3	[72]
CZTSSe/钙钛矿串联		5.6	1.353	60.4	4.6	[72]
LiF/Ag/spiro-OMeTAD/钙钛矿/ m-TiO₂/Si		11.5	1.58	75	13.7	[62]
钙钛矿标准电池		18.5	0.938	67	11.6	[64]
顶部钙钛矿电池		14.5	0.821	51.9	6.2	[64]
SHJ 底部电池		13.7	0.689	76.7	7.2	[64]
钙钛矿/SHJ 串联					13.4	[64]
CIGS-未过滤	0.39	31.2	0.711	76.8	17.0	[34]
CIGS-过滤	0.39	10.9	0.682	78.8	5.9	[34]
钙钛矿/CIGS 串联					18.6	[34]
顶部钙钛矿电池	0.108	14.6	1.05	75.1	11.5	[68]
CIGS 电池	0.108	29.8	0.59	70.7	12.4	[68]
钙钛矿太阳电池下的 CIGS 电池	0.108	10.2	0.56	69.6	4.0	[68]

续表

器件结构	有效面积/cm²	J_{SC}/(mA/cm²)	V_{OC}/V	FF/%	PCE/%	文献
钙钛矿/CIGS 串联(4T)					15.5	[68]
顶部钙钛矿电池	0.51	17.4	1.104	73.6	14.2	[35]
CIGS 标准电池		34.1	0.699	76.7	18.3	[35]
CIGS 底部电池	0.213	12.7	0.667	74.9	6.3	[35]
串联太阳电池(4T)					20.5	[35]
CIGS 标准电池		36.5	0.469	66.8	11.4	[69]
遮挡后 CIGS 标准电池		17.1	0.442	68.9	5.2	[69]
钙钛矿太阳电池		16.1	1.010	70.2	11.4	[69]
Al 接触的钙钛矿/CIGS	0.4	8.9	1.315	68.9	8.0	[69]
Ca 接触的钙钛矿/CIGS	0.4	12.7	1.450	56.6	10.9	[69]

在大多数标准串联器件中，两个电池串联连接，需要在顶部电池和底部电池之间进行电流匹配。在串联器件中，假设在顶部电池和底部电池之间形成良好的欧姆接触，开路电压($V_{OC1} + V_{OC2}$)会增加。因此，对于串联的器件，V_{OC} 是一个至关重要的质量参数。此外，由于电荷守恒定律，电流受最低单结电流的限制。这意味着最佳串联电池(串联连接)应该在所有子电池中产生平衡电流，在实际意义上，这主要是来自活性材料及其层厚度匹配问题，通常称为匹配电流[73]。串联器件的总输出电压受最低单结电压的限制，使短路电流($J_{SC1} + J_{SC2}$)增加。

选择串联还是并联连接取决于子电池的 I-V 参数。如果电流匹配性良好，则选择串联连接；如果电压匹配性良好，则选择并联连接。在大多数报道的串联器件中，电池选择串联连接的原因是光电压对厚度变化和光学条件不太敏感。此外，以并联连接第三端使得器件的制备比串联连接更复杂，因此，串联连接仍然是普遍的选择[73, 74]。

为了避免电流匹配问题，Mantilla-Perez 等[75]提出了一种新颖的单片钙钛矿/CIGS 串联结构，和其他串联方案不同。如图 5-13(a)所示，横向串联连接的两个 CIGS 电池可与钙钛矿太阳电池并联连接，匹配最大功率电压(V_{mmp})。此外，单片串联结构不需要钙钛矿太阳电池和 CIGS 电池之间的电流匹配。串联器件的示意图如图 5-13(a)所示，其中半透明钙钛矿太阳电池已经沉积在两个串联横向连接的 CIGS 太阳电池的顶部。图 5-13(b)为具有编号为 1 到 3 的连接节点的体系结构的示意图，原则上可以实现在电路的两个分支处的节点 1 和 3 处的电压匹配，只要满足光过滤的 CIGS 电池的最大功率接近钙钛矿太阳电池功率的一半。

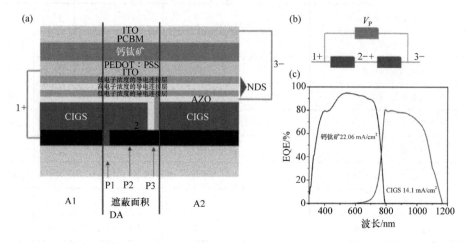

图 5-13　(a)由两个串联的 CIGS 单元与钙钛矿单元并联组成的单片串联装置的示意图；(b)串联-并联结构的示意图；(c)计算出的钙钛矿(黑色)和 CIGS(红色)子单元的 EQE[75]

两个 CIGS 电池之间的串联是使用激光划线实现的，这是将 CIGS 电池放大到模块的标准技术之一。被称为一维光电子非周期性介电结构(NDS)的多层电介质插入第一层 CIGS 太阳电池的顶部，主要有两个功能，即避免节点 1 和 2 的短路，以及实现电池光吸收的最大化。当 $V_{OC}\approx1180$ mV 的钙钛矿太阳电池与 GIGS 电池并联时，预计 PCE 可能约为 28%。在大多数研究实验中，串联平行结构的 PCE 要高于标准最优串联器件，远高于单结 GICS 的最大 PCE(22.6%)和钙钛矿太阳电池的 PCE(22.1%)。如图 5-13(c)所示，钙钛矿的 EQE 在可见光范围内显示出强烈的光谱响应，所得的 J_{SC} 为 22.06 mA/cm^2；CIGS 电池在 600～1200 nm 的更高波长范围内响应，所得的 J_{SC} 为 14.1 mA/cm^2。

5.3.5　通过光谱分离器的串联钙钛矿太阳电池

据报道，当薄膜顶部电池和 c-Si 底部电池组合成 4T 串联结构时，可以预计 PCE>30%。要达到>30%串联效率所需的最小的两个顶部电池 PCE 范围从带隙 1.5 eV 的 PCE 为 22%到带隙 2.0 eV 的 PCE 为 14%[76]。通过应用类似的方法，如图 5-14(a)所示，Sheng 等[77]采用具有带隙 2.3 eV 的 Br 基钙钛矿 CH$_3$NH$_3$PbBr$_3$ 和使用分裂光谱技术的带隙为 1.1 eV 的硅，使用标称临界波长为 550 nm 的长通滤波器，以便将短波长光子导向 CH$_3$NH$_3$PbBr$_3$ 顶部电池，将长波长光子导向 CH$_3$NH$_3$PbI$_3$ 或 c-Si 底部电池。如图 5-14(b)和(c)所示，在光谱分裂之前和之后测量 CH₃NH₃PbBr₃、CH₃NH₃PbI₃、Si PERL 和 SP-Si 电池的 *J-V* 曲线和 EQE。

从图 5-14(c)绿色虚线对比实线可以看出，CH₃NH₃PbBr₃ 在紫外区域吸收的

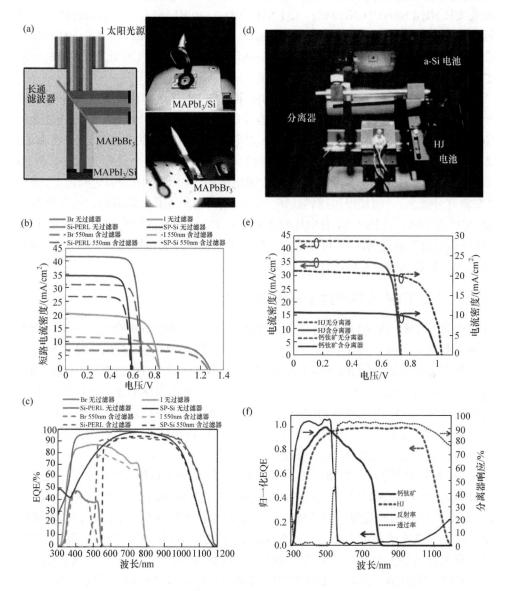

图 5-14　(a)频谱分裂系统设置示意图，连同外壳内用于测量光电流-电压特性的设置的照片；(b, c) CH₃NH₃PbBr₃(绿色)、CH₃NH₃PbI₃(黄色)、Si-PERL(灰色)和 SP-Si 电池(紫色)在分裂系统前后出的 *J-V* 曲线及 EQE[77]；(d)光学分裂系统的测量设置；(e)钙钛矿/HJ 组合的 *J-V* 特性曲线；(f)钙钛矿/HJ 串联太阳电池的归一化 EQE 与分光器响应的比较[78]

光较少(因为光谱分离器吸收了紫外光),并且在光谱边缘附近(由于较低的临界波长<550 nm)频谱分裂后的物理环境,在光谱分裂系统中引入 $CH_3NH_3PbBr_3$ 电池分别使 $CH_3NH_3PbBr_3/CH_3NH_3PbI_3$、$CH_3NH_3PbBr_3/Si$-PERL 和 $CH_3NH_3PbI_3/SP$-Si 串联器件的性能提高了 11%、3% 和 16%。此外,$CH_3NH_3PbBr_3/CH_3NH_3PbI_3$、$CH_3NH_3PbBr_3/Si$-PERL 和 $CH_3NH_3PbI_3/SP$-Si 的串联器件的 PCE 分别约为 13.4%、23.45%和 18.8%。

在另一份研究报告中,Uzu 等采用宽带隙 $CH_3NH_3PbI_3$ 作为顶部电池[79],采用单晶硅 HJ 太阳电池作为底部电池。器件的示意图如图 5-14(d)所示,通过这种方式,他们制备的钙钛矿/mono-c-SHJ 太阳电池实现了高效的 PCE>28%,且 Si-HJ 太阳电池实现了 PCE>25%的效率。图 5-14(e)显示了有和无分流器的钙钛矿和 HJ 太阳电池的 J-V 曲线。基于钙钛矿的太阳电池的 PCE 从 15.3%(无分流器)降至 7.5%(有分流器),而使用顶部钙钛矿太阳电池和底部 HJ 太阳电池,报道得到的总 PCE 为 28%。在图 5-14(f)中比较了钙钛矿和 HJ 太阳电池的归一化 EQE 和光学性质(反射率和透射率),可以看出,钙钛矿在较短波长范围内有贡献,而 CIGS 则在较长波长范围内明显活跃。

5.3.6 钙钛矿/聚合物单片串联太阳电池

带隙约 1.57 eV 的 MAPbI$_3$ 仅能吸收波长高达约 800 nm 的光子,从而使大部分入射光未被捕获[29]。为此,采用由垂直堆叠并串联连接的两个单结单元组成的串联太阳电池,是利用具有不同吸收的活性层来扩展太阳电池的光响应的创新方法[78]。因为钙钛矿可吸收可见光,聚合物可吸收 NIR 区域的光,所以钙钛矿/聚合物单片串联太阳电池可以利用全光谱[80],此外如图 5-15(a)所示,$CH_3NH_3PbI_3$ 钙钛矿(1×10^5 cm^{-1})[81, 82]的吸收系数高于聚合物(6×10^4 cm^{-1})[83],因此钙钛矿太阳电池位于顶部,而聚合物位于底部。

各种界面层的可行性如图 5-15(b)所示。基于 PEDOT:PSS 的复合层和由 PFN(poly[(9,9-bis(3-(N,N-dimethylamino)propyl)-2,7-fluorene)-alt-2,7-(9,9-dioctyl-fluorene)])组成的共轭聚电解质通过溶液法处理以连接两个子电池。在这种情况下,引入了双电子和空穴夹层,具有 4.2 eV 的 LUMO 作为电子传输层的 PCBM 和具有表面偶极子的 PFN 用作空穴阻挡层,以从钙钛矿层提取电子并最小化界面复合率[84]。类似地,也可以使用 PEDOT:PSS PH500 和 AI 4083 分别作为空穴传输层和电子阻挡层来实现双空穴传输层[78],具有比 PH500 更深的功函数(5.0 eV)和更高的电阻率(100 cm^{-2}),由此可以更有效地阻挡电子。如图 5-15(c)所示为混合聚合物/钙钛矿串联装置的 J-V 特性曲线。

该器件采用铝反射电极和厚钙钛矿层(180 nm)作为底部电池,混合串联产生的 PCE 约9.13%,其他 PV 参数分别是:J_{SC} 约为 9.91 mA/cm^2,V_{OC} 约为 1.51 V 和

FF 约为 61%。由于连接层的有效复合和两个子单元之间对齐的费米能级之间可忽略不计的电压损失，串联器件的 V_{OC} 接近钙钛矿(0.92 V)和聚合物(0.66 V)器件的单独 V_{OC} 的总和。另一种类似的聚合物/钙钛矿串联太阳电池是在 PCBM 和 Al 电极之间插入另一个 PFN 电极，以改善电极的电子注入，得到的 PCE 约为 10.23%，J_{SC} 约为 10.05 mA/cm²，V_{OC} 约为 1.52 V，FF 约为 67%。基于 PFN 优化的单片聚合物/钙钛矿串联太阳电池已经通过 EQE 测量，如图 5-15(d)所示。为了获得准确的 EQE 结果，通过单色光偏压选择性地接通一个子电池，同时测量另一个子电池[85]。表 5-4 列出了最佳钙钛矿/硅串联太阳电池的光伏性能参数。

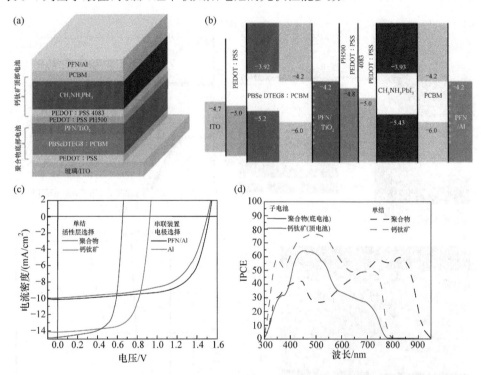

图 5-15 (a)混合单片聚合物/钙钛矿串联太阳电池的器件结构；(b)混合单片串联太阳电池的能级概览示意图；(c)采用不同的阴极、不同的钙钛矿和聚合物活性层在单结器件中制备的混合单片串联器件的 J-V 特性曲线；(d)在混合串联器件(实线)和使用相同厚度的钙钛矿和聚合物层(虚线)制成的单结参考器件中测量的钙钛矿和聚合物电池的 EQE[80]

5.3.7 硫铜锡锌-钙钛矿串联太阳电池

采用 4T 反射串联器件结构，已经证明具有溶液处理的硫铜锡锌-钙钛矿串联太阳电池具有 16.1%的效率[86]。采用溶液处理的硫铜锡锌太阳电池，如带隙为 1.1 eV 的 CZTSSe，可作为底部电池，与顶部钙钛矿层相结合。如图 5-16(a)和(b)

所示，在器件结构中采用的钙钛矿层基于宽带隙混合阳离子混合卤化物钙钛矿 $FA_{0.9}Cs_{0.1}Pb(I_{0.7}Br_{0.3})_3$，在倒置结构器件中具有 1.7 eV 的带隙。其中钙钛矿太阳电池本身充当滤光器，可吸收短波长光子，并将长波长光子反射到 CZTSSe 电池，且 CZTSSe 电池与钙钛矿太阳电池成 45°夹角。同时，如图 5-16(c) 和 (d) 所示，单片钙钛矿/硫铜锡锌串联太阳电池显示出高开路电压（V_{OC} 约 1350 mV），但由于复合层的高能量损耗和较差的电流匹配，效率相对较低（约 4.5%）[72]。此外，钙钛矿层（$MAPbI_3$）作为顶部电池的带隙只有 1.58 eV，这并不是基于 CZTSSe 的底层电池的最佳吸收补充材料[72]。

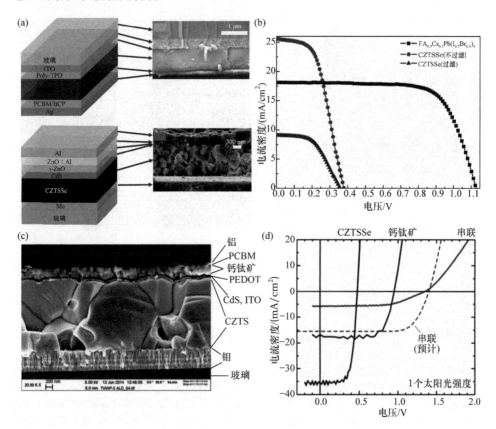

图 5-16　(a)反射串联器件中使用的钙钛矿太阳电池和 CZTSSe 太阳电池示意图，分别显示其对应的器件结构；(b) 钙钛矿太阳电池、CZTSSe 电池（未过滤）和 CZTSSe 电池（过滤）J-V 特性曲线[86]；(c) 单片串联 CZTSSe/钙钛矿太阳电池的 SEM 断面图；(d)独立器件（具有 Ni-Al 网格接点的 CZTSSe 及 ITO 涂覆的玻璃上的超级钙钛矿）和串联的 CZTSSe/钙钛矿器件的 J-V 特性曲线[72]

5.4 串联钙钛矿太阳电池的功率损耗

功率损耗是串联器件设计和制备的关键因素。了解影响功率损耗的因素是开发高效器件的关键。光损耗包括反射和寄生吸收，是除电损耗以外的主要功率损耗机制。在串联器件结构中，当光子被对光电流无贡献的其他层吸收时，产生寄生吸收(光学)损耗。同样，电损耗或电阻损耗在单片串联太阳电池中起着重要作用，这导致电流不匹配，从而降低效率。因此，了解导致钙钛矿串联器件中引起功率损耗的因素，对通过合理的设计过程实现高性能具有重要意义。

5.4.1 反射损耗

多层折射率(n)的不匹配产生的反射损耗，尤其是对于长波长的光，导致串联太阳电池的大量能量损失。空气($n = 1$)、玻璃($n=1.52$)和透明电极之间折射率的主要差异导致了反射损失。这些损耗在前电极上是显著的，一部分光从更高的折射率层反射出去，而不影响光电流[87, 88]。1/4 波长的抗反射涂层(如 LiF、MgF$_2$)的沉积是减少反射损失的策略之一[58, 89]。而纹理前表面的光捕获是另一种减少反射损耗的策略。由于钙钛矿层($n = 2$)和硅晶片($n = 4$)的折射率不同，纹理化 Si 表面可以减少光损耗[58]。然而，在纹理化后的 Si 表面上制作钙钛矿太阳电池仍然是一个巨大的挑战，因此，器件功能层上的折射率的最佳匹配及可能的光捕获对于串联太阳电池的高效性能是至关重要的[90]。

5.4.2 寄生吸收损耗

寄生吸收损耗是由光子在任何一层(除了导致光电流的光敏层)上的吸收引起的。例如，抗反射层、透明电极、互连层、电子传输层、空穴传输层、底部电极等非光活性层都可能会导致这种寄生吸收损耗[65]。吸收光谱与 EQE 之间的变化是表征寄生吸收损耗的实验手段。透明电极的吸收损耗是由自由载流子吸收引起的光电流损耗，采用具有相对较低载流子浓度的透明电极将减少这种寄生吸收损耗。然而，降低载流子浓度也会增大电极的薄层电阻，从而造成电损耗[88, 89]。因此采用更薄的 ITO 是减少这种寄生吸收损耗的策略之一[90]，另一种策略是采用具有较低载流子浓度但具有较大载流子迁移率的非 ITO 电极(如 IZO)以减少寄生吸收损耗[63, 68]。机械堆叠式串联太阳电池需要 3 个透明电极，因此减少寄生吸收损耗并实现高 PCE 是一项重大挑战。

最近，Yan 和 Saunder[83]基于传递矩阵和 Shockley-Queisser 详细平衡方法进行了详细的光学分析，以检查各种可能的钙钛矿/硅串联结构的光学损耗，以评估吸收分布、寄生吸收损耗和反射损耗[88]。在他们的研究中，透明导电电极(TCE)是 4T 和 2T 结构的主要变量。在串联结构中对由 MoO$_3$/薄 Au/MoO$_3$ 堆叠和石墨烯组成的各种 TCE 如铟锡氧化物(ITO)、介电/金属/介电(DMD)进行了评价。其中，ITO 作为 TCE 的结构，在反射和吸收损耗最小的情况下效果最佳，如图 5-17 所示[88]。

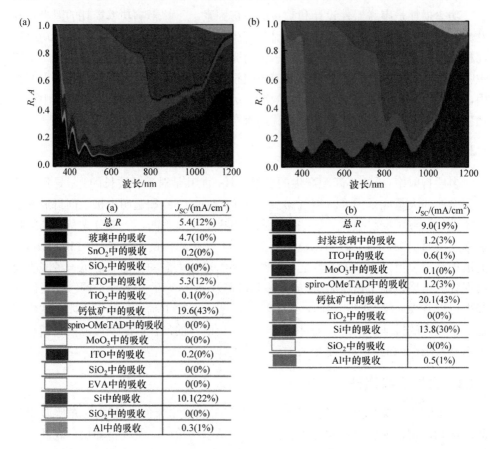

(a)	J_{SC}/(mA/cm^2)
总 R	5.4(12%)
玻璃中的吸收	4.7(10%)
SnO$_2$中的吸收	0.2(0%)
SiO$_2$中的吸收	0(0%)
FTO中的吸收	5.3(12%)
TiO$_2$中的吸收	0.1(0%)
钙钛矿中的吸收	19.6(43%)
spiro-OMeTAD中的吸收	0(0%)
MoO$_3$中的吸收	0(0%)
ITO中的吸收	0.2(0%)
SiO$_2$中的吸收	0(0%)
EVA中的吸收	0(0%)
Si中的吸收	10.1(22%)
SiO$_2$中的吸收	0(0%)
Al中的吸收	0.3(1%)

(b)	J_{SC}/(mA/cm^2)
总 R	9.0(19%)
封装玻璃中的吸收	1.2(3%)
ITO中的吸收	0.6(1%)
MoO$_3$中的吸收	0.1(0%)
spiro-OMeTAD中的吸收	1.2(3%)
钙钛矿中的吸收	20.1(43%)
TiO$_2$中的吸收	0(0%)
Si中的吸收	13.8(30%)
SiO$_2$中的吸收	0(0%)
Al中的吸收	0.5(1%)

图 5-17　(a) 4 端 ITO 和(b) 2 端 ITO 结构的光学分析显示了每一层的全反射 R 和吸收 A。在图例中列出了每个过程的电流密度(假设为 AM 1.5G 的光照下)[88]

5.4.3　薄层电阻造成的功率损耗

传输层和透明电极的薄层电阻对串联太阳电池的总 PCE 起着至关重要的作用[91]。薄层电阻的总功率损耗与电阻及流过触点的电流的平方的乘积成正比。具体而言，通过积分增量焦耳功率损耗来获得总功率损耗，由 $P=\int Id2R$ 得出[92, 93]。如前面所述，在降低载流子浓度(尽量减少寄生光吸收)和薄层电阻(控制电损耗)之间存在权衡，因此需要对串联装置结构进行选材和设计。通常来说，串联太阳电池的光电流低于单个未经过滤的硅底部电池和不透明钙钛矿顶部电池。这种较低的光电流值提供了小的灵活性，以减少基于寄生吸收和薄层电阻之间平衡的电损耗。

5.4.4 电流不匹配造成的功率损耗

顶部电池和底部电池之间的电流不匹配导致单片串联太阳电池的功率损耗。两个子电池之间的电流匹配是互连层及其他电子和空穴传输层的功能，这有助于器件的串联和分流电阻。这些层的能级排列对于确保整个器件的电流匹配至关重要[58, 91]。单片串联器件中的光电流由两个子电池的最低值决定，因此为了获得最大的性能效率，匹配子电池上的电流便显得尤为重要。

总而言之，功率损耗在确定串联器件的整体效率方面起着重要的作用。近期，Futscher 等在考虑到所有功率损耗的情况下，模拟了钙钛矿/硅串联太阳电池在实际运行条件下的性能限制，如图 5-18 所示。模拟结果表明，即使目前的效率最高为钙钛矿和硅太阳电池，串联电池在实际操作条件下也只能略微提高硅电池的效率[91]。他们的工作表明，在材料开发(减少非辐射重组和调整带隙)、器件设计(优化电池电阻)和光管理策略(减少光学损耗和开发透明接点)方面，解决功率损耗问题对于实现高效钙钛矿串联太阳电池至关重要[91]。

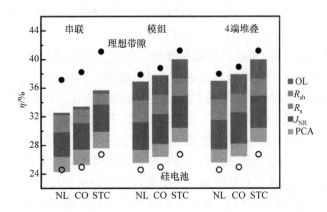

图 5-18 寄生效应接触吸收损耗(PCA)、非辐射的复合(J_{NR})、串联电阻(R_s)、并联电阻(R_{sh})和光学损失(OL)对于 3 种钙钛矿/硅串联结构一年内能量转换效率的影响，计算使用标准的测试条件(STC)，其中太阳能光谱的测量在荷兰(NL)的乌得勒支，温度的测量在丹佛市的科罗拉多州(CO)。空心圆仅表示底部硅电池的效率。实心圆表示使用一个理想带隙为 1.74 eV 的优化顶部钙钛矿太阳电池时的串联效率[63]

5.5 小结

本章通过讨论串联太阳电池结构，简要描述世界能源问题和可再生能源对总能源消耗的影响。通过对三代太阳电池技术的简要介绍和讨论，对目前在串联太阳电池上取得的进展进行了综述，指出了单结太阳电池的固有局限性和多结太阳电池的优点。同时介绍了串联太阳电池的类型、2 端(2T)整体式、4 端(4T)堆叠式串联太阳电池和光学分裂式串联太阳电池及其工作机理。以晶体硅为基础的硅基太阳能模块在生产方面占据了市场主导地位，非晶硅太阳电池或薄膜技术易于使用到诸如卷对卷生产之类的工艺来制造组件，因此具备降低成本的潜力。在以钙钛矿和硅分别作为顶部电池和底部电池的单片 2T 串联太阳电池中，PCE 已经高达 23.6%，无独有偶，近期报道的 4T 钙钛矿/硅串联太阳电池的 PCE 已高达 26.4%。

串联太阳电池的制备过程需要根据器件结构中应用的各种材料分多步路线进行。据报道，一些好的串联器件采用多种技术[41, 51]，如溅射、溶液处理和薄金属蒸发，这取决于材料的加工能力和所需薄膜的质量。例如，透明接触层和复合层是构成串联器件的关键部分，这是因为沉积层必须确保高透射率和最小电损耗。因此，要根据相邻材料的灵敏度和类型选择制备路线。铟锡氧化物在串联太阳电池中广泛用作需要磁控溅射的性能最佳的器件中的顶部接触层和/或复合层。采用电子束蒸发来保护相邻层，也可以降低材料的高动能[94]。同样，可以通过热沉积法来沉积结合在串联器件中的超薄金属膜(<10 nm 厚)[63]。

虽然硅基太阳电池(单晶、多晶和薄膜)被广泛实际应用[95, 96]，但其成本效益远不能满足大规模应用，并且需要进一步降低成本。同时，替代技术如钙钛矿太阳电池受到稳定性问题的影响。虽然如此，目前已经提出了一些替代策略来克服钙钛矿太阳电池中的稳定性问题并将这些策略与串联配置的硅基太阳电池相结合[97]。尽管钙钛矿太阳电池的长期稳定性是一个巨大的挑战，但太阳能-电能转换效率的快速上升(高达 22.1%)仍使其成为大规模工业商业化的可行替代方案。人工光合作用是一种利用相同模式的植物储存太阳能作为燃料的可行方法，通过自然光合作用将太阳能转化为化学燃料。氢是最简单的能源载体形式，可通过光化学水分解或光伏电驱动电解法利用太阳能再生发电[98, 99]。过去人们曾采用各种方法来开发高效的催化剂、光电电极和太阳能制氢装置[100-102]。然而，对于研究人员来说，开发一种既便宜又高效的太阳能水分解系统(该系统产生燃料所需的成本至少与化石燃料相当)仍然是一个巨大的挑战[103]。

为了提供热力学驱动力，进行水分解至少需要 1.23 V 的施加电压。在某些情况下，如商用电解槽，由于动力学反应的实际超电位，需要在 1.8～2.0 V 范围内的较大的施加电势。传统的硅基太阳电池或 CIGS 和 CdTe 太阳电池的 V_{OC} 含量较低，这使得光伏驱动电解法复杂化。为了获得这样的高电压，必须将这些电池中的三个或更多个串联连接。近年来，三相多结硅太阳电池[104]、基于III-V的太阳电池[105]和串联的 GIGS 已经应用于水分解[106]。同时，当钙钛矿太阳电池使用 V_{OC} 为 0.9～1.5 V 的不同的光吸收材料[107-109]时，两个电池串联连接便可足以进行水的分解。

通过图 5-19 显示的几种串联器件的比较，在这种情况下，由于钙钛矿太阳电池优异的 V_{OC}，钙钛矿太阳电池与可用的太阳电池相结合，似乎是分解水的最佳选择。据报道，不同选择的光吸收钙钛矿（即带有钙钛矿太阳电池的串联钙钛矿太阳电池）、CIGS、硅和聚合物的串联钙钛矿太阳电池器件可以显著提高其单一对应物的 V_{OC}，如图 5-19（a）所示；钙钛矿/ CIGS 和钙钛矿/硅与其单一对应物（底部电池）的 PCE 如图 5-19（b）所示。显然，这些数据表明钙钛矿太阳电池是串联配置中作为顶部单元的最佳选择之一。

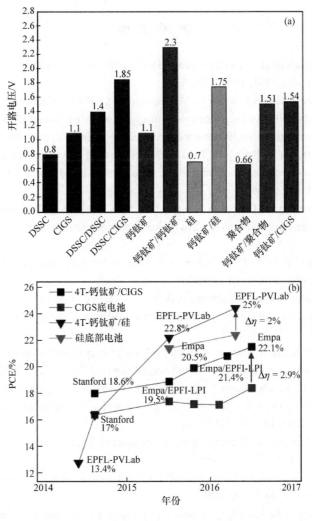

图 5-19　（a）各类单结电池与钙钛矿基串联太阳电池的开路电压对比图；（b）近年来单结硅太阳电池、CIGS 电池与钙钛矿/硅和钙钛矿/CIGS 串联电池的效率对比图[110]

单独的钙钛矿太阳电池及其串联器件在实现商业化的道路上仍然存在许多挑战，必须确保钙钛矿材料在室外长时间保持稳定。研究表明，澳大利亚领先的太阳电池公司 Dyesol 在 2015 年宣布了钙钛矿太阳电池的稳定性取得突破，钙钛矿太阳电池稳定性有所改善。总部位于英国的牛津光伏有限公司也计划将钙钛矿技术提升到行业水平。此外，寻找具有无毒性和广泛性的新材料，以最佳方式收集太阳能；以及研究以低成本制造器件的创新方法，并改善大面积材料的涂装，与其他常规发电来源同时处于研究进行中。除了钙钛矿太阳电池的稳定性问题之外，同时必须在商业化之前解决 Pb 在钙钛矿材料中的毒性问题。

参 考 文 献

[1] Shockley W, Queisser H J. Detailed balance limit of efficiency of p-n junction solar cells. Journal of Applied Physics, 1961, 32 (3): 510-519.

[2] Ibn-Mohammed T, Koh S C, Reaney I M, Acquaye A, Schileo G, Mustapha K B, Greenough R. Perovskite solar cells: An integrated hybrid lifecycle assessment and review in comparison with other photovoltaic technologies. Renewable Sustainable Energy Reviews, 2017, 80: 1321-1344.

[3] Hauck M, Ligthart T N, Schaap M, Boukris E, Brouwer D H. Environmental benefits of reduced electricity use exceed impacts from lead use for perovskite based tandem solar cell. Renewable Energy, 2017, 111: 906-913.

[4] Gong J W, Sumathy K, Qiao Q Q, Zhou Z P. Review on dye-sensitized solar cells (DSSCs): Advanced techniques and research trends. Renewable Sustainable Energy Reviews, 2017, 68: 234-246.

[5] Lal N N, Dkhissi Y, Li W, Hou Q, Cheng Y B, Bach U. Perovskite tandem solar cells. Advanced Energy Materials, 2017, 7 (18): 1602761.

[6] Peters C H, Sachs-Quintana I, Kastrop J P, Beaupre S, Leclerc M, McGehee M D. High efficiency polymer solar cells with long operating lifetimes. Advanced Energy Materials, 2011, 1 (4): 491-494.

[7] Chen B, Zheng X, Bai Y, Padture N P, Huang J. Progress in tandem solar cells based on hybrid organic-inorganic perovskites. Advanced Energy Materials, 2017, 7 (14): 1602400.

[8] Yao M, Cong S, Arab S, Huang N, Povinelli M L, Cronin S B, Dapkus P D, Zhou C. Tandem solar cells using GaAs nanowires on Si: Design, fabrication, and observation of voltage addition. Nano Letters, 2015, 15 (11): 7217-7224.

[9] Bedair S M, Lamorte M F, Hauser J R. A two-junction cascade solar-cell structure. Applied Physics Letters, 1979, 34 (1): 38-39.

[10] de Vos A. Detailed balance limit of the efficiency of tandem solar cells. Journal of Physics D: Applied Physics, 1980, 13 (5): 839.

[11] Essig S, Ward S, Steiner M A, Friedman D J, Geisz J F, Stradins P, Young D L. Progress towards a 30% efficient GaInP/Si tandem solar cell. Energy Procedia, 2015, 77: 464-469.

[12] Essig S, Benick J, Schachtner M, Wekkeli A, Hermle M, Dimroth F. Wafer-bonded

GaInP/GaAs/Si solar cells with 30% efficiency under concentrated sunlight. IEEE Journal of Photovoltaics, 2015, 5（3）: 977-981.

[13] Tobias I, Luque A. Ideal efficiency of monolithic, series-connected multijunction solar cells. Progress in Photovoltaics: Research Applications, 2002, 10（5）: 323-329.

[14] Cotal H, Fetzer C, Boisvert J, Kinsey G, King R, Hebert P, Yoon H, Karam N. Ⅲ-Ⅴ multijunction solar cells for concentrating photovoltaics. Energy Environmental Science, 2009, 2（2）: 174-192.

[15] Green M A, Keevers M J, Thomas I, Lasich J B, Emery K, King R R. 40% efficient sunlight to electricity conversion. Progress in Photovoltaics: Research Applications, 2015, 23（6）: 685-691.

[16] Marti A, Araújo G L. Limiting efficiencies for photovoltaic energy conversion in multigap systems. Solar Energy Materials and Solar Cells, 1996, 43（2）: 203-222.

[17] Bremner S, Levy M, Honsberg C B. Analysis of tandem solar cell efficiencies under AM1.5G spectrum using a rapid flux calculation method. Progress in Photovoltaics: Research Applications, 2008, 16（3）: 225-233.

[18] Meillaud F, Shah A, Droz C, Vallat-Sauvain E, Miazza C. Efficiency limits for single-junction and tandem solar cells. Solar Energy Materials and Solar Cells, 2006, 90（18-19）: 2952-2959.

[19] Habibi M, Zabihi F, Ahmadian-Yazdi M R, Eslamian M. Progress in emerging solution-processed thin film solar cells-part Ⅱ: Perovskite solar cells. Renewable Sustainable Energy Reviews, 2016, 62: 1012-1031.

[20] Fakharuddin A, Schmidt-Mende L, Garcia-Belmonte G, Jose R, Mora-Sero I. Interfaces in perovskite solar cells. Advanced Energy Materials, 2017, 7（22）: 1700623.

[21] Yang S, Fu W, Zhang Z, Chen H, Li C Z. Recent advances in perovskite solar cells: Efficiency, stability and lead-free perovskite. Journal of Materials Chemistry A, 2017, 5（23）: 11462-11482.

[22] Bakr Z H, Wali Q, Fakharuddin A, Schmidt-Mende L, Brown T M, Jose R. Advances in hole transport materials engineering for stable and efficient perovskite solar cells. Nano Energy, 2017, 34: 271-305.

[23] National Renewable Energy Laboratory. Best research-cell efficiency chart. https://www.nrel. gov/pv/cell-efficiency.html. 2020-01.

[24] Wang Q, Chueh C C, Zhao T, Cheng J, Eslamian M, Choy W C, Jen A K Y. Effects of self-assembled monolayer modification of nickel oxide nanoparticles layer on the performance and application of inverted perovskite solar cells. ChemSusChem, 2017, 10（19）: 3794-3803.

[25] Di Giacomo F, Fakharuddin A, Jose R, Brown T M. Progress, challenges and perspectives in flexible perovskite solar cells. Energy Environmental Science, 2016, 9（10）: 3007-3035.

[26] de Wolf S, Holovsky J, Moon S J, Löper P, Niesen B, Ledinsky M, Haug F J, Yum J H, Ballif C. Organometallic halide perovskites: Sharp optical absorption edge and its relation to photovoltaic performance. The Journal of Physical Chemistry Letters, 2014, 5（6）: 1035-1039.

[27] Ishii A, Jena A K, Miyasaka T. Fully crystalline perovskite-perylene hybrid photovoltaic cell capable of 1.2 V output with a minimized voltage loss. APL Materials, 2014, 2（9）: 091102.

[28] Eperon G E, Stranks S D, Menelaou C, Johnston M B, Herz L M, Snaith H J. Formamidinium

lead trihalide: A broadly tunable perovskite for efficient planar heterojunction solar cells. Energy Environmental Science, 2014, 7（3）: 982-988.

[29] Noh J H, Im S H, Heo J H, Mandal T N, Seok S I. Chemical management for colorful, efficient, and stable inorganic-organic hybrid nanostructured solar cells. Nano Letters, 2013, 13（4）: 1764-1769.

[30] Filipič M, Löper P, Niesen B, de Wolf S, Krč J, Ballif C, Topič M. $CH_3NH_3PbI_3$ perovskite/silicon tandem solar cells: Characterization based optical simulations. Optics Express, 2015, 23（7）: A263-A278.

[31] Löper P, Niesen B, Moon S J, de Nicolas S M, Holovsky J, Remes Z, Ledinsky M, Haug F J, Yum J H, de Wolf S. Organic-inorganic halide perovskites: Perspectives for silicon-based tandem solar cells. IEEE Journal of Photovoltaics, 2014, 4（6）: 1545-1551.

[32] Lal N N, White T P, Catchpole K R. Optics and light trapping for tandem solar cells on silicon. IEEE Journal of Photovoltaics, 2014, 4（6）: 1380-1386.

[33] Werner J, Dubuis G, Walter A, Löper P, Moon S J, Nicolay S, Morales-Masis M, de Wolf S, Niesen B, Ballif C. Sputtered rear electrode with broadband transparency for perovskite solar cells. Solar Energy Materials and Solar Cells, 2015, 141: 407-413.

[34] Bailie C D, Christoforo M G, Mailoa J P, Bowring A R, Unger E L, Nguyen W H, Burschka J, Pellet N, Lee J Z, Grätzel M. Semi-transparent perovskite solar cells for tandems with silicon and CIGS. Energy Environmental Science, 2015, 8（3）: 956-963.

[35] Fu F, Feurer T, Jäger T, Avancini E, Bissig B, Yoon S, Buecheler S, Tiwari A N. Low-temperature-processed efficient semi-transparent planar perovskite solar cells for bifacial and tandem applications. Nature Communications, 2015, 6: 8932.

[36] Duong T, Wu Y, Shen H, Peng J, Fu X, Jacobs D, Wang E C, Kho T C, Fong K C, Stocks M. Rubidium multication perovskite with optimized bandgap for perovskite-silicon tandem with over 26% efficiency. Advanced Energy Materials, 2017, 7（14）: 1700228.

[37] Esaki L. New phenomenon in narrow germanium p-n junctions. Physical review, 1958, 109（2）: 603.

[38] Bonnet-Eymard M, Boccard M, Bugnon G, Sculati-Meillaud F, Despeisse M, Ballif C. Optimized short-circuit current mismatch in multi-junction solar cells. Solar Energy Materials and Solar Cells, 2013, 117: 120-125.

[39] de Wolf S, Descoeudres A, Holman Z C, Ballif C. High-efficiency silicon heterojunction solar cells: A review. Green, 2012, 2（1）: 7-24.

[40] Werner J, Weng C H, Walter A, Fesquet L, Seif J P, De Wolf S, Niesen B, Ballif C. Efficient monolithic perovskite/silicon tandem solar cell with cell area > 1 cm². The Journal of Physical Chemistry Letters, 2015, 7（1）: 161-166.

[41] Bush K A, Palmstrom A F, Zhengshan J Y, Boccard M, Cheacharoen R, Mailoa J P, McMeekin D P, Hoye R L, Bailie C D, Leijtens T. 23.6%-Efficient monolithic perovskite/silicon tandem solar cells with improved stability. Nature Energy, 2017, 2（4）: 17009.

[42] Kim S, Kasashima S, Sichanugrist P, Kobayashi T, Nakada T, Konagai M. Development of thin-film solar cells using solar spectrum splitting technique. Solar Energy Materials and Solar

Cells, 2013, 119: 214-218.

[43] Gong J W, Liang J, Sumathy K. Review on dye-sensitized solar cells（DSSCs）: Fundamental concepts and novel materials. Renewable Sustainable Energy Reviews, 2012, 16（8）: 5848-5860.

[44] Narayan M R. Dye sensitized solar cells based on natural photosensitizers. Renewable Sustainable Energy Reviews, 2012, 16（1）: 208-215.

[45] Kinoshita T, Nonomura K, Jeon N J, Giordano F, Abate A, Uchida S, Kubo T, Seok S I, Nazeeruddin M K, Hagfeldt A. Spectral splitting photovoltaics using perovskite and wideband dye-sensitized solar cells. Nature Communications, 2015, 6: 8834.

[46] Ross R T. Some thermodynamics of photochemical systems. The Journal of chemical physics, 1967, 46（12）: 4590-4593.

[47] Wali Q, Fakharuddin A, Jose R. Tin oxide as a photoanode for dye-sensitised solar cells: current progress and future challenges. Journal of Power Sources, 2015, 293: 1039-1052.

[48] Walter M G, Warren E L, McKone J R, Boettcher S W, Mi Q, Santori E A, Lewis N S. Solar water splitting cells. Chemical Reviews, 2010, 110（11）: 6446-6473.

[49] Heo J H, Im S H. $CH_3NH_3PbBr_3$-$CH_3NH_3PbI_3$ perovskite-perovskite tandem solar cells with exceeding 2.2 V open circuit voltage. Advanced Materials, 2016, 28（25）: 5121-5125.

[50] Jiang F, Liu T, Luo B, Tong J, Qin F, Xiong S, Li Z, Zhou Y. A two-terminal perovskite/ perovskite tandem solar cell. Journal of Materials Chemistry A, 2016, 4（4）: 1208-1213.

[51] Eperon G E, Leijtens T, Bush K A, Prasanna R, Green T, Wang J T W, McMeekin D P, Volonakis G, Milot R L, May R, Palmstrom A, Slotcavage D J, Belisle R A, Patel J B, Parrott E S, Sutton R J, Ma W, Moghadam F, Conings B, Babayigit A, Boyen H G, Bent S, Giustino F, Herz L M, Johnston M B, McGehee M D, Snaith H J. Perovskite-perovskite tandem photovoltaics with optimized band gaps. Science, 2016, 354（6314）: 861-865.

[52] Shah A, Torres P, Tscharner R, Wyrsch N, Keppner H. Photovoltaic technology: The case for thin-film solar cells. Science, 1999, 285（5428）: 692-698.

[53] McMeekin D P, Sadoughi G, Rehman W, Eperon G E, Saliba M, Hörantner M T, Haghighirad A, Sakai N, Korte L, Rech B. A mixed-cation lead mixed-halide perovskite absorber for tandem solar cells. Science, 2016, 351（6269）: 151-155.

[54] Yu Z S, Leilaeioun M, Holman Z. Selecting tandem partners for silicon solar cells. Nature Energy, 2016, 1（September）: 16137.

[55] Green M A, Emery K, Hishikawa Y, Warta W, Dunlop E D. Solar cell efficiency tables（version 46）. Progress in Photovoltaics: Research Applications, 2015, 23（7）: 805-812.

[56] Conings B, Drijkoningen J, Gauquelin N, Babayigit A, D'Haen J, D'Olieslaeger L, Ethirajan A, Verbeeck J, Manca J, Mosconi E, de Angelis F, Boyen H. Intrinsic thermal instability of methylammonium lead trihalide perovskite. Advanced Energy Materials, 2015, 5（15）: 1500477.

[57] Choi H, Jeong J, Kim H B, Kim S, Walker B, Kim G H, Kim J Y. Cesium-doped methylammonium lead iodide perovskite light absorber for hybrid solar cells. Nano Energy, 2014, 7: 80-85.

[58] Albrecht S, Saliba M, Baena J P C, Lang F, Kegelmann L, Mews M, Steier L, Abate A, Rappich

J, Korte L. Monolithic perovskite/silicon-heterojunction tandem solar cells processed at low temperature. Energy Environmental Science, 2016, 9（1）: 81-88.

[59] Ulbrich C, Gerber A, Hermans K, Lambertz A, Rau U. Analysis of short circuit current gains by an anti-reflective textured cover on silicon thin film solar cells. Progress in Photovoltaics: Research Applications, 2013, 21（8）: 1672-1681.

[60] Lee B J, Kim H J, Jeong W I, Kim J J. A transparent conducting oxide as an efficient middle electrode for flexible organic tandem solar cells. Solar Energy Materials and Solar Cells, 2010, 94（3）: 542-546.

[61] Chen B, Bai Y, Yu Z S, Li T, Zheng X P, Dong Q F, Shen L, Boccard M, Gruverman A, Holman Z, Huang J S. Efficient semitransparent perovskite solar cells for 23.0%-efficiency perovskite/silicon four-terminal tandem cells. Advanced Energy Materials, 2016, 6（19）: 1601128.

[62] Mailoa J P, Bailie C D, Johlin E C, Hoke E T, Akey A J, Nguyen W H, McGehee M D, Buonassisi T. A 2-terminal perovskite/silicon multijunction solar cell enabled by a silicon tunnel junction. Applied Physics Letters, 2015, 106（12）: 121105.

[63] Duong T, Grant D, Rahman S, Blakers A, Weber K J, Catchpole K R, White T P. Filterless spectral splitting perovskite-silicon tandem system with > 23% calculated efficiency. IEEE Journal of Photovoltaics, 2016, 6（6）: 1432-1439.

[64] Löper P, Moon S J, de Nicolas S M, Niesen B, Ledinsky M, Nicolay S, Bailat J, Yum J H, de Wolf S, Ballif C. Organic-inorganic halide perovskite/crystalline silicon four-terminal tandem solar cells. Physical Chemistry Chemical Physics, 2015, 17（3）: 1619-1629.

[65] Unger E, Hoke E T, Bailie C D, Nguyen W H, Bowring A R, Heumüller T, Christoforo M G, McGehee M D. Hysteresis and transient behavior in current-voltage measurements of hybrid-perovskite absorber solar cells. Energy Environmental Science, 2014, 7（11）: 3690-3698.

[66] Green M A, Emery K, Hishikawa Y, Warta W. Solar cell efficiency tables（version 37）. Progress in Photovoltaics: Research Applications, 2011, 19（1）: 84-92.

[67] Roldan-Carmona C, Malinkiewicz O, Betancur R, Longo G, Momblona C, Jaramillo F, Camacho L, Bolink H J. High efficiency single-junction semitransparent perovskite solar cells. Energy Environmental Science, 2014, 7（9）: 2968-2973.

[68] Yang Y, Chen Q, Hsieh Y T, Song T B, Marco N D, Zhou H, Yang Y. Multilayer transparent top electrode for solution processed perovskite/Cu(In, Ga)(Se, S)$_2$ four terminal tandem solar cells. ACS Nano, 2015, 9（7）: 7714-7721.

[69] Todorov T, Gershon T, Gunawan O, Lee Y S, Sturdevant C, Chang L Y, Guha S. Monolithic perovskite-CIGS tandem solar cells via in situ band gap engineering. Advanced Energy Materials, 2015, 5（23）: 1500799.

[70] Jackson P, Hariskos D, Wuerz R, Wischmann W, Powalla M. Compositional investigation of potassium doped Cu(In, Ga)Se$_2$ solar cells with efficiencies up to 20.8%. Physica Status Solidi-Rapid Research Letters, 2014, 8（3）: 219-222.

[71] Jeon N J, Noh J H, Yang W S, Kim Y C, Ryu S, Seo J, Seok S I. Compositional engineering of perovskite materials for high-performance solar cells. Nature, 2015, 517（7535）: 476-480.

[72] Todorov T K, Gershon T S, Gunawan O, Sturdevant C, Guha S. Perovskite-kesterite monolithic

tandem solar cells with high open-circuit voltage. Applied Physics Letters, 2014, 105（17）: 173902.

[73] Persson N K, Inganäs O. Organic tandem solar cells-modelling and predictions. Solar Energy Materials and Solar Cells, 2006, 90（20）: 3491-3507.

[74] Etxebarria I, Furlan A, Ajuria J, Fecher F W, Voigt M, Brabec C J, Wienk M M, Slooff L, Veenstra S, Gilot J. Series vs parallel connected organic tandem solar cells: Cell performance and impact on the design and operation of functional modules. Solar Energy Materials and Solar Cells, 2014, 130: 495-504.

[75] Mantilla-Perez P, Feurer T, Correa-Baena J P, Liu Q, Colodrero S, Toudert J, Saliba M, Buecheler S, Hagfeldt A, Tiwari A N. Monolithic CIGS-perovskite tandem cell for optimal light harvesting without current matching. ACS Photonics, 2017, 4（4）: 861-867.

[76] White T P, Lal N N, Catchpole K R. Tandem solar cells based on high-efficiency c-Si bottom cells: Top cell requirements for > 30% efficiency. IEEE Journal of Photovoltaics, 2014, 4（1）: 208-214.

[77] Sheng R, Ho-Baillie A W, Huang S J, Keevers M J, Hao X J, Jiang L C, Cheng Y B, Green M A. Four-terminal tandem solar cells using $CH_3NH_3PbBr_3$ by spectrum splitting. The Journal of Physical Chemistry Letters, 2015, 6（19）: 3931-3934.

[78] Chen C C, Dou L, Gao J, Chang W H, Li G, Yang Y. High-performance semi-transparent polymer solar cells possessing tandem structures. Energy Environmental Science, 2013, 6（9）: 2714-2720.

[79] Uzu H, Ichikawa M, Hino M, Nakano K, Meguro T, Hernández J L, Kim H S, Park N G, Yamamoto K. High efficiency solar cells combining a perovskite and a silicon heterojunction solar cells via an optical splitting system. Applied Physics Letters, 2015, 106（1）: 013506.

[80] Chen C C, Bae S H, Chang W H, Hong Z R, Li G, Chen Q, Zhou H P, Yang Y. Perovskite/polymer monolithic hybrid tandem solar cells utilizing a low-temperature, full solution process. Materials Horizons, 2015, 2（2）: 203-211.

[81] Lin Q Q, Armin A, Nagiri R C R, Burn P L, Meredith P. Electro-optics of perovskite solar cells. Nature Photonics, 2015, 9（2）: 106.

[82] Lei B, Eze V O, Mori T. High-performance $CH_3NH_3PbI_3$ perovskite solar cells fabricated under ambient conditions with high relative humidity. Japanese Journal of Applied Physics, 2015, 54（10）: 100305.

[83] Yan J F, Saunders B R. Third-generation solar cells: A review and comparison of polymer: Fullerene, hybrid polymer and perovskite solar cells. RSC Advances, 2014, 4（82）: 43286-43314.

[84] Zhang H, Azimi H, Hou Y, Ameri T, Przybilla T, Spiecker E, Kraft M, Scherf U, Brabec C J. Improved high-efficiency perovskite planar heterojunction solar cells via incorporation of a polyelectrolyte interlayer. Chemistry of Materials, 2014, 26（18）: 5190-5193.

[85] Dou L T, You J B, Yang J, Chen C C, He Y J, Murase S, Moriarty T, Emery K, Li G, Yang Y. Tandem polymer solar cells featuring a spectrally matched low-bandgap polymer. Nature Photonics, 2012, 6（3）: 180.

[86] Li Y, Hu H W, Chen B B, Salim T, Lam Y M, Yuan N Y, Ding J N. Solution-processed perovskite-kesterite reflective tandem solar cells. Solar Energy, 2017, 155: 35-38.

[87] Mailoa J P, Bailie C D, Akey A J, Hoke E T, Johlin E C, Nguyen W H, Sofia S E, McGehee M D, Buonassisi T. Optical loss analysis of monolithic perovskite/Si tandem solar cell. New Orleans, LA, USA: Proceedings of the 42nd IEEE Photovoltaic Specialist Conference (PVSC). 2015.

[88] Jiang Y J, Almansouri I, Huang S J, Young T, Li Y, Peng Y, Hou Q C, Spiccia L, Bach U, Cheng Y B. Optical analysis of perovskite/silicon tandem solar cells. Journal of Materials Chemistry C, 2016, 4 (24): 5679-5689.

[89] Duong T, Lal N N, Grant D, Jacobs D A, Zheng P T, Rahman S, Shen H P, Stocks M, Blakers A, Weber K. Semitransparent perovskite solar cell with sputtered front and rear electrodes for a four-terminal tandem. IEEE Journal of Photovoltaics, 2016, 6 (3): 679-687.

[90] Albrecht S, Saliba M, Correa-Baena J P, Jäger K, Korte L, Hagfeldt A, Grätzel M, Rech B. Towards optical optimization of planar monolithic perovskite/silicon-heterojunction tandem solar cells. Journal of Optics, 2016, 18 (6): 064012.

[91] Futscher M H, Ehrler B. Modeling the performance limitations and prospects of perovskite/Si tandem solar cells under realistic operating conditions. ACS Energy Letters, 2017, 2 (9): 2089-2095.

[92] Mäckel H, Micard G, Varner K. Analytical models for the series resistance of selective emitters in silicon solar cells including the effect of busbars. Progress in Photovoltaics: Research Applications, 2015, 23 (2): 135-149.

[93] Meier D L, Schroder D. Contact resistance: Its measurement and relative importance to power loss in a solar cell. IEEE Transactions on Electron Devices, 1984, 31 (5): 647-653.

[94] George J, Menon C. Electrical and optical properties of electron beam evaporated ITO thin films. Surface Coatings Technology, 2000, 132 (1): 45-48.

[95] Haegel N M, Margolis R, Buonassisi T, Feldman D, Froitzheim A, Garabedian R, Green M, Glunz S, Henning H M, Holder B. Terawatt-scale photovoltaics: Trajectories and challenges. Science, 2017, 356 (6334): 141-143.

[96] Aggarwal V. What are the most efficient solar panels on the market. 2018. Retrieved from EnergySage: https://news. energysage. com/what-are-the-most- efficient-solar-panels-on- themarket.

[97] Lunardi M M, Wing Yi Ho-Baillie A W Y, Alvarez-Gaitan J P, Moore S, Corkish R. A life cycle assessment of perovskite/silicon tandem solar cells. Progress in Photovoltaics: Research Applications, 2017, 25 (8): 679-695.

[98] Tachibana Y, Vayssieres L, Durrant J R. Artificial photosynthesis for solar water-splitting. Nature Photonics, 2012, 6 (8): 511.

[99] Bard A J, Fox M A. Artificial photosynthesis: Solar splitting of water to hydrogen and oxygen. Accounts of Chemical Research, 1995, 28 (3): 141-145.

[100] Fujishima A, Honda K. Electrochemical photolysis of water at a semiconductor electrode. Nature, 1972, 238 (5358): 37.

[101] Kanan M W, Nocera D G. *In situ* formation of an oxygen-evolving catalyst in neutral water

containing phosphate and Co^{2+}. Science, 2008, 321（5892）: 1072-1075.

[102] Reece S Y, Hamel J A, Sung K, Jarvi T D, Esswein A J, Pijpers J J, Nocera D G. Wireless solar water splitting using silicon-based semiconductors and earth-abundant catalysts. Science, 2011: 1209816.

[103] Pinaud B A, Benck J D, Seitz L C, Forman A J, Chen Z, Deutsch T G, James B D, Baum K N, Baum G N, Ardo S. Technical and economic feasibility of centralized facilities for solar hydrogen production via photocatalysis and photoelectrochemistry. Energy Environmental Science, 2013, 6（7）: 1983-2002.

[104] Rocheleau R E, Miller E L, Misra A. High-efficiency photoelectrochemical hydrogen production using multijunction amorphous silicon photoelectrodes. Energy Fuels, 1998, 12（1）: 3-10.

[105] Khaselev O, Turner J A. A monolithic photovoltaic-photoelectrochemical device for hydrogen production via water splitting. Science, 1998, 280（5362）: 425-427.

[106] Jacobsson T J, Fjällström V, Sahlberg M, Edoff M, Edvinsson T. A monolithic device for solar water splitting based on series interconnected thin film absorbers reaching over 10% solar-to-hydrogen efficiency. Energy Environmental Science, 2013, 6（12）: 3676-3683.

[107] Edri E, Kirmayer S, Cahen D, Hodes G. High open-circuit voltage solar cells based on organic-inorganic lead bromide perovskite. The Journal of Physical Chemistry Letters, 2013, 4（6）: 897-902.

[108] Edri E, Kirmayer S, Kulbak M, Hodes G, Cahen D. Chloride inclusion and hole transport material doping to improve methyl ammonium lead bromide perovskite-based high open-circuit voltage solar cells. The Journal of Physical Chemistry Letters, 2014, 5（3）: 429-433.

[109] Ryu S, Noh J H, Jeon N J, Kim Y C, Yang W S, Seo J, Seok S I. Voltage output of efficient perovskite solar cells with high open-circuit voltage and fill factor. Energy Environmental Science, 2014, 7（8）: 2614-2618.

[110] Wali Q, Elumalai N K, Iqbal Y, Uddin A, Jose R. Tandem perovskite solar cells. Renewable Sustainable Energy Reviews, 2018, 84: 89-110.

第 **6** 章

印刷柔性钙钛矿太阳电池

钙钛矿太阳电池作为新一代光伏电池之一，在被外界认为最具有商业化应用前景的同时，也面临着许多的挑战，包括电池的化学稳定性和热稳定性、对水分的敏感性、光致相分离效应及钙钛矿晶体的易脆性，这些都限制了钙钛矿太阳电池的稳定性和使用寿命。最近，许多钙钛矿太阳电池领域的研究者开始逐渐从传统的高效电池理念，转移至更多地关注如何实现钙钛矿太阳电池的商业化。一些研究发现，通过材料的选择和器件的封装可以解决光致相分离效应及环境稳定性问题。然而，钙钛矿晶体的易脆性仍然是钙钛矿太阳电池进一步实现商业化的主要障碍。

钙钛矿太阳电池主要是在玻璃基底上制备的，既可制备实验室单元组件，也可以制备大面积模组。但由于其材料具有可低温溶液加工的性质，其可以通过旋涂或者印刷的方式在透明塑料薄膜(如PET或导电氧化铟锡涂覆的PET/ITO)上制备，并且柔性导电塑料薄膜相比于玻璃金属导电基底成本更加低廉。更重要的是，在柔性塑料薄膜上开发钙钛矿光伏组件技术可以实现快速卷对卷加工，并且能够大大提高产量及生产率，从而有助于降低工业成本。

为了将钙钛矿太阳电池的应用从实验室小规模制备逐渐转移到工业大面积生产，可以借鉴有机太阳电池的印刷研究进展。目前许多印刷制备工艺都已经实现了钙钛矿太阳电池的柔性印刷，如刮涂技术、喷涂技术、喷墨打印技术、凹版印刷技术及狭缝挤出印刷技术，不同技术由于加工工艺的限制，制备的光电器件在综合性能上与小面积旋涂相比仍存在不小的差距。而在这些大面积制备工艺中，狭缝挤出技术由于具有制备方式简便、控制精度高及可溶液加工等优点，成为较理想的柔性钙钛矿太阳电池的印刷技术。

狭缝挤出印刷技术是将在墨槽中的墨水通过一个狭缝，在一定压力条件下挤出，在一个移动基底上成膜的技术。这种方式可以通过对走带速度和墨水挤出速度的调控，实现薄膜厚度的精确控制，同时这种技术也适合钙钛矿太阳电池各个组分的印刷(透明电极、活性层和各类缓冲层材料)。此外，与其他大部分印刷技术不同，狭缝挤出可以通过阻塞一部分液体流动，轻易地实现条状结构的印刷。由于上述优点的存在，狭缝挤出受到大部分课题组和公司的青睐，并应用于聚合物太阳电池的印刷。在狭缝挤出印刷过程中，可以调控的参数较多。通常，影响成膜质量的因素主要包括基底的走带速度、狭缝间距、墨水的入料速度、表面能及黏度、成膜后的退火温度及压辊张力等，通过调控上述参数及处理手段就可以实现对印刷薄膜厚度和形貌的精确控制，十分有利于活性层墨水的印刷和成膜微观结构的调控。

目前，通过狭缝挤出技术印刷制备的柔性钙钛矿太阳电池器件效率已经从4.90%逐步提高至 11.96%。其中，最主要的问题就是由电池柔性导致的器件效率损失，这种现象同样存在于有机太阳电池的印刷中，一般会使器件性能下降 50%左右。因此，设计新型柔性稳定的钙钛矿活性层及缓冲层材料同样是值得研究的内容。

由上述分析可知，柔性印刷钙钛矿太阳电池在器件效率及实际生产过程中都具有商业化潜力，作为目前最有希望代替硅基太阳电池的光伏器件，它还具备可溶液印刷、制备成本低并具有适当弯折性能等显著优势，在未来有望成为光伏领域基础研究和工业生产的主导者。开发柔性钙钛矿设备技术自然存在一系列的挑战及问题，这些挑战和问题与基底的性质(如形变、低温处理等)有关，而这些在玻璃基底上是不存在的。柔性钙钛矿太阳电池的结晶调控和持续弯折性能是未来大规模生产钙钛矿光电器件的关键。

6.1　印刷工艺

印刷工艺具有大规模、高产率、低成本等优点，并且适用于柔性基底，其在传感器、晶体管、光电探测器及太阳电池等领域中备受研究者青睐[1-6]。相比于传统的制备工艺，印刷工艺能够极大地降低生产成本，提高生产效率，可以与卷对卷工艺完美结合，是今后光电子器件商业化过程中的一项重要环节。目前，在钙钛矿太阳电池的印刷制备中主要采用喷墨打印、喷涂、狭缝涂布和刮涂等工艺。

随着钙钛矿太阳电池器件效率的逐步提高，需要改进技术尝试制备大尺寸太阳电池。对于实验室的小面积制备，钙钛矿太阳电池的制备方法通常为旋涂法，这种方式的成膜厚度可以通过调整旋涂仪的转速来控制，成膜稳定且较为均匀。但这种方法难以制备大面积电池，同时材料利用率也比较低，且与卷对卷(R2R)

大面积制备工艺较难结合在一起，因此很难将其应用到大面积柔性聚合物太钙钛矿阳能电池的印刷工艺中。

对于有机-无机杂化钙钛矿太阳电池的大面积制备来说，有许多问题需要解决。首先是基底材料的选择，相比于在玻璃上的小面积制备，柔性太阳电池的大面积印刷基底通常会选择柔性、低成本的透明塑料基底，主要包括PET、聚萘二甲酸乙二醇酯(PEN)、聚碳酸酯(PC)、聚醚砜(PES)和聚酰亚胺(PI)等。其中，热稳定性较好的PET和PEN基底的主要性能十分迎合柔性电子产品的需要[7]，而二者之中，PET的价格相对更低。其次，是印刷过程中各层之间厚度的确定，由于印刷过程中墨水成膜厚度不易调控，因此很有必要研究各层结构对印刷厚度的适应性。最后是相结构的一致性，由上述相形貌对器件性能影响的分析可知，活性层的相结构对器件性能的高低起到了至关重要的作用，因此很有必要保持活性层相结构在印刷后仍保持较好状态，这就需要对印刷后的太阳电池进行适当的后处理或者对墨水进行合适的改性。总体来说，对于钙钛矿太阳电池的大面积制备，需要解决的问题就是缩小大面积印刷技术与小面积旋涂的差距，保证活性层在印刷后仍可保持类似旋涂得到的活性层结构，这类研究在柔性太阳电池领域所见不多。

6.1.1 喷墨打印

喷墨打印是一种打印数码文件的方法，它廉价、快速且方便，属于非接触式印刷工艺。从理论上讲，喷墨打印就是油墨通过喷头喷射到基底的过程。如图 6-1(a) 所示，喷墨打印主要分为两类：连续喷墨打印(continuous inkjet, CIJ)和按需喷墨打印(drop-on-demand inkjet, DOD)。连续喷墨打印是指在印刷时连续喷射出液滴，液滴在偏转电场的作用下准确滴落。未参与打印的液滴通过回收系统进行回收再循环利用。这种方法适用于低黏度流体，其滴落速度快，所需墨液量大。按需喷墨打印中液滴则是按需喷出的，是一种广泛使用的喷墨打印技术，可以分为热敏式打印、压电式打印和静电式打印。这种方法可控性好、设备简单并且能够节约材料。喷墨打印在实际生活中应用相当广泛，包括光学薄膜(如胶片、透镜等)、生命科学(如蛋白质组学、DNA 测序等)、电子器件(如柔性显示器等)及印刷电子产品(如无线射频识别、传感器、蓄电池和太阳电池等)等领域[8, 9]。

在印刷太阳电池方面，喷墨打印技术已经成功地应用到聚合物太阳电池中界面层及活性层的打印，在 9 mm² 基底上打印的聚合物太阳电池器件效率可以达到 3.71%[10]。打印头作为直接调控成膜质量的重要仪器部件，可控的参数主要有：

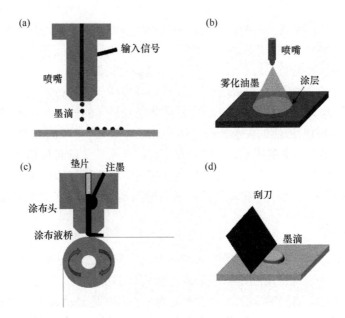

图 6-1　印刷工艺原理示意图

(a)喷墨打印；(b)喷涂法；(c)狭缝涂布；(d)刮涂法

①DPI(dots per inch)，其表示在 1 英寸①范围内的墨点数，对打印品质和打印成本有着重要影响；②墨滴体积，目前体积范围为 2～32 pL。分辨率要求越高的图案就需要越小体积的墨滴；③墨滴喷射速度，通常以 m/s 为单位，速度越快，墨滴飞行时间越短，打印在基材上的位置偏移量就会越小；④喷墨功率，是衡量喷墨打印头生产力的关键指标；⑤喷头宽度。此外，打印墨水的质量也关系到成膜效果，通常墨水的性能参数有：①界面张力，不同于表面张力，界面张力包括周围的介质，使用低界面张力的墨水，墨滴小，墨水会更深地渗入纸或其他介质中，使用高界面张力的墨水，墨滴大，向介质渗透性小，但是，过高的界面张力会造成大量泡沫，这样的墨水也不合格；②黏度，黏度会影响到打印图案的边缘锐利度及墨水在介质中的浸透性、墨水在墨盒中的流动性及墨流的堵塞(若墨水黏度过高，墨流会完全堵塞)；③pH，pH 过低，墨水会腐蚀墨盒，过高则会产生额外的盐而缩短墨盒的使用寿命并提高了电导率，因此为保证墨水良好的稳定性，墨水的 pH 必须与材料所需的 pH 相当；④电导率，一般而言，墨水的电导率应小于10000 μS/cm，盐含量不能超过 0.5%，以避免在喷嘴形成结晶；⑤密度和粒度，该参数受到墨水的成分影响。

虽然喷墨打印能够在降低制造成本的同时提高产品的质量，并且其图案化功

---

① 1 英寸=2.54 cm。

能在应用中也具有很大的优势，但其也面临着诸多的挑战。①油墨材料：当需要连续打印多层结构时，此工艺对溶剂和溶液的选择性比较高。低沸点溶剂易造成喷嘴堵塞，而高沸点溶剂通常需要后处理工艺等诸如此类的问题[11-13]。②咖啡环效应：由于墨滴表面张力的作用，墨滴边缘的溶质容易发生聚合，待溶剂挥发后，容易导致薄膜厚度不均匀[14, 15]。③图案分辨率：虽然喷墨打印的分辨率在所有印刷工艺中属于佼佼者，但喷射液滴的大小使得打印特征尺寸很难小于 20 μm[16]。④定位精度：喷射的液滴受多个参数的影响，定位精度不仅取决于喷头的定位精度，也取决于喷嘴与基底的角度和距离、空气中分子的扰动等[17]。将喷墨打印的优点应用在钙钛矿太阳电池的制备中，有利于推动钙钛矿太阳电池大面积制备工艺的发展。

6.1.2　喷涂法

考虑到喷墨打印在印刷电子中遇到的问题，喷涂法作为其一种改进方法而受到广泛关注。喷涂是采用喷枪将细微且分散均匀的雾滴喷涂于基底表面的工艺，如图 6-1(b)所示。油墨的雾化方式主要分为两种，一是气动起雾，二是超声起雾。在喷涂过程中，油墨首先被雾化成小颗粒，然后通过工作气流输送到喷头处，得到一系列连续或断开的线条从而组成图案。对于喷涂工艺，基底温度、油墨浓度、雾化压力、气流速率及喷头与基底之间的距离都将直接影响喷涂的效果。然而事实上，喷涂还没有得到大面积推广，主要原因有以下几点：①喷涂雾化的液滴容易散落；②只能连续式喷，并且喷涂的效果需要稳定的气流才能保证，而调节气流的方法却存在一定的滞后效应；③雾化后的液滴比表面积大，溶剂挥发速率快，因此对溶剂要求较高。尽管面临着诸多的问题，但喷涂法因具有墨水使用范围广、成膜质量高等优点，广泛应用于薄膜太阳电池、生物传感器及晶体管等的制备[18-22]。喷涂技术对墨水调控的要求不高，且工艺手段与喷墨打印技术类似，可以用来印刷电子缓冲层、活性层、空穴缓冲层甚至金属背电极[23-27]。但这种方法同样存在薄膜组分不均的缺点，同时，很难实现印刷电池的图案化。

6.1.3　狭缝涂布

狭缝涂布是在一定压力下，墨水沿模具缝隙压出并转移到基底上的一种印刷工艺，属于非接触式涂布工艺，如图 6-1(c)所示。整个涂布装置由墨盒、注墨系统和涂布头组成。墨盒储存油墨，注墨系统控制注墨速度，使溶液平稳均匀地到达涂布头。在单位时间内，涂布的油墨体积与涂布头宽度和基底走带速度的比值即为薄膜的厚度。油墨浓度、涂布速度、走带速度等是影响薄膜厚度的主要因素。狭缝涂布工艺以其速度快、薄膜均匀性好、油墨黏度范围广及涂布窗口宽等特性，被认为是未来薄膜涂布的发展方向。虽然该技术仍存在一些不足，如图案化功能相对固定，通常以线条状为主，但丝毫不影响其近年来的快速发展。目前狭缝涂布已广泛应用于导电薄膜、液晶面板、锂电池、太阳电池等诸多领域[28, 29]。

6.1.4　刮涂法

刮涂法是一种主要应用于薄膜光伏器件制备的印刷工艺，可与卷对卷工艺相结合，目前广泛应用于钙钛矿太阳电池及光电探测器的制备[6, 30-32]。刮涂法是将溶液滴在基底表面，用刮刀刮去多余溶液，经后退火形成薄膜的工艺，如图 6-1(d) 所示。在刮涂制备过程中，刮刀移动速度、刀口与基底之间的距离、基底的表面能、溶液的浓度及表面张力等条件对薄膜厚度和形貌有着至关重要的影响，并且基底温度的不同也会导致溶剂挥发速率存在差异，从而影响薄膜形貌。

刮涂法操作简单，并且溶液损失能减少到 5%以下。在刮涂过程中，可以调整刮刀与基底之间的距离，从而实现对薄膜厚度的精确调控。同时，溶剂的挥发速率对于薄膜的形貌具有很大影响。因此可以通过对溶剂的选择、基底温度的控制等实现对薄膜形貌的调控[33, 34]。

6.1.5　其他印刷工艺

除以上印刷工艺外，还有许多其他方式，如丝网印刷、凹版印刷、凸版印刷及转移印刷等技术。它们都有各自的优势和特点，在发光器件[35, 36]、场效应晶体管[37, 38]、太阳电池[39-43]等领域都有着不同的应用。总而言之，印刷制备钙钛矿太阳电池操作简单，能与卷对卷工艺相结合，成本低廉，推动了钙钛矿太阳电池大面积化、柔性化、产业化的发展。

6.2　印刷工艺在钙钛矿太阳电池中的应用

钙钛矿材料易受空气中水和氧气的影响，因此在钙钛矿太阳电池的制备过程中，如何通过优化制备工艺来获得连续、均匀且无针孔的薄膜变得至关重要。近年来，许多国内外科研工作者已经运用印刷技术成功地制备出钙钛矿太阳电池。

6.2.1　喷墨打印

喷墨打印首次应用在钙钛矿太阳电池中是在 2014 年，Yang 等通过在致密的 TiO_2 层上旋涂 PbI_2，紧接着采用喷墨打印 MAI 和碳墨水的混合物来制备钙钛矿太阳电池(图 6-2)，器件效率达到 11.6%[44]。这种方法可以增加钙钛矿层与碳电极之间的界面接触，极大地降低界面电荷复合，有效提高载流子传输效率。Rotello 和 Venkataraman 等将 FAI 和 MAI 溶于异丙醇配制成浓度为 40 mg/mL 溶液，通过喷墨打印的方式制备在 PbI_2 薄膜上,并探究了 FAI 和 MAI 比例对薄膜形貌的影响[42]。当 FAI：MAI=2：1 时,钙钛矿晶粒尺寸大小均一且分布均匀,相应钙钛矿层的缺陷越少,通过此方法制备的器件效率达到 11.1%。Mathies 等为了制备均匀的钙钛矿薄膜,先将喷墨打印的钙钛矿活性层放入真空中干燥,再进行退火。他们发现喷墨打印的速率和真空干燥后处理对钙钛矿薄膜形貌具有重要影响[46]。喷墨打印的速率不仅影响钙钛矿层的厚度,同时对晶粒尺寸也有一定影响。当喷墨打印的速率增大时,钙钛矿活性层的厚度和晶粒尺寸随之增大。Song 等研究了喷墨打印过程中基底温度对钙钛矿薄膜形貌的影响[47]。研究者将 MAI、PbI_2 和 MACl 以 $1-x：1：x$ （$x=0\sim0.9$）的摩尔比溶解于 γ-丁内酯中,浓度为 35%,在 TiO_2 上通过一步法喷墨打印制备钙钛矿薄膜。研究发现,喷墨打印过程中基底温度是形成高质量钙钛矿薄膜的关键。在室温下,钙钛矿薄膜结晶过程中会随机出现较多的孔洞,而加热基底能够加快溶剂的挥发,从而形成致密均匀的钙钛矿薄膜。

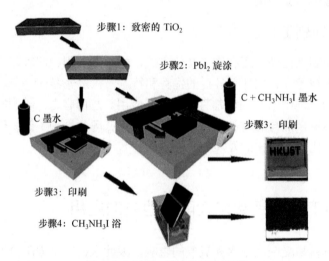

图 6-2　喷墨打印工艺示意图[41]

HKUST：香港科技大学

6.2.2　喷涂

喷涂是一种操作简单且效率较高的印刷方式。采用此技术制备钙钛矿薄膜不仅成本低廉、可控性良好,还能进一步与卷对卷技术相结合,以实现柔性钙钛矿太阳电池的大规模生产。Lidzey 等[48]在 2014 年通过一步法喷涂制备出钙钛矿薄膜,他们深入研究了溶剂挥发速度、基底温度及后退火处理对喷涂钙钛矿薄膜的影响,且通过喷涂的方法获得了能量转换效率为 11% 的钙钛矿太阳电池。同时,Xu 等[49]研究表明,基底温度对喷涂钙钛矿薄膜也有影响,当基底温度为 110 ℃时,钙钛矿薄膜中针孔及缺陷更少，且晶粒覆盖度更高，他们通过喷涂的方法制备出的钙钛矿太阳电池获得了 13.54%的能量转换效率。

2016 年，Im 等[50]深入研究了不同溶剂比例对于钙钛矿晶粒尺寸及形貌的影响，当钙钛矿前驱体溶液中溶剂 DMF 与 γ-丁内酯(gamma-butyrolactone，GBL)的体积比为 8∶2 时，能够得到晶粒尺寸大且覆盖度高的钙钛矿薄膜。如图 6-3 所示，将 $MAPbI_{3-x}Cl_x$ 钙钛矿溶液喷涂到预先加热的 FTO/TiO$_2$ 基底上会使钙钛矿溶液向内流动（F_{in}）和向外流动（F_{out}），通过改变喷涂过程中的实验条件可以控制 F_{in} 与 F_{out} 的比值，从而调控钙钛矿的结晶速率与结晶尺度。对于喷涂工艺，早期沉积的小尺寸钙钛矿晶粒可以通过回溶/晶粒合并/重结晶的方法生长成较大的晶粒，而这一过程在钙钛矿溶液的连续喷洒下将重复进行。他们通过喷涂法制备了高质量的氯碘共混钙钛矿薄膜，相应小面积器件效率高达 18.3%，并且通过这种方法制备的 40 cm^2 模组的能量转换效率同样高达 15.5%。同时，Tung 等[51]发现使用 DMSO 及 N-甲基吡咯烷酮(N-methylpyrrolidone，NMP) 的混合溶剂，能够使喷涂制备的钙钛矿薄膜更为均匀平整，这主要归因于喷涂过程中形成了 MAI-PbCl$_2$-DMSO 的螯合物。此方法在后退火处理后钙钛矿薄膜形貌均匀，且覆盖度高，钙钛矿太阳电池器件效率达到

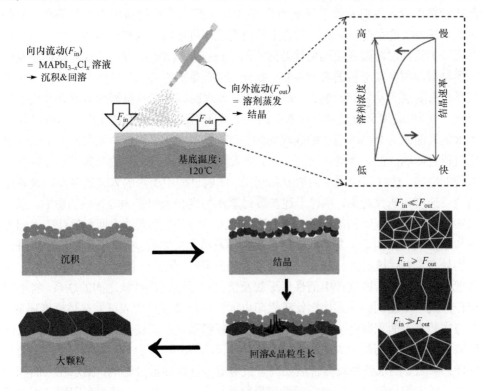

图 6-3　喷涂钙钛矿结晶过程示意图[47]

16.5%。与此截然相反的是，单独使用 DMSO 或 NMP 作为溶剂时，器件的性能则十分糟糕。此外，Xia 等[52]采用了一种基底加热辅助旋涂成膜的技术，通过在界面处发生反应，从而制备出高质量钙钛矿薄膜。他们发现基底温度对喷涂钙钛矿薄膜形貌有较大影响。当基底温度在 60～100 ℃之间时，随着温度逐渐升高，晶粒尺寸不断增大。当基底温度达到 120 ℃时，薄膜出现明显的孔洞。最终通过对基底温度的优化，最终获得的能量转换效率高达 16.2%，其平均器件效率达 14.9%。

6.2.3 狭缝涂布

采用狭缝涂布技术制备有机太阳电池已经日渐成熟，但其在制备钙钛矿太阳电池的过程中很难获得均匀且无孔洞的高质量钙钛矿薄膜。由于钙钛矿材料本身具有难控制的结晶特性，同时钙钛矿结晶过程的动力学机理与共轭聚合物不同，因此不能简单地将狭缝涂布在有机太阳电池中的成熟技术直接套用于钙钛矿太阳电池的大面积制备。

在柔性钙钛矿太阳电池的狭缝挤出印刷过程中，主要工艺调控方式有三个方面，分别是印刷设备控制、墨水性能调控和印刷后处理。在设备控制方面，通过控制狭缝挤出设备入料及收卷区域的收/放卷压辊张力、狭缝挤出模头与基底之间的距离、模头狭缝宽度、基底材料的走带速度及印刷墨水的入料速度等参数，就可以对钙钛矿活性层薄膜成膜均匀性及薄膜厚度进行精确调控，继而实现对活性层及缓冲层材料印刷薄膜形貌的有效控制。此外，印刷墨水的流变学性能对印刷后墨水的成膜性有着至关重要的影响。一般情况下，墨水的黏度会直接影响墨水在基底上的成膜厚度，而黏度又会受到墨水本身的浓度及印刷过程中的剪切速率的影响，同时，墨水的表面张力会影响薄膜的成膜均匀程度，墨水对基底材料的浸润性又会影响基底材料再印刷前的表面处理过程。为了深入解释墨水流变学参数对薄膜活性层微观机构的影响，选择印刷墨水的浓度和配比、印刷过程中墨水的入料速度及印刷基底的走带速度为研究对象，探讨上述参数对墨水黏度和表面张力等参数的影响，就可以实现对薄膜微观结构的调控。在上述基础上，为了缩小柔性大面积钙钛矿太阳电池与小面积旋涂制备工艺中活性层微观结构及结晶尺寸的差距，对印刷活性层进行适当处理(前/后热退火、基底材料的电晕处理等)，优化活性形貌及结晶尺寸，深入理解并解释在印刷过程中活性层形貌及结晶尺寸与器件性能之间的联系。将不同调控方式下印刷制备的柔性钙钛矿太阳电池活性层进行形貌表征及晶体性能研究，并与实验室小面积器件形貌进行对比分析，解释器件性能变化规律，通过研究不同印刷参数下制备钙钛矿太阳电池的光伏性能及活性层微观机构、结晶尺寸，阐明不同印刷参数、墨水条件及多种后处理方式对器件性能参数的影响，揭示在大面积印刷钙钛矿太阳电池过程中调控活性层形貌及结晶尺寸的规律，理解在印刷过程中活性层内部晶体结构的演化，并结合上述处理手段制备大面积柔性钙钛矿太阳电池。

　　2015 年，Vak 和 Kim 等将狭缝涂布模头装在一台 3D 打印机上，制作出如图 6-4(a)所示的狭缝涂布装置[53]。他们在有机太阳电池狭缝涂布技术的基础上，印刷制备了溶液加工的钙钛矿太阳电池[54]。除了顶部电极之外，他们用狭缝涂布工艺制备了空穴传输层及电子传输层，同时研究了狭缝涂布工艺对于两步法钙钛矿薄膜的制备。通常，旋涂 PbI_2 成膜的过程中溶剂能够快速挥发，以形成均一的 PbI_2 薄膜。而狭缝涂布工艺制备的 PbI_2 薄膜在空气中自然干燥，受环境影响，PbI_2 薄膜表面会有晶体析出。为了抑制 PbI_2 晶体的析出，他们在 PbI_2 薄膜形成过程中采用氮气辅助成膜工艺[图 6-4(b)]，获得了光滑均匀的薄膜。同时他们对比研究了在空气中与真空中退火过程 PbI_2 薄膜的结晶过程，发现在真空环境下退火处理的 PbI_2 薄膜相比于空气中制备的 PbI_2 薄膜更为致密。但由于真空后退火处理的 PbI_2 薄膜表面覆盖度过高，后续 MAI 不易渗入。同时，研究发现基底温度对钙钛矿薄膜形貌也有重要影响，当基底温度达到 70 ℃时，能够获得较大晶粒尺寸的薄膜，如图 6-4(c)所示。

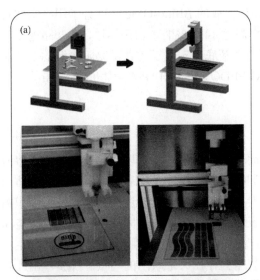
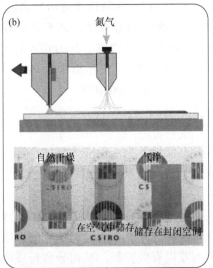

图 6-4　(a)狭缝涂布装置示意图[53]；(b)氮气辅助狭缝涂布工艺及制备出的 PbI_2 薄膜[54]；(c)不同基底温度下基于狭缝涂布工艺制备的钙钛矿薄膜的 SEM 图[54]

在两步法工艺中，获得高质量钙钛矿薄膜的前提是制备出均一的 PbI_2 薄膜，而在一步法工艺中，控制晶体的结晶过程则是形成高质量钙钛矿薄膜的关键。Watson 等[55]在狭缝涂布过程中采用基底加热和冷风辅助的相互作用，协同调控溶剂的挥发速率，从而调控晶体的结晶过程。他们发现在进行狭缝涂布以前，对基底进行加热有助于晶体的快速生长。当晶体的生长达到一定大小时，用冷风辅助减缓其生长速率，从而获得平整均匀的钙钛矿薄膜。此外，在钙钛矿前驱体溶液中加入 DMSO 等高沸点极性溶剂，可以调控钙钛矿薄膜形貌。Yeo 和 Kim 等[56]在 $MAPbI_3$ 溶液中加入 N-环己基吡咯烷酮（N-cyclohexylpyrrolidone，CHP）和 DMSO，结合氮气辅助成膜，一步法印刷制备钙钛矿太阳电池。研究发现，CHP 因高沸点和低蒸气压的特性，能够促进致密均匀钙钛矿薄膜的形成，同时 DMSO 又能促进晶粒的缓慢生长。二者协同调控钙钛矿晶体生长，采用这种狭缝涂布的方式印刷制备的钙钛矿器件效率达到 12.52%。

此外，程一兵教授课题组将之前设计合成的 Bifluo-OMeTAD 分子用作空穴传输层，采用狭缝涂布的工艺制备出效率高达 14.75%的钙钛矿器件，其开路电压高达 1.10 V[57]。2017 年，Jaramillo 等在柔性基底上实现了钙钛矿太阳电池的全印刷制备（除顶电极）。电池结构为 PET/ITO/PEDOT/PSS/$MAPbI_{3-x}Cl_x$/PCBM/Ag，柔性器件效率达到 2.90%[58]。

6.2.4 刮涂法

刮涂法作为一种成本低廉且高效简单的成膜工艺，可以通过改变前驱体溶液浓度、基底温度及刮刀移动速度等来调控薄膜的厚度及形貌。这种方法同时适用于玻璃基底与柔性基底，因此能够与卷对卷工艺相结合，进而制备柔性大面积钙钛矿器件。但刮刀形状的不同、溶液表面张力和浓度的不同，以及基底表面能和空气扰动等因素都会对钙钛矿的成膜产生影响。因此，液膜微观流体和微晶生长过程难以有效控制，从而导致形成形貌差且存在大量缺陷的钙钛矿薄膜，由此制备的钙钛矿器件效率也不理想。通过组分工程及溶剂工程等方法，可以有效地改善刮涂钙钛矿薄膜形貌，从而提高器件性能。

Jen 等在 2015 年首次采用刮涂的方法制备出 $MAPbI_{3-x}Cl_x$ 的钙钛矿薄膜，他们发现通过调节基底温度及样品上方的空气流动，能够有效地控制溶剂的挥发速率，从而实现对钙钛矿薄膜形貌及晶粒尺寸的调控，以此方法制备的钙钛矿器件效率高达 12.21%，并且表现出良好的稳定性[59]。进一步地，通过控制环境湿度，Yang 等实现了在空气环境中钙钛矿太阳电池的全刮涂制备，并获得了 10.44%的能量转换效率，同时柔性器件效率达 7.14%[60]。Mallajosyula 等[61]通过一步刮涂法制备了 $1\ cm^2$ 的氯碘共混钙钛矿器件，效率达 7.32%。Razza 等[62]通过将钙钛矿前驱体溶于 DMF、DMSO 及 GBL 的混合溶剂中，在空气中通过刮涂的方法制备了面积为 10 cm² 及 100 cm² 的钙钛矿器件，效率分别达到 10.4% 和 4.3%。Back 等[63] 采用 PSSH 对 PEDOT/PSS 进行修饰，利用 PSSH 中的 SO_3^- 在 PEDOT/PSS 与钙钛矿之间的连接作用，改善了钙钛矿薄膜的覆盖度及均一性。通过调节 PSSH 体积分数，钙钛矿器件效率由 6.18% 提高至 10.15%。而基于刮涂技术制备的 15 mm×40 mm 钙钛矿器件效率达到 8.8%～9.9%，平均效率为 9.4%。Yang 等[35] 在相对湿度为 40%～50% 的空气环境中，采用刮涂工艺制备了效率达 11.29% 的钙钛矿太阳电池，并研究了刮涂过程中基底温度对钙钛矿薄膜形貌及厚度等的影响。Zhu 等[64] 利用同步辐射掠入射 X 射线衍射和傅里叶变换红外光谱等表征技术，对钙钛矿材料由前驱体溶液到薄膜的结晶动力学及形貌演变过程进行了原位实时探测，从分子和纳米尺度解释了钙钛矿晶体的生长过程。

　　Huang 等通过基底加热的刮涂工艺制备了器件结构为 ITO/PEDOT/PSS/MAPbI$_3$/PCBM/C$_{60}$/BCP/Al 的钙钛矿太阳电池，器件效率达到 12.8%。他们发现 MAPbI$_3$ 的厚度对于 J_{SC} 的影响很大：当 MAPbI$_3$ 厚度为 1.5～3.5 μm 时，J_{SC} 超过 20 mA /cm²；当厚度为 3 μm 时，器件性能最佳。通过进一步替换 PEDOT/PSS 空穴传输层，在 MAPbI$_3$ 厚度达 845 nm 时，相应的钙钛矿器件效率高达 15.1%[65]。在此基础上，他们将 MA 和 FA 按不同比例混合，在空气中采用刮涂工艺制备的 FA$_{0.4}$MA$_{0.6}$PbI$_3$ 钙钛矿器件效率高达 18.3%[66]，但工艺需要基底温度达到 140 ℃。进一步地，通过向 FA$_{0.4}$MA$_{0.6}$PbI$_3$ 中引入 Cs$^+$ 和 Br$^-$，以此降低刮涂过程所需的基底温度，最终基于刮涂工艺制备的 MA$_{0.6}$FA$_{0.38}$Cs$_{0.02}$PbI$_{2.975}$Br$_{0.025}$ 钙钛矿器件在基底温度为 120 ℃ 时，获得了超过 19.0% 的能量转换效率[67]。此外，van Hest 等[68] 在刮涂工程中利用反溶剂法辅助成膜，同时增加 MACl 的量来降低退火时间，进而制备出面积为 0.12 cm² 及 1.2 cm² 的钙钛矿器件，其器件效率分别高达 19.06% 和 17.50%。事实上，基于刮涂法的众多优点，采用刮涂工艺制备钙钛矿太阳电池的技术已日趋成熟。

6.2.5　其他印刷工艺

　　除上述介绍的喷墨打印、喷涂法、狭缝涂布及刮涂法印刷工艺外，丝网印刷及半月面涂布等工艺也广泛应用于钙钛矿太阳电池的制备。2014 年，韩宏伟等开发出混合阳离子钙钛矿材料 (5-AVA)$_x$(MA)$_{1-x}$PbI$_3$，并将此材料运用于丝网印刷工艺制备无空穴传输层介孔结构钙钛矿太阳电池。他们通过丝网印刷的工艺在基底上分别制备了 1 μm 的介孔二氧化钛层、2 μm 的介孔二氧化锆层、10 μm 的介孔碳/石墨烯电极层，最后将钙钛矿溶液填充至其中，制备出的钙钛矿器件效率达 12.8%，并且具有出色的稳定性及重复性[69]。进一步地，他们通过优化介孔层及钙钛矿层的厚度，在 2017 年制备出的单个器件效率高达 14.02%，同时制备出的有效面积为 49 cm² 的大面积模组效率高达 10.4%。并且，将此大面积模组置于 25～

30 ℃温度、65%～70%相对湿度环境中超过 2000 h，其仍然表现出良好的光伏性能[70]。采用全印刷介观钙钛矿太阳电池具有高效、成本低且稳定性好等优点，对钙钛矿太阳电池的实际应用将产生重要影响。同年，Lin 等[71]采用半月面涂布工艺制备的钙钛矿薄膜均匀且致密，同时他们对钙钛矿晶体的生长过程进行了原位观察，以此方法制备的钙钛矿器件效率高达 20.05%。

6.3 小结

在短短几年时间内，钙钛矿太阳电池已取得惊人的进展。目前，实验室单结钙钛矿太阳电池认证效率已经突破 23.7%。钙钛矿材料具有吸收强、带隙可控、迁移率高、载流子寿命长及制备工艺多样化等优点，被认为是最具有希望的光伏产品。结合钙钛矿材料的诸多优点及印刷工艺的优势，通过器件结构优化，材料性能改性等实现钙钛矿太阳电池的印刷制备，是今后钙钛矿太阳电池大面积工业化制备的必然途径。钙钛矿太阳电池的实验室印刷制备已经实现，并取得了一定的进展，其中大部分都是在玻璃基底上实现的。要想尽快推动钙钛矿太阳电池的商业化应用，一些问题仍需要研究者在未来印刷钙钛矿的进程中去解决。首先，提高印刷钙钛矿太阳电池的 PCE。通过优化钙钛矿及界面层材料、器件结构、印刷参数等提高钙钛矿薄膜及整个钙钛矿器件的质量，获得高性能钙钛矿太阳电池。其次，解决钙钛矿太阳电池的稳定性。譬如，通过设计新的钙钛矿材料，提高材料自身的稳定性。优化器件制备工艺，提高钙钛矿晶体质量，减少水分等渗入。或者采用合适的封装材料使电池与环境隔绝。最后，将各种印刷工艺相结合，解决印刷薄膜层间的界面接触问题，实现钙钛矿太阳电池的全印刷制备。

参 考 文 献

[1] Chen K, Gao W, Emaminejad S, Kiriya D, Ota H, Nyein H Y Y, Takei K, Javey A. Printed carbon nanotube electronics and sensor systems. Advanced Materials, 2016, 28（22）: 4397-4414.

[2] Li Y, Jian F. An inkjet-printed TTF-TCNQ nanoweb as an effective modification layer for high mobility organic field-effect transistors. Journal of Materials Chemistry C, 2014, 2（8）: 1413-1417.

[3] Hu Q, Wu H, Sun J, Yan D H, Gao Y L, Yang J L. Large-area perovskite nanowire arrays fabricated by large-scale roll-to-roll micro-gravure printing and doctor blading. Nanoscale, 2016, 8（9）: 5350-5357.

[4] Zhang C J, Luo Q, Wu H, Li H Y, Lai J Q, Ji G Q, Yan L P, Wang X F, Zhang D, Lin J. Roll-to-roll micro-gravure printed large-area zinc oxide thin film as the electron transport layer

for solution-processed polymer solar cells. Organic Electronics, 2017, 45: 190-197.

[5] Peng Y Y, Xiao S G, Yang J L, Lin J, Yuan W, Gu W B, Wu X Z, Cui Z. The elastic microstructures of inkjet printed polydimethylsiloxane as the patterned dielectric layer for pressure sensors. Applied Physics Letters, 2017, 110 (26): 261904.

[6] Tong S C, Wu H, Zhang C J, Li S G, Wang C H, Shen J Q, Xiao S, He J, Yang J L, Sun J, Gao Y L. Large-area and high-performance CH3NH3PbI3 perovskite photodetectors fabricated via doctor blading in ambient condition. Organic Electronics, 2017, 49: 347-354.

[7] MacDonald W A, Looney M, MacKerron D, Eveson R, Adam R, Hashimoto K, Rakos K. Latest advances in substrates for flexible electronics. Journal of the Society for Information Display, 2007, 15 (12): 1075-1083.

[8] Luo X, Zeng Z G, Wang X H, Xiao J H, Gan Z X, Wu H, Hu Z Y. Preparing two-dimensional nano-catalytic combustion patterns using direct inkjet printing. Journal of Power Sources, 2014, 271: 174-179.

[9] Zhang Y, He T, Liu G L, Zu L H, Yang J H. One-pot mass preparation of MoS2/C aerogels for high-performance supercapacitors and lithium-ion batteries. Nanoscale, 2017, 9 (28): 10059-10066.

[10] Eom S H, Park H, Mujawar S, Yoon S C, Kim S S, Na S I, Kang S J, Khim D, Kim D Y, Lee S H. High efficiency polymer solar cells via sequential inkjet-printing of PEDOT: PSS and P3HT: PCBM inks with additives. Organic Electronics, 2010, 11 (9): 1516-1522.

[11] Kim D, Jeong S, Park B K, Moon J. Direct writing of silver conductive patterns: Improvement of film morphology and conductance by controlling solvent compositions. Applied Physics Letters, 2006, 89 (26): 264101.

[12] van den Berg A M, de Laat A W, Smith P J, Perelaer J, Schubert U S. Geometric control of inkjet printed features using a gelating polymer. Journal of Materials Chemistry, 2007, 17 (7): 677-683.

[13] Tian D L, Song Y L, Jiang L. Patterning of controllable surface wettability for printing techniques. Chemical Society Reviews, 2013, 42 (12): 5184-5209.

[14] Zhang L, Liu H T, Zhao Y, Sun X N, Wen Y G, Guo Y L, Gao X F, Di C A, Yu G, Liu Y Q. Inkjet printing high-resolution, large-area graphene patterns by coffee-ring lithography. Adv Mater, 2012, 24 (3): 436-440.

[15] Kuang M X, Wang L B, Song Y L. Controllable printing droplets for high-resolution patterns. Advanced Materials, 2014, 26 (40): 6950-6958.

[16] Cao X, Wu F Q, Lau C, Liu Y H, Liu Q Z, Zhou C W. Top-contact self-aligned printing for high-performance carbon nanotube thin-film transistors with sub-micron channel length. ACS Nano, 2017, 11 (2): 2008-2014.

[17] Yin Z P, Huang Y A, Bu N B, Wang X M, Xiong Y L. Inkjet printing for flexible electronics: Materials, processes and equipments. Chinese Science Bulletin, 2010, 55 (30): 3383-3407.

[18] Mette A, Richter P, Hörteis M, Glunz S. Metal aerosol jet printing for solar cell Metallization. Progress in Photovoltaics: Research Applications, 2007, 15 (7): 621-627.

[19] Hörteis M, Glunz S W. Fine line printed silicon solar cells exceeding 20% efficiency. Progress in

Photovoltaics: Research Applications, 2008, 16（7）: 555-560.

[20] Xia Y, Zhang W, Ha M J, Cho J H, Renn M J, Kim C H, Frisbie C D. Printed sub-2 V gel-electrolyte-gated polymer transistors and circuits. Advanced Functional Materials, 2010, 20（4）: 587-594.

[21] Jones C S, Lu X, Renn M, Stroder M, Shih W S. Aerosol-jet-printed, high-speed, flexible thin-film transistor made using single-walled carbon nanotube solution. Microelectronic Engineering, 2010, 87（3）: 434-437.

[22] Grunwald I, Groth E, Wirth I, Schumacher J, Maiwald M, Zoellmer V, Busse M. Surface biofunctionalization and production of miniaturized sensor structures using aerosol printing technologies. Biofabrication, 2010, 2（1）: 014106.

[23] Green R, Morfa A, Ferguson A, Kopidakis N, Rumbles G, Shaheen S. Performance of bulk heterojunction photovoltaic devices prepared by airbrush spray deposition. Applied Physics Letters, 2008, 92（3）: 17.

[24] Lewis J E, Lafalce E, Toglia P, Jiang X M. Over 30% transparency large area inverted organic solar array by spray. Solar Energy Materials and Solar Cells, 2011, 95（10）: 2816-2822.

[25] Chen L M, Hong Z, Kwan W L, Lu C H, Lai Y F, Lei B, Liu C P, Yang Y. Multi-source/component spray coating for polymer solar cells. ACS Nano, 2010, 4（8）: 4744-4752.

[26] Hau S K, Yip H L, Leong K, Jen A K Y. Spraycoating of silver nanoparticle electrodes for inverted polymer solar cells. Organic Electronics, 2009, 10（4）: 719-723.

[27] Girotto C, Moia D, Rand B P, Heremans P. High-performance organic solar cells with spray-coated hole-transport and active layers. Advanced Functional Materials, 2011, 21（1）: 64-72.

[28] Galagan Y, de Vries I G, Langen A P, Andriessen R, Verhees W J, Veenstra S C, Kroon J M. Technology development for roll-to-roll production of organic photovoltaics. Chemical Engineering Processing: Process Intensification, 2011, 50（5-6）: 454-461.

[29] Zimmermann B, Schleiermacher H F, Niggemann M, Würfel U. ITO-free flexible inverted organic solar cell modules with high fill factor prepared by slot die coating. Solar Energy Materials and Solar Cells, 2011, 95（7）: 1587-1589.

[30] Krebs F C, Fyenbo J, Tanenbaum D M, Gevorgyan S A, Andriessen R, van Remoortere B, Galagan Y, Jørgensen M. The OE-A OPV demonstrator anno domini 2011. Energy Environmental Science, 2011, 4（10）: 4116-4123.

[31] Chang J J, Lin Z H, Li J, Lim S L, Wang F, Li G Q, Zhang J, Wu J S. Enhanced polymer thin film transistor performance by carefully controlling the solution self-assembly and film alignment with slot die coating. Advanced Electronic Materials, 2015, 1（7）: 1500036.

[32] Liu F, Ferdous S, Schaible E, Hexemer A, Church M, Ding X D, Wang C, Russell T P. Fast printing and in situ morphology observation of organic photovoltaics using slot-die coating. Advanced Materials, 2015, 27（5）: 886-891.

[33] Li S G, Yang B C, Wu R S, Zhang C, Zhang C J, Tang X F, Liu G, Liu P, Zhou C H, Gao Y L. High-quality $CH_3NH_3PbI_3$ thin film fabricated via intramolecular exchange for efficient planar

heterojunction perovskite solar cells. Organic Electronics, 2016, 39: 304-310.

[34] Li S G, Tong S C, Yang J L, Xia H Y, Zhang C J, Zhang C, Shen J Q, Xiao S, He J, Gao Y L. High-performance formamidinium-based perovskite photodetectors fabricated via doctor-blading deposition in ambient condition. Organic Electronics, 2017, 47: 102-107.

[35] Wu H, Zhang C J, Ding K X, Wang L J, Gao Y L, Yang J L. Efficient planar heterojunction perovskite solar cells fabricated by *in-situ* thermal-annealing doctor blading in ambient condition. Organic Electronics, 2017, 45: 302-307.

[36] Sanyal M, Schmidt-Hansberg B, Klein M F, Colsmann A, Munuera C, Vorobiev A, Lemmer U, Schabel W, Dosch H, Barrena E. *In situ* X-ray study of drying-temperature influence on the structural evolution of bulk-heterojunction polymer-fullerene solar cells processed by doctor-blading. Advanced Energy Materials, 2011, 1（3）: 363-367.

[37] Sanyal M, Schmidt-Hansberg B, Klein M F, Munuera C, Vorobiev A, Colsmann A, Scharfer P, Lemmer U, Schabel W, Dosch H. Effect of photovoltaic polymer/fullerene blend composition ratio on microstructure evolution during film solidification investigated in real time by X-ray diffraction. Macromolecules, 2011, 44（10）: 3795-3800.

[38] Lee T M, Lee S H, Noh J H, Kim D S, Chun S. The effect of shear force on ink transfer in gravure offset printing. Journal of Micromechanics Microengineering, 2010, 20（12）: 125026.

[39] Chung D Y, Huang J S, Bradley D D, Campbell A J. High performance, flexible polymer light-emitting diodes（PLEDs）with gravure contact printed hole injection and light emitting layers. Organic Electronics, 2010, 11（6）: 1088-1095.

[40] Hambsch M, Reuter K, Stanel M, Schmidt G, Kempa H, Fügmann U, Hahn U, Hübler A. Uniformity of fully gravure printed organic field-effect transistors. Materials Science Engineering: B, 2010, 170（1-3）: 93-98.

[41] Kaihovirta N J, Tobjörk D, Mäkelä T, Österbacka R. Low-voltage organic transistors fabricated using reverse gravure coating on prepatterned substrates. Advanced Engineering Materials, 2008, 10（7）: 640-643.

[42] Voigt M M, Mackenzie R C, Yau C P, Atienzar P, Dane J, Keivanidis P E, Bradley D D, Nelson J. Gravure printing for three subsequent solar cell layers of inverted structures on flexible substrates. Solar Energy Materials and Solar Cells, 2011, 95（2）: 731-734.

[43] Kopola P, Aernouts T, Guillerez S, Jin H, Tuomikoski M, Maaninen A, Hast J. High efficient plastic solar cells fabricated with a high-throughput gravure printing method. Solar Energy Materials and Solar Cells, 2010, 94（10）: 1673-1680.

[44] Wei Z H, Chen H N, Yan K Y, Yang S H. Inkjet printing and instant chemical transformation of a $CH_3NH_3PbI_3$/nanocarbon electrode and interface for planar perovskite solar cells. Angewandte Chemie International Edition, 2014, 53（48）: 13239-13243.

[45] Bag M, Jiang Z W, Renna L A, Jeong S P, Rotello V M, Venkataraman D. Rapid combinatorial screening of inkjet-printed alkyl-ammonium cations in perovskite solar cells. Materials Letters, 2016, 164: 472-475.

[46] Mathies F, Abzieher T, Hochstuhl A, Glaser K, Colsmann A, Paetzold U W, Hernandez-Sosa G, Lemmer U, Quintilla A. Multipass inkjet printed planar methylammonium lead iodide perovskite

solar cells. Journal of Materials Chemistry A, 2016, 4（48）: 19207-19213.

[47] Li S G, Jiang K J, Su M J, Cui X P, Huang J H, Zhang Q Q, Zhou X Q, Yang L M, Song Y L. Inkjet printing of CH₃NH₃PbI₃ on a mesoscopic TiO₂ film for highly efficient perovskite solar cells. Journal of Materials Chemistry A, 2015, 3（17）: 9092-9097.

[48] Barrows A T, Pearson A J, Kwak C K, Dunbar A D, Buckley A R, Lidzey D G. Efficient planar heterojunction mixed-halide perovskite solar cells deposited via spray-deposition. Energy Environmental Science, 2014, 7（9）: 2944-2950.

[49] Bi Z N, Liang Z R, Xu X Q, Chai Z S, Jin H, Xu D H, Li J, Li M H, Xu G. Fast preparation of uniform large grain size perovskite thin film in air condition via spray deposition method for high efficient planar solar cells. Solar Energy Materials and Solar Cells, 2017, 162: 13-20.

[50] Heo J H, Lee M H, Jang M H, Im S H. Highly efficient CH₃NH₃PbI₃₋ₓClₓ mixed halide perovskite solar cells prepared by re-dissolution and crystal grain growth via spray coating. Journal of Materials Chemistry A, 2016, 4（45）: 17636-17642.

[51] Ishihara H, Chen W G, Chen Y C, Sarang S, de Marco N, Lin O, Ghosh S, Tung V. Electrohydrodynamically assisted deposition of efficient perovskite photovoltaics. Advanced Materials Interfaces, 2016, 3（9）: 1500762.

[52] Xia X, Li H C, Wu W Y, Li Y H, Fei D H, Gao C X, Liu X Z. Efficient light harvester layer prepared by solid/mist interface reaction for perovskite solar cells. ACS Applied Materials Interfaces, 2015, 7（31）: 16907-16912.

[53] Vak D, Hwang K, Faulks A, Jung Y S, Clark N, Kim D Y, Wilson G J, Watkins S E. 3D printer based slot-die coater as a lab-to-fab translation tool for solution-processed solar cells. Advanced Energy Materials, 2015, 5（4）: 1401539.

[54] Hwang K, Jung Y S, Heo Y J, Scholes F H, Watkins S E, Subbiah J, Jones D J, Kim D Y, Vak D. Toward large scale roll-to-roll production of fully printed perovskite solar cells. Adv Mater, 2015, 27（7）: 1241-1247.

[55] Cotella G, Baker J, Worsley D, de Rossi F, Pleydell-Pearce C, Carnie M, Watson T. One-step deposition by slot-die coating of mixed lead halide perovskite for photovoltaic applications. Solar Energy Materials and Solar Cells, 2017, 159: 362-369.

[56] Jung Y S, Hwang K, Heo Y J, Kim J E, Lee D, Lee C H, Joh H I, Yeo J S, Kim D Y. One-step printable perovskite films fabricated under ambient conditions for efficient and reproducible solar cells. ACS Applied Materials Interfaces, 2017, 9（33）: 27832-27838.

[57] Qin T S, Huang W C, Kim J E, Vak D, Forsyth C, McNeill C R, Cheng Y B. Amorphous hole-transporting layer in slot-die coated perovskite solar cells. Nano Energy, 2017, 31: 210-217.

[58] Ciro J, Mejía-Escobar M A, Jaramillo F. Slot-die processing of flexible perovskite solar cells in ambient conditions. Solar Energy, 2017, 150: 570-576.

[59] Chueh C C, Li C Z, Jen A K Y. Recent progress and perspective in solution-processed Interfacial materials for efficient and stable polymer and organometal perovskite solar cells. Energy Environmental Science, 2015, 8（4）: 1160-1189.

[60] Yang Z B, Chueh C C, Zuo F, Kim J H, Liang P W, Jen A K Y. High-performance fully printable perovskite solar cells via blade-coating technique under the ambient condition.

Advanced Energy Materials, 2015, 5（13）: 1500328.

[61] Mallajosyula A T, Fernando K, Bhatt S, Singh A, Alphenaar B W, Blancon J C, Nie W, Gupta G, Mohite A D. Large-area hysteresis-free perovskite solar cells via temperature controlled doctor blading under ambient environment. Applied Materials Today, 2016, 3: 96-102.

[62] Razza S, di Giacomo F, Matteocci F, Cina L, Palma A L, Casaluci S, Cameron P, D'Epifanio A, Licoccia S, Reale A. Perovskite solar cells and large area modules（100 cm^2）based on an air flow-assisted PbI$_2$ blade coating deposition process. Journal of Power Sources, 2015, 277: 286-291.

[63] Back H, Kim J, Kim G, Kim T K, Kang H, Kong J, Lee S H, Lee K. Interfacial modification of hole transport layers for efficient large-area perovskite solar cells achieved via blade-coating. Solar Energy Materials and Solar Cells, 2016, 144: 309-315.

[64] Hu Q, Zhao L C, Wu J, Gao K, Luo D Y, Jiang Y F, Zhang Z Y, Zhu C H, Schaible Y, Hexemer A. *In situ* dynamic observations of perovskite crystallisation and microstructure evolution intermediated from [PbI$_6$]$^{4-}$ cage nanoparticles. Nat Commun, 2017, 8: 15688.

[65] Deng Y H, Peng E, Shao Y C, Xiao Z G, Dong Q F, Huang J S. Scalable fabrication of efficient organolead trihalide perovskite solar cells with doctor-bladed active layers. Energy Environmental Science, 2015, 8（5）: 1544-1550.

[66] Deng Y H, Dong Q F, Bi C, Yuan Y B, Huang J S. Air-stable, efficient mixed-cation perovskite solar cells with Cu electrode by scalable fabrication of active layer. Advanced Energy Materials, 2016, 6（11）: 1600372.

[67] Tang S, Deng Y H, Zheng X P, Bai Y, Fang Y J, Dong Q F, Wei H T, Huang J S. Composition engineering in doctor-blading of perovskite solar cells. Advanced Energy Materials, 2017, 7（18）: 1700302.

[68] Yang M J, Li Z, Reese M O, Reid O G, Kim D H, Siol S, Klein T R, Yan Y F, Berry J J, van Hest M F. Perovskite ink with wide processing window for scalable high-efficiency solar cells. Nature Energy, 2017, 2（5）: 17038.

[69] Mei A Y, Li X, Liu L F, Ku Z L, Liu T F, Rong Y G, Xu M, Hu M, Chen J Z, Yang Y, Gratzel M, Han H W. A hole-conductor-free, fully printable mesoscopic perovskite solar cell with high stability. Science, 2014, 345（6194）: 295-298.

[70] Hu Y, Si S, Mei A Y, Rong Y G, Liu H W, Li X, Han H W. Stable large-area（10×10 cm^2）printable mesoscopic perovskite module exceeding 10% efficiency. Solar RRL, 2017, 1（2）: 1600019.

[71] He M, Li B, Cui X, Jiang B B, He Y J, Chen Y B, O'Neil D, Szymanski P, Ei-Sayed M A, Huang J S, Lin Z Q. Meniscus-assisted solution printing of large-grained perovskite films for high-efficiency solar cells. Nat Commun, 2017, 8: 16045.

第 7 章

钙钛矿太阳电池的封装

由于钙钛矿太阳电池的稳定性较差，无法长时间直接暴露在阳光、雨水等自然环境下。而钙钛矿太阳电池组件主要是在户外环境进行工作，因此需要对其进行封装处理。目前主要采用高透明、抗紫外光、耐老化、黏结性好且具有弹性的胶层对太阳电池进行封装。用其将上层保护基底与下层保护基底黏合，构成钙钛矿太阳电池组件，达到封装的作用。

7.1 阻水层

钙钛矿太阳电池的稳定性较差，因此其长期使用需要与水分相隔绝。据文献报道，Zhou 等制备的高效器件在无封装的情况下迅速降解[1]。一般情况下，在湿度条件较低时，存储 24 h 后，器件性能会下降 80%。尽管湿度条件相对较低，但他们指出水分很可能是导致降解的罪魁祸首。

这种对水分的极端敏感性促使研究者们努力将器件的顶部电荷传输层作为防止水分进入的第一道防线。我们可以列举几种方法：在钙钛矿和空穴传输材料之间使用薄的阻挡层，如三氧化二铝(Al_2O_3)[2-4]、阻水的空穴传输材料[5-20]及疏水碳电极[21-26]。

正如一些研究指出，最常见的空穴传输材料 spiro-OMeTAD、聚(三芳基胺)(polytriarylamine，PTAA)和聚(3-己基噻吩)(P3HT)能够阻止水分进入。当然，热、光和水分的结合共同导致了空穴传输层下面的钙钛矿层的最终降解(通过上述机制)，当空穴传输材料掺杂诸如 LiTFSI 的吸湿掺杂剂时，该过程甚至会更快地发生[5, 6, 9]。图 7-1(a)中展示了在 80 ℃时一般环境湿度下涂有各种代表性空穴传输层的钙钛矿薄膜的降解情况。研究者们已经在尽量减少对这种掺杂剂的需要[8, 11, 27, 28]，或采用惰性添加剂代替反应性掺杂剂以改善未掺杂的空穴传输材料的电荷传输特性[11, 18]。同时，研究者们合成了一种具有疏水性质的新型聚合物空穴传输材料作为防止水分进入的途径[7-9]。其中一种有希望的聚合物是四硫富瓦烯衍生物(TTF-1)[8]，其不需要易潮解性掺杂剂就能获得与掺杂 LiTFSI 的 spiro-OMeTAD 相当的性能。与具有 p 型掺杂的 spiro-OMeTAD 器件相比，无掺杂剂及疏水烷基链使其在相对湿度 40%和 AM 1.5G 太阳光照射下具有高三倍的稳定性[图 7-1(b)]。研究发现，嵌入聚合物基质中的单壁碳纳米管可用作钙钛矿太阳电池中的空穴传输材料，将它们与惰性聚合物 PMMA 或 PC 组合成双层结构以实现高的稳定性[5]。在光照下，暴露在 80 ℃且环境湿度条件下(RH≈50%)，具有这种复合结构的太阳电池器件性能能够维持超过 100 h，而基于 sprio-OMeTAD、P3HT 和 PTAA 的器件完全降解[图 7-1(a)][5]。值得注意的是，该复合材料的防潮能力较好，甚至可以将器件直接暴露在水中，同时保证器件的正常工作。此外，这些结果与最近的研究形成鲜明对比，即当在氮气填充的手套箱中加热至 80 ℃时，CH₃NH₃PbI₃ 膜在 24 h 内会降解完全[29]。封装层的存在也许能够减缓钙钛矿有机部分的逸出。然而，我们还注意到，用于制备钙钛矿太阳电池的许多手套箱受到 DMF 蒸气的影响，这是其在制备过程中使用的自然结果：薄膜在加热和电场施加数小时后降解，而类似的处理导致在不经常使用这些溶剂的手套箱中降解慢得多或完全没有降解。

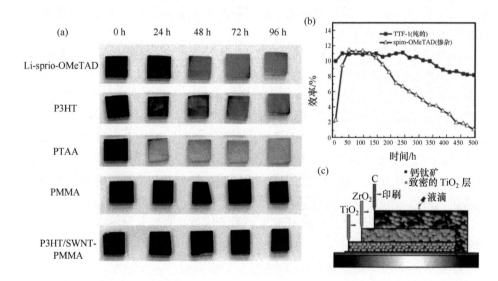

图 7-1　(a)在空气中将一系列涂有空穴传输材料的钙钛矿薄膜暴露在 80 ℃条件下。最常用的材料 spiro-OMeTAD、P3HT 及 PTAA 不能有效地阻挡大气水分，导致钙钛矿吸收剂降解。相比较而言，PMMA 能有效保护钙钛矿不受水分的侵蚀，功能化碳纳米管和 PMMA 的复合结构也能起到同样的保护作用[5]。(b)无掺杂聚合物空穴转运材料 TTF-1 的器件老化性能，优于 p 型掺杂 spiro-OMeTAD 的器件[8]。(c)具有碳电极的三层钙钛矿结构[21]

钙钛矿活性层与空穴传输层之间若存在非常薄的绝缘层，也可抑制水分的进入并提高在非干燥环境中的稳定性[2, 3, 30]。例如，使用 ALD 方法在钙钛矿和 spiro-OMeTAD 之间沉积一层 Al_2O_3 超薄层，可以改善器件的稳定性能，在 RH≈50%、不光照的情况下存放 24 天，其性能仍能维持初始值的 90%[3]。

有趣的是，碳电极可以作为一种保护材料，以提高钙钛矿太阳电池的稳定性 [图 7-1 (c)][21-26]。在一些结构中，这些器件甚至不需要选择性的 p 型接触[21, 22, 24-26]。最值得注意的是由介孔 TiO_2 和介孔 ZrO_2 组成三层结构，然后用 $MAPbI_3$ 对其进行渗透并与碳电极接触[21]。在最初的报道中，未封装的设备能够在完全日光照射下实现 1000 h 以上的稳定性能[21]。此后，该结构的稳定性通过一系列应力测试(包括室外测试)得到了进一步的证明[22]。据报道，对器件进行连续 7 天户外老化测试时，封装的器件表现出非常稳定的光伏性能。此外，当封装的器件在 80～85 ℃条件下保持 90 天后，在黑暗中进行热应力测试时，仍表现出稳定的性能。同时通过在 45 ℃和最大功率点跟踪条件下连续监测未封装器件在氩气氛围中的功率输出，证明了钙钛矿器件的光稳定性。然而，在该实验中没有使用全太阳光谱，取而代之的是将 LED 阵列作为光源，其仅在可见光范围内发射而不包括来自紫外区域的贡献。

增加钙钛矿太阳电池稳定性的另一个有效途径是采用倒置 p-i-n 结构[31, 32]。这里，通常顶部电子传输层的疏水性质有利于防止水分进入，从而可以形成无针孔且致密的薄膜。

关于稳定性，钙钛矿活性层的弱点无疑是其有机组分的吸湿和易分解性质。通过用弹性空穴传输材料或绝缘缓冲层隔绝钙钛矿层，可以提高钙钛矿器件的稳定性。迄今，通过具有碳电极的无空穴传输器的三层结构证明了最全面的稳定性。虽然许多方法可能有效地提高钙钛矿器件的长期稳定性，但必须进行更严格的测试。将未封装的器件保持在黑暗中的环境条件下不足以确定其在稳定性方面的优点，特别是因为热和电场的存在极大地加速了降解的过程，并且导致不可逆的 PbI_2 形成。实际潮湿条件，AM 1.5G 的全光谱照明，加上热应力和恒定的外部偏置，应该在未来用于确定器件在工作条件下的稳定性。钙钛矿器件在如此苛刻的测试条件下运行的方法，将使这一极有前途的新光伏技术克服其最困难的挑战，成为未来可行的能源来源。

7.2 封装

前面章节的内容表明，防止氧气和水分的渗入对于钙钛矿太阳电池的长期稳定性至关重要。此外，以锡为金属阳离子[33]而取代铅的非铅钙钛矿的概念化和实现，意味着氧的渗入将导致非铅钙钛矿相比于铅钙钛矿更快地降解。虽然在钙钛矿顶部使用适当的空穴或电子传输层可以获得相对较大的耐水性，但只有通过仔细的封装和密封才能阻止水和氧气的渗透。从有机太阳电池领域，我们了解到，最有效的密封技术是使用慢渗透环氧型密封剂将玻璃或金属板连接到器件上，这种密封技术同时具有水蒸气和氧气的低渗透性[34-37]。实际上，有机太阳电池(OPV)研究领域已经证明，这种易于执行的封装足以在室外条件下获得一年以上的稳定性能[34, 38-40]。在这种器件中观察到的任何降解都不是氧化的结果(有机半导体对其非常敏感)[41, 42]，而是光诱导聚合物形貌的变化和随后的陷阱形成的结果[43]。这种简单的现有封装技术对于不需要柔性应用的钙钛矿太阳电池来说应该是足够的，如大规模的电源供应，甚至是在与 Si 或 CIGS 设备的串联太阳电池中作为顶级电池使用。在后一种情况下，所有的器件都需要类似的封装，所以封装钙钛矿顶部单元时不应该增加制造过程中的任何额外成本。

因此，迫切需要建立一种适合钙钛矿太阳电池抗水蒸气渗透的封装方法。Han 等在钙钛矿太阳电池上应用了一个过渡玻璃盖子封装[44]。然而，封装的钙钛矿太阳电池在 55 ℃，相对湿度为 80%，光照 20 h 后，只保留了原来效率的 40%。Dong 等也研究了类似的方法，将钙钛矿太阳电池封装在 50 nm 厚的 SiO_2 层中，通过电子束沉积，然后用环氧树脂胶用盖玻片密封[45]。在室外环境下 432 h 后，封装器件保持了其原有效率的 70%。Matteocci 等对环氧胶密封方法进行了系统的比较研究[46]。采用 Kapton 聚酰亚胺胶黏剂的紫外固化胶对钙钛矿太阳电池进行封装，使钙钛矿太阳电池在 30% 相对湿度下保持了 170 h 的稳定。基于紫外固化环氧树脂的玻璃盖封装方法是一种传统技术，长期以来被用于封装有机发光器件(organic light emitting device, OLED)。然而，直接的紫外辐射往往会严重损害钙钛矿太阳电池的性能，这与电荷的光生成导致 TiO_2 的光阳极效应有关[47]。此外，光固化反应本身就是一种放热反应[48]，会释放出大量的热量，对钙钛矿太阳电池造成热损伤。高于 100 ℃ 的热固化也不适用于大多数钙钛矿太阳电池，因为这些钙钛矿太阳电池具有热敏感的有机空穴传输层[29]。另外，黏合剂层的层面穿透并不是一个小问题[49]。此外，还必须避免使用刚性覆盖玻璃封装和刚性基底材料以使整个钙钛矿太阳电池更具有柔性。采用溶解处理的聚四氟乙烯层[50]、透明塑料屏障，如 Viewbarrier (Mitsubishi plastic, Inc)[51]、涂有 Al_2O_3 的 PET 薄膜及紫外固化黏合剂对钙钛矿太阳电池进行封装[52]。最近，Bella 等在钙钛矿太阳电池的正面和背面接触侧涂有可紫外固化的含氟聚合物。具有荧光染料的阻挡膜降低了荧光并阻止了水的渗透。含氟聚合物涂覆的器件在室外条件下表现出 6 个月的稳定性[53]。

另一种选择是在器件顶部层压塑料薄膜，这增加了器件的柔韧性。然而，尽管它们能够在提供柔韧性的同时延缓水和氧的渗透，但它们并不是完全不透水的，也不会使寿命达到非常长的时间[34]。对此，对 OPV 研究领域进行了大量的研究，旨在获得柔性的不透水分和氧气的阻隔层[54-57]。其中许多要求使用原子层沉积的薄氧化膜，并已相对成功。我们还可以从中学习他们广泛使用的"钙测试"，其中蒸发钙电极的降解用于量化各种膜的水分渗透速率[34, 54]。这些研究将为 7.1 节讨论的保护层的防潮性能及整个封装器件提供有价值的信息。

虽然大多数钙钛矿太阳电池研究仍然是学术性的，并且在小型实验室规模的设备上进行，一旦研究转向钙钛矿模组，更复杂的密封和封装技术将变得至关重要。Matteocci 等[58]实际上已经用标准玻璃盖和热塑性密封剂封装了完整的钙钛矿太阳电池模块，并取得了相对的成功。让我们感到庆幸的是，使用常规方法可以很容易实现有效的封装，特别是与上述讨论的保护性电荷输送层组合使用时。

7.3 小结

随着 LED、OLED、薄膜太阳电池等技术的发展，封装工艺也日趋成熟。封装的材料种类越来越多，封装的方式逐渐多样化，密封的程度也越来越高。寻找更耐老化、透明环保的封装材料对于实现太阳电池的商业化应用至关重要。进一步地，实现对柔性电池组件的封装将为未来太阳能源领域的发展开拓更广阔的道路。

参 考 文 献

[1] Zhou H P, Chen Q, Li G, Luo S, Song T B, Duan H S, Hong Z R, You J B, Liu Y S, Yang Y. Interface engineering of highly efficient perovskite solar cells. Science, 2014, 345（6196）: 542-546.

[2] Guarnera S, Abate A, Zhang W, Foster J M, Richardson G, Petrozza A, Snaith H J. Improving the long-term stability of perovskite solar cells with a porous Al_2O_3 buffer layer. The Journal of Physical Chemistry Letters, 2015, 6（3）: 432-437.

[3] Dong X, Fang X, Lv M H, Lin B C, Zhang S, Ding J N, Yuan N Y. Improvement of the humidity stability of organic-inorganic perovskite solar cells using ultrathin Al_2O_3 layers prepared by atomic layer deposition. Journal of Materials Chemistry A, 2015, 3（10）: 5360-5367.

[4] Li W Z, Dong H P, Wang L D, Li N, Guo X D, Li J W, Qiu Y. Montmorillonite as bifunctional buffer layer material for hybrid perovskite solar cells with protection from corrosion and retarding recombination. Journal of Materials Chemistry A, 2014, 2（33）: 13587-13592.

[5] Habisreutinger S N, Leijtens T, Eperon G E, Stranks S D, Nicholas R J, Snaith H J. Carbon nanotube/polymer composites as a highly stable hole collection layer in perovskite solar cells. Nano Letters, 2014, 14（10）: 5561-5568.

[6] Liu J W, Pathak S, Stergiopoulos T, Leijtens T, Wojciechowski K, Schumann S, Kausch-Busies N,

Snaith H J. Employing PEDOT as the p-type charge collection layer in regular organic-inorganic perovskite solar cells. The Journal of Physical Chemistry Letters, 2015, 6（9）: 1666-1673.

[7] Kwon Y S, Lim J, Yun H J, Kim Y H, Park T. A diketopyrrolopyrrole-containing hole transporting conjugated polymer for use in efficient stable organic-inorganic hybrid solar cells based on a perovskite. Energy Environmental Science, 2014, 7（4）: 1454-1460.

[8] Liu J, Wu Y Z, Qin C J, Yang X D, Yasuda T, Islam A, Zhang K, Peng W Q, Chen W, Han L Y. A dopant-free hole-transporting material for efficient and stable perovskite solar cells. Energy Environmental Science, 2014, 7（9）: 2963-2967.

[9] Zheng L L, Chung Y H, Ma Y Z, Zhang L P, Xiao L X, Chen Z J, Wang S F, Qu B, Gong Q H. A hydrophobic hole transporting oligothiophene for planar perovskite solar cells with improved stability. Chemical Communications（Camb）, 2014, 50（76）: 11196-11199.

[10] Li H R, Fu K W, Hagfeldt A, Grätzel M, Mhaisalkar S G, Grimsdale A. A simple 3, 4-ethylenedioxythiophene based hole-transporting material for perovskite solar cells. Angewandte Chemie International Edition, 2014, 126（16）: 4169-4172.

[11] Xiao J Y, Shi J J, Liu H B, Xu Y Z, Lv S T, Luo Y H, Li D M, Meng Q B, Li Y L. Efficient CH$_3$NH$_3$PbI$_3$ perovskite solar cells based on graphdiyne（GD）-modified P3HT hole-transporting material. Advanced Energy Materials, 2015, 5（8）: 1401943.

[12] Choi H, Park S, Paek S, Ekanayake P, Nazeeruddin M K, Ko J. Efficient star-shaped hole transporting materials with diphenylethenyl side arms for an efficient perovskite solar cell. Journal of Materials Chemistry A, 2014, 2（45）: 19136-19140.

[13] Ma Y Z, Chung Y H, Zheng L L, Zhang D F, Yu X, Xiao L X, Chen Z J, Wang S F, Qu B, Gong Q H. Improved hole-transporting property via HAT-CN for perovskite solar cells without lithium salts. ACS Applied Materials Interfaces, 2015, 7（12）: 6406-6411.

[14] Min J, Zhang Z G, Hou Y, Ramirez Quiroz C O, Przybilla T, Bronnbauer C, Guo F, Forberich K, Azimi H, Ameri T. Interface engineering of perovskite hybrid solar cells with solution-processed perylene-diimide heterojunctions toward high performance. Chemistry of Materials, 2014, 27（1）: 227-234.

[15] Choi H, Cho J W, Kang M S, Ko J. Stable and efficient hole transporting materials with a dimethylfluorenylamino moiety for perovskite solar cells. Chemical Communications（Camb）, 2015, 51（45）: 9305-9308.

[16] Zhang M, Lyu M Q, Yu H, Yun J H, Wang Q, Wang L Z. Stable and low-cost mesoscopic CH$_3$NH$_3$PbI$_2$Br perovskite solar cells by using a thin poly（3-hexylthiophene）layer as a hole transporter. Chemistry-A European Journal, 2015, 21（1）: 434-439.

[17] Do K, Choi H, Lim K, Jo H, Cho J W, Nazeeruddin M K, Ko J. Star-shaped hole transporting materials with a triazine unit for efficient perovskite solar cells. Chemical Communications（Camb）, 2014, 50（75）: 10971-10974.

[18] Habisreutinger S N, Leijtens T, Eperon G E, Stranks S D, Nicholas R J, Snaith H J. Enhanced hole extraction in perovskite solar cells through carbon nanotubes. The Journal of Physical Chemistry Letters, 2014, 5（23）: 4207-4212.

[19] Zhang J, Hu Z L, Huang L K, Yue G Q, Liu J W, Lu X W, Hu Z Y, Shang M H, Han L Y, Zhu

Y J. Bifunctional alkyl chain barriers for efficient perovskite solar cells. Chemical Communications (Camb), 2015, 51 (32): 7047-7050.

[20] Cao J, Yin J, Yuan S F, Zhao Y, Li J, Zheng N F. Thiols as interfacial modifiers to enhance the performance and stability of perovskite solar cells. Nanoscale, 2015, 7 (21): 9443-9447.

[21] Mei A Y, Li X, Liu L F, Ku Z L, Liu T F, Rong Y G, Xu M, Hu M, Chen J Z, Yang Y, Gratzel M, Han H W. A hole-conductor-free, fully printable mesoscopic perovskite solar cell with high stability. Science, 2014, 345 (6194): 295-298.

[22] Li X, Tschumi M, Han H W, Babkair S S, Alzubaydi R A, Ansari A A, Habib S S, Nazeeruddin M K, Zakeeruddin S M, Grätzel M. Outdoor performance and stability under elevated temperatures and long-term light soaking of triple-layer mesoporous perovskite photovoltaics. Energy Technology, 2015, 3 (6): 551-555.

[23] Xu X B, Liu Z H, Zuo Z X, Zhang M, Zhao Z X, Shen Y, Zhou H P, Chen Q, Yang Y, Wang M K. Hole selective NiO contact for efficient perovskite solar cells with carbon electrode. Nano Letters, 2015, 15 (4): 2402-2408.

[24] Zhang F G, Yang X C, Wang H X, Cheng M, Zhao J H, Sun L C. Structure engineering of hole-conductor free perovskite-based solar cells with low-temperature-processed commercial carbon paste as cathode. ACS Applied Materials Interfaces, 2014, 6 (18): 16140-16146.

[25] Rong Y G, Ku Z L, Mei A Y, Liu T F, Xu M, Ko S, Li X, Han H W. Hole-conductor-free mesoscopic $TiO_2/CH_3NH_3PbI_3$ heterojunction solar cells based on anatase nanosheets and carbon counter electrodes. The Journal of Physical Chemistry Letters, 2014, 5 (12): 2160-2164.

[26] Zhou H W, Shi Y T, Wang K, Dong Q S, Bai X G, Xing Y J, Du Y, Ma T L. Low-temperature processed and carbon-based $ZnO/CH_3NH_3PbI_3/C$ planar heterojunction perovskite solar cells. The Journal of Physical Chemistry C, 2015, 119 (9): 4600-4605.

[27] Nguyen W H, Bailie C D, Unger E L, McGehee M D. Enhancing the hole-conductivity of spiro-OMeTAD without oxygen or lithium salts by using spiro (TFSI)$_2$ in perovskite and dye-sensitized solar cells. Journal of the American Chemical Socrety, 2014, 136 (31): 10996-11001.

[28] Liu Y S, Chen Q, Duan H S, Zhou H P, Yang Y M, Chen H J, Luo S, Song T B, Dou L T, Hong Z R. A dopant-free organic hole transport material for efficient planar heterojunction perovskite solar cells. Journal of Materials Chemistry A, 2015, 3 (22): 11940-11947.

[29] Conings B, Drijkoningen J, Gauquelin N, Babayigit A, D'Haen J, D'Olieslaeger L, Ethirajan A, Verbeeck J, Manca J, Mosconi E. Intrinsic thermal instability of methylammonium lead trihalide perovskite. Advanced Energy Materials, 2015, 5 (15): 1500477.

[30] Niu G D, Li W Z, Meng F Q, Wang L D, Dong H P, Qiu Y. Study on the stability of $CH_3NH_3PbI_3$ films and the effect of post-modification by aluminum oxide in all-solid-state hybrid solar cells. Journal of Materials Chemistry A, 2014, 2 (3): 705-710.

[31] Heo J H, Han H J, Kim D, Ahn T K, Im S H. Hysteresis-less inverted $CH_3NH_3PbI_3$ planar perovskite hybrid solar cells with 18.1% power conversion efficiency. Energy Environmental Science, 2015, 8 (5): 1602-1608.

[32] Xiao Z G, Bi C, Shao Y C, Dong Q F, Wang Q, Yuan Y B, Wang C G, Gao Y L, Huang J S.

Efficient, high yield perovskite photovoltaic devices grown by interdiffusion of solution-processed precursor stacking layers. Energy Environmental Science, 2014, 7 (8): 2619-2623.

[33] Noel N K, Stranks S D, Abate A, Wehrenfennig C, Guarnera S, Haghighirad A A, Sadhanala A, Eperon G E, Pathak S K, Johnston M B. Lead-free organic-inorganic tin halide perovskites for photovoltaic applications. Energy Environmental Science, 2014, 7 (9): 3061-3068.

[34] Jørgensen M, Norrman K, Gevorgyan S A, Tromholt T, Andreasen B, Krebs F C. Stability of polymer solar cells. Advanced Materials, 2012, 24 (5): 580-612.

[35] Lewis J. Material challenge for flexible organic devices. Materials Today, 2006, 9 (4): 38-45.

[36] Schuller S, Schilinsky P, Hauch J, Brabec C. Determination of the degradation constant of bulk heterojunction solar cells by accelerated lifetime measurements. Applied Physics A, 2004, 79(1): 37-40.

[37] Krebs F C. Encapsulation of polymer photovoltaic prototypes. Solar Energy Materials and Solar Cells, 2006, 90 (20): 3633-3643.

[38] Brabec C J, Gowrisanker S, Halls J J, Laird D, Jia S, Williams S P. Polymer-fullerene bulk-heterojunction solar cells. Advanced Materials, 2010, 22 (34): 3839-3856.

[39] Krebs F C, Spanggaard H. Significant improvement of polymer solar cell stability. Chemistry of Materials, 2005, 17 (21): 5235-5237.

[40] Jørgensen M, Norrman K, Krebs F C. Stability/degradation of polymer solar cells. Solar Energy Materials and Solar Cells, 2008, 92 (7): 686-714.

[41] Abdou M S, Orfino F P, Son Y, Holdcroft S. Interaction of oxygen with conjugated polymers: Charge transfer complex formation with poly (3-alkylthiophenes). Journal of the American Chemical Society, 1997, 119 (19): 4518-4524.

[42] Schafferhans J, Baumann A, Wagenpfahl A, Deibel C, Dyakonov V. Oxygen doping of P3HT: PCBM blends: Influence on trap states, charge carrier mobility and solar cell performance. Organic Electronics, 2010, 11 (10): 1693-1700.

[43] Peters C H, Sachs-Quintana I, Mateker W R, Heumueller T, Rivnay J, Noriega R, Beiley Z M, Hoke E T, Salleo A, McGehee M D. The mechanism of burn-in loss in a high efficiency polymer solar cell. Advanced Materials, 2012, 24 (5): 663-668.

[44] Han Y, Meyer S, Dkhissi Y, Weber K, Pringle J M, Bach U, Spiccia L, Cheng Y B. Degradation observations of encapsulated planar $CH_3NH_3PbI_3$ perovskite solar cells at high temperatures and humidity. Journal of Materials Chemistry A, 2015, 3 (15): 8139-8147.

[45] Dong Q, Liu F Z, Wong M K, Tam H W, Djurišić A B, Ng A, Surya C, Chan W K, Ng A M C. Encapsulation of perovskite solar cells for high humidity conditions. ChemSusChem, 2016, 9(18): 2597-2603.

[46] Matteocci F, Cinà L, Lamanna E, Cacovich S, Divitini G, Midgley P A, Ducati C, di Carlo A. Encapsulation for long-term stability enhancement of perovskite solar cells. Nano Energy, 2016, 30: 162-172.

[47] Ito S, Tanaka S, Manabe K, Nishino H. Effects of surface blocking layer of Sb_2S_3 on nanocrystalline TiO_2 for $CH_3NH_3PbI_3$ perovskite solar cells. The Journal of Physical Chemistry

C, 2014, 118 (30): 16995-17000.

[48] Corcione C E, Frigione M, Maffezzoli A, Malucelli G. Photo-DSC and real time-FT-IR kinetic study of a UV curable epoxy resin containing o-boehmites. European Polymer Journal, 2008, 44 (7): 2010-2023.

[49] Michels J, Péter M, Salem A, van Remoortere B, van den Brand J. A combined experimental and theoretical study on the side ingress of water into barrier adhesives for organic electronics applications. Journal of Materials Chemistry C, 2014, 2 (29): 5759-5768.

[50] Hwang I, Jeong I, Lee J, Ko M J, Yong K. Enhancing stability of perovskite solar cells to moisture by the facile hydrophobic passivation. ACS Applied Materials Interfaces, 2015, 7 (31): 17330-17336.

[51] Weerasinghe H C, Dkhissi Y, Scully A D, Caruso R A, Cheng Y B. Encapsulation for improving the lifetime of flexible perovskite solar cells. Nano Energy, 2015, 18: 118-125.

[52] Chang C Y, Lee K T, Huang W K, Siao H Y, Chang Y C. High-performance, air-stable, low-temperature processed semitransparent perovskite solar cells enabled by atomic layer deposition. Chemistry of Materials, 2015, 27 (14): 5122-5130.

[53] Bella F, Griffini G, Correa Baena J P, Saracco G, Grätzel M, Hagfeldt A, Turri S, Gerbaldi C. Improving efficiency and stability of perovskite solar cells with photocurable fluoropolymers. Science, 2016, 354 (6309): 203-206.

[54] Ahmad J, Bazaka K, Anderson L J, White R D, Jacob M V. Materials and methods for encapsulation of OPV: A review. Renewable Sustainable Energy Reviews, 2013, 27: 104-117.

[55] Espinosa N, Garcia-Valverde R, Urbina A, Krebs F C. A life cycle analysis of polymer solar cell modules prepared using roll-to-roll methods under ambient conditions. Solar Energy Materials and Solar Cells, 2011, 95 (5): 1293-1302.

[56] Lewis J S, Weaver M S. Thin-film permeation-barrier technology for flexible organic light-emitting devices. IEEE Journal of Selected Topics in Quantum Electronics, 2004, 10 (1): 45-57.

[57] Dyakonov V, Scherf U. Organic photovoltaics: Materials, device physics, and manufacturing technologies. Wiley-VCH, 2008.

[58] Matteocci F, Razza S, Di Giacomo F, Casaluci S, Mincuzzi G, Brown T, D'Epifanio A, Licoccia S, di Carlo A. Solid-state solar modules based on mesoscopic organometal halide perovskite: A route towards the up-scaling process. Physical Chemistry Chemical Physics, 2014, 16 (9): 3918-3923.

结　语

———————————————————————————————————————

　　低成本、可溶液加工钙钛矿太阳电池在短短几年时间里，在能量转换效率上已经取得巨大突破，随着其稳定性的增强，它还将继续在商业化成熟度等方面实现自己的价值。目前，钙钛矿太阳电池面临的主要挑战是如何在大面积模块层面实现长期稳定，以确保持久的户外操作。因此，钙钛矿光伏领域需要就稳定性测试标准达成共识，并在领域内发布标准化测试方案。研究者们可以通过设计新的工艺方案，减缓运行条件下电池的老化过程，从而有效地预测钙钛矿太阳电池的寿命。虽然适当的封装可以抑制由空气中水分或氧气引起的钙钛矿材料的降解，但光照和热量引起的性能衰减应通过构建稳定的材料和界面来解决。此外，柔性器件依附于柔性基底，在柔性基底上制备组装高质量且耐弯折的钙钛矿太阳电池同样至关重要。这需要对整体器件结构及电池内应力分布进行全面设计与考量。

　　当钙钛矿太阳电池面积增加时，效率通常会随之降低。随着基础研究和工业化应用研究在扩大钙钛矿模块规模上的不断努力，预计实验室电池和工业化模块之间的效率差距将会越来越小，并终将达到与其他光伏技术相当的水平。我们知道，太阳电池每千瓦的成本主要取决于电池的效率和寿命，相比于传统光伏技术，钙钛矿太阳电池中丰富且低成本的原材料能够有效地降低生产成本，并且其制备工艺简单、易于大面积柔性制备。从长远来看，钙钛矿太阳电池是最有希望实现移动太阳电池模块及可穿戴太阳电池模块的光伏技术，其未来可期。

索　引